JN234275

生物有機化学

貫名　学/星野　力/木村靖夫/夏目雅裕　共著

三共出版

まえがき

　本書は，大学や高等専門学校などで学生が生体分子としての有機化合物について学ぶために書かれたものである。「生物有機化学」は，生物体に含まれる有機分子と生物が作り出している有機化合物について，それらの化学的な性質や生体分子としての機能について追究する学問分野である。有機化合物が示すさまざまな性質と機能は，それぞれの化合物がもっている構造と官能基の違いによる。本書により，生体分子としての有機化合物の構造について基本的に理解し，また複雑な生体分子についての構造的な特徴を有機化学的に理解できることを願っている。

　生物が有機化合物を作ることを生合成という。特に本書では，生物が作り出している有機化合物を主要な代謝経路に分類し，それぞれの生合成の"しくみ"について記述した。また生合成の反応過程での電子の流れについての理解が得られるように配慮したつもりである。

　地球上にはさまざまな生物が生存し，それぞれがさまざまな化合物を生合成して代謝活動を営んでいる。生物の織り成す世界は多様であり，また生物の作り出す化合物も多様である。それらの化合物についてのわれわれの知識はまだ始まったばかりであるといえよう。本書が，今後そのような分野へ進む学徒にとって，少しでも参考になれば幸いである。

　最後に，本書のカバーの図案は小宮生布子さんより提供いただいたものである。また出版にあたっては，三共出版の石山慎二氏および細矢久子さんに一方ならぬお世話になりましたことを付記して謝意とします。

2003 年 9 月

著者一同

目次

第1章 有機化合物の構造

1-1 炭素化合物の構造 …………………………………………………… 2
   1-1-1 アルカン ………………………………………………… 3
   1-1-2 アルケン ………………………………………………… 8
   1-1-3 アルキン ………………………………………………… 11
   1-1-4 環式化合物 ……………………………………………… 12
   1-1-5 芳香族化合物 …………………………………………… 13
1-2 ヘテロ原子の特徴 …………………………………………………… 14
   1-2-1 Oを含む官能基 ………………………………………… 16
   1-2-2 Nを含む官能基 ………………………………………… 19
   1-2-3 Sを含む官能基 ………………………………………… 22
   1-2-4 Pを含む官能基 ………………………………………… 25
演習問題 …………………………………………………………………… 28

第2章 生体分子の構造

2-1 核酸 …………………………………………………………………… 29
2-2 アミノ酸，ペプチド，タンパク質 ………………………………… 34
2-3 炭水化物 ……………………………………………………………… 43
2-4 脂質 …………………………………………………………………… 50
2-5 色素 …………………………………………………………………… 55
演習問題 …………………………………………………………………… 60

第3章 生合成

3-1 酵素の分類と酵素反応の例 ………………………………………… 62
   3-1-1 酵素の分類 ……………………………………………… 62
   3-1-2 アセチルCoAの生合成 ………………………………… 63
3-2 酵素反応の立体化学 ………………………………………………… 67

3-2-1	アルコールの酸化	67
3-2-2	キラルメチル基とキラル酢酸	70
3-2-3	メチル化反応	72

3-3 酸素添加反応 …………………………………………………………… 73
 3-3-1 オキシゲナーゼの反応 ………………………………………… 75
 3-3-2 O_2 分子の特徴 ………………………………………………… 75
 3-3-3 モノオキシゲナーゼの反応 …………………………………… 79
 3-3-4 ジオキシゲナーゼの反応 ……………………………………… 82
3-4 加水分解反応 …………………………………………………………… 84
3-5 C–C 結合を形成する反応 ……………………………………………… 84
演習問題 ………………………………………………………………………… 86

第4章　ポリケチド

4-1 ポリケチドと脂肪酸 …………………………………………………… 87
4-2 脂肪酸の生合成経路 ─ 生化学反応の巧妙さ ─ ………………… 88
 4-2-1 マロニル CoA の利用 ………………………………………… 88
 4-2-2 チオエステルの利用 …………………………………………… 90
4-3 オルセリン酸とフロロアセトフェノン ─ 環化形式の多様性 ─ …… 91
4-4 6- メチルサリチル酸 ─ カルボニル基の修飾は炭素鎖伸長の過程で
 　起きる ─ …………………………………………………………… 93
4-5 ゼアラレノン ─ ケトンの修飾の多様性 ─ ……………………… 94
4-6 スピラマイシン ─ 伸長ユニットの多様性 ─ …………………… 96
4-7 開始ユニットの多様性 ………………………………………………… 96
4-8 ミコフェノール酸 ─ *C*- および *O*- アルキル化 ─ ……………… 98
4-9 環化反応の多様性 ……………………………………………………… 99
4-10 炭素骨格の変換 ………………………………………………………… 102
4-11 ポリケチド生合成酵素 ………………………………………………… 102
演習問題 ………………………………………………………………………… 107

第5章　イソプレノイド

5-1　イソペンテニル二リン酸の生合成経路 …………………………… 108
　5-1-1　メバロン酸経路 …………………………………………… 108
　5-1-2　非メバロン酸経路 ………………………………………… 114
5-2　鎖長伸長反応 …………………………………………………… 115
　5-2-1　head-to-tail の伸長反応 …………………………………… 115
　5-2-2　tail-to-tail の伸長反応 ……………………………………… 115
5-3　ヘミテルペン …………………………………………………… 117
5-4　モノテルペン …………………………………………………… 120
5-5　セスキテルペン ………………………………………………… 132
5-6　ジテルペン ……………………………………………………… 145
5-7　セスタテルペン ………………………………………………… 158
5-8　トリテルペン …………………………………………………… 158
5-9　ステロイド ……………………………………………………… 166
5-10　テトラテルペン ………………………………………………… 174
演習問題 ………………………………………………………………… 180

第6章　フェニルプロパノイド

6-1　シキミ酸，コリスミン酸，プレフェン酸の生合成 ……………… 182
6-2　フェニルアラニン，チロシンの生成 ……………………………… 184
6-3　フェニルアラニン，チロシン由来の C_6–C_3，C_6–C_1 化合物 ……… 185
6-4　アミノ安息香酸の生成 …………………………………………… 187
6-5　トリプトファンと誘導体の生成 ………………………………… 188
6-6　クマリン ………………………………………………………… 190
6-7　キ　ノ　ン ……………………………………………………… 190
　6-7-1　ユビキノン ………………………………………………… 191
　6-7-2　ナフトキノン ……………………………………………… 192
6-8　リグニン ………………………………………………………… 193
6-9　フラボノイド …………………………………………………… 193

6-10　イソフラボン ……………………………………… 201
6-11　スチルベン ………………………………………… 203
演習問題 …………………………………………………… 204

第7章　アルカロイド

7-1　アルカロイドとは ……………………………………… 205
7-2　チロシン由来のアルカロイド ― 1つの中間体から多様な生成物 ―　206
7-3　オルニチン由来のアルカロイド ― 反応の立体選択性 ― ……… 209
7-4　トリプトファン由来のアルカロイド ― 微生物の生産する
　　アルカロイド ― …………………………………………… 213
7-5　リジン由来のアルカロイド …………………………… 215
7-6　ポリケチド骨格由来のアルカロイド ………………… 216
7-7　ニコチン ………………………………………………… 217
7-8　テトロドトキシン ……………………………………… 219
演習問題 …………………………………………………… 221

演習問題解答 ……………………………………………… 222
参考図書 …………………………………………………… 228
索　　引 …………………………………………………… 232

第 1 章

有機化合物の構造

　有機化合物は、あらゆる生物の基本的な構成成分である。例えば、1つの種子が発芽して成長し、花を咲かせて結実し、新しい種子を作りだして世代交代を繰り返す植物のライフサイクルを想像してみよう。この過程に関与する有機化合物の数はどれほどなのであろうか？またライフサイクルを通してそれぞれの成長段階において秩序だって行われている1つ1つの酵素反応の姿を想像してみよう。とりわけ植物は、太陽エネルギーを利用して光合成反応を行い、CO_2を固定して有機化合物へと変換している最も重要な生物である。その他、微生物や動物、昆虫や深海に生きる生物の場合なども想像してみよう。驚くほど多様な生物の世界が広がっている。これらの生物に共通にみられる分子は、さまざまな構造をもつ有機化合物にほかならない。

　また今日では、有機化合物の有用な性質を利用して、医薬、農薬、着色料、ポリエチレン、ナイロン、液晶などの人工合成された化合物も多い。そして炭素原子のみからなる化合物としてダイヤモンド以外にC_{60}などのフラーレンやカーボンナノチューブなども知られている。

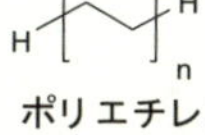

ポリエチレン 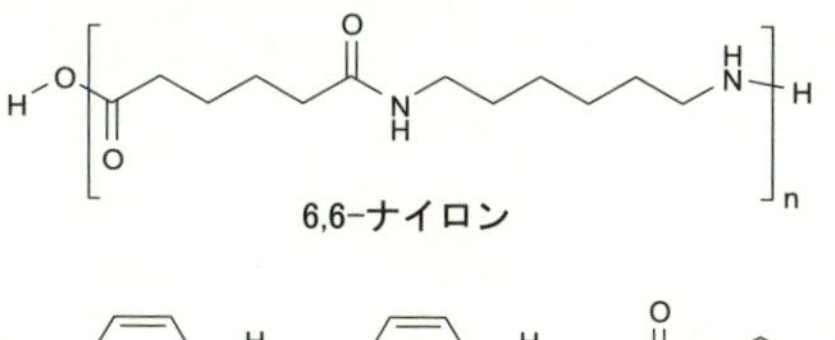　　6,6-ナイロン

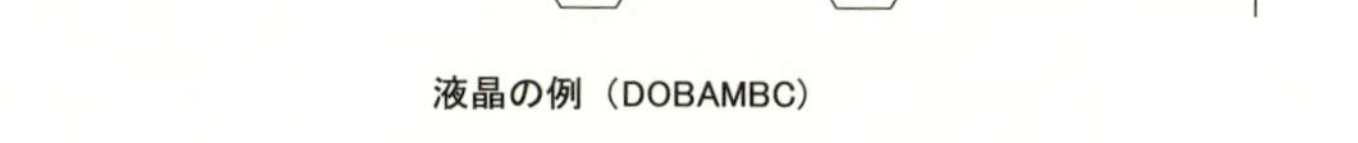

液晶の例（DOBAMBC）

このように有機化合物は，それぞれの化合物に固有の炭素のつながり（炭素骨格）の上に，さまざまな官能基が配置することにより，それぞれの分子に特有の性質が現れ，その分子に特有の機能を発揮する，実に興味深い化合物であるといえよう。

最初に，有機化合物の基本的な構造と性質についてまとめておこう。

1-1 炭素化合物の構造

C は，原子番号 6 で，6 つの電子の配置は $(1s^2 2s^2 2p_x^1 2p_y^1)$ である。最外殻の 4 つの電子軌道である 2s と 2p の電子軌道の組み合わせにより 3 つの混成軌道，sp^3，sp^2，sp ができる。これらは，それぞれ正四面体形，平面形，直線形である。sp^2 および sp 混成において混成にあずからなかった p 軌道同士は π 結合を形成し，それぞれ二重結合および三重結合を形成する。これらの結合の組み合わせにより，さまざまな形状の炭素化合物ができる。

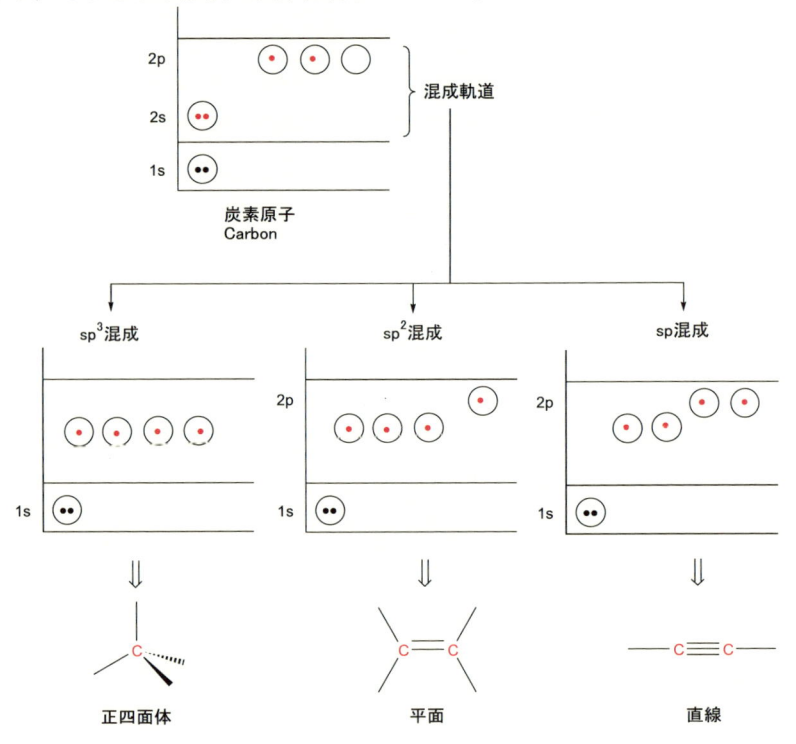

1-1-1 アルカン

アルカン(alkane)は，sp³ 混成による単結合のみからなる飽和炭化水素で分子式は C_nH_{2n+2} で示される。炭素原子数が 4 以上の化合物には構造異性体（structural isomer）が存在し，構造異性体はそれぞれ互いに化学的性質が異なる。

飽和炭化水素の異性体の数
一般式　C_nH_{2n+2}

n	異性体の数
4	2
5	3
6	5
7	9
8	18
9	35
10	75
20	366,319
30	4,111,846,763

飽和炭化水素の分子式

$$H-\underset{H}{\overset{H}{C}}-H\Big]_n \Longrightarrow C_nH_{2n+2}$$

n		融点(℃)	沸点(℃)	性状(25℃、1気圧)
1	メタン	-184	-160	気体
10	デカン	-30	174	液体
20	エイコサン	37	343	結晶
30	トリアコンタン	66	450	結晶
2,000	ポリエチレン	110	分解	強靭な固体

アルカンの C 原子数が多くなるに従って，分子のサイズも大きくなる。また C の数が多くなるほど，常温で気体（$C_1\sim C_4$）から，液体（$C_5\sim C_{17}$），固体（C_{18} 以上）となる。アルカン類は脂溶性分子であり，その分子サイズが大きくなると固体になる。この性質は，分子間力の 1 つであるファンデルワールス力（van der Waals force）で説明される。分子表面積が大きくなればなるほど，局所的な電子の片寄りによる静電気的な引力の起きる部位が増加し，結果として分子同士の引力が増えて離れにくくなる。ファンデルワールス引力は弱いが，タンパク質の脂溶性部位における相互作用や生体膜の膜脂質における脂肪酸部位での相互作用など，生体分子が高次構造を形づくる上でも重要である。またポリエチレンのような合成高分子のように，その分子サイズが大きくなればなるほど，融点が高くなり，強靭化する。

生体に存在する化合物の多くは液体中に存在し，核酸やタンパク質，多糖類やグリセリドなどの低分子の特殊な重合型の高分子化合物類を除くと，比較的低分子の化合物が多い。

メタンは，4 つの H の各頂点が正四面体の頂点となる正四面体構造である。C の最外殻にある 4 つの価電子は，sp³ 混成軌道を形成し，それぞれの 4 つの軌道

にHの電子が共有結合を形成している。正四面体の空間配置は，中心のC原子からでている4つの電子軌道の電子的な反発が最も少ない。

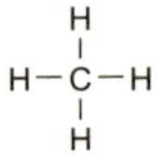

メタン

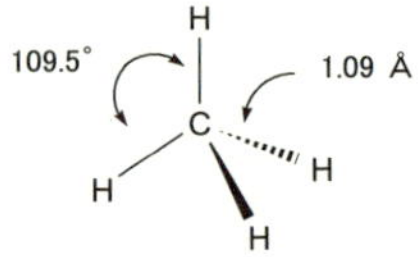

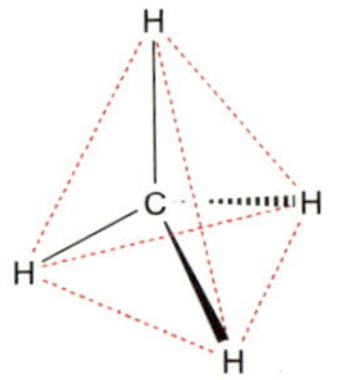

正四面体

エタンは，メタンの2つの正四面体の2つの頂点で結合した形であり，C–C単結合の回転によりいくつかの配座(conformation，コンホメーション)がある。エタンのニューマン投影式で，それぞれのCに結合しているH同士が重なり合っている重なり形(eclipsed)よりも，H同士の反発が最も少ないねじれ形(staggered)が 12 kJ mol^{-1} (2.9 kcal mol^{-1}) 安定である。

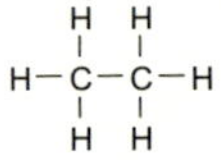

エタン

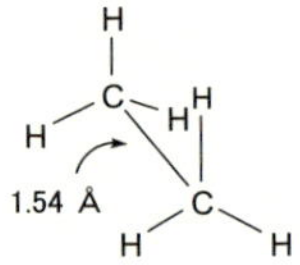

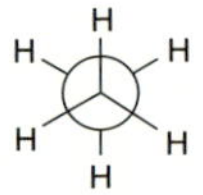

エタンのニューマン投影式

重なり形
eclipsed form

12 kJ / mol
(2.9 kcal / mol)

ねじれ形
staggered form

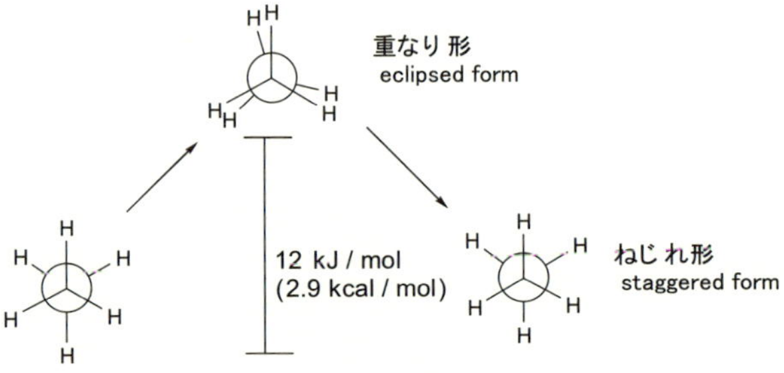

エタンの回転障壁

ブタンでは，2つのメチル基 (–CH$_3$) の配置によって2つの重なり形(メチル基同士の重なり合う配座とメチル基とHの重なり合う配座)，2つのねじれ形配座

(2つのメチル基が隣り合わせになるもの(ゴーシュ形, gauche)と2つが反対側に位置するもの(アンチ形, anti)などがある。これらの中で、2つのメチル基が最も互いに離れ、それらの立体的な反発が最も少ない関係にあるアンチ形配座が最も安定である。ゴーシュ形に比べて 3.8 kJ mol^{-1} (0.9 kcal mol^{-1})、メチル基同士の重なり合った最も不安定な重なり形より 19 kJ mol^{-1} (4.5 kcal mol^{-1}) 安定である。平衡定数と Gibbs 標準自由エネルギー差の関係表から、11.4 kJ mol^{-1} (2.73 kcal mol^{-1}) の自由エネルギー差は、100分子の平衡では 99:1 となる。

16 kJ / mol	3.8 kJ / mol	19 kJ / mol
(3.8 kcal / mol)	(0.9 kcal / mol)	(4.5 kcal / mol)

ブタンの回転障壁

平衡と Gibbs 標準自由エネルギー

$$A \xrightleftharpoons[K]{} B \qquad K = \frac{[B]}{[A]}$$

Gibbs 標準自由エネルギー $\Delta G° = -RT \ln K$
(R: 気体定数、T: 絶対温度)

K	B (%)	A (%)	$\Delta G°$ (25°C) kcal mol^{-1}	kJ mol^{-1}
0.0001	0.01	99.99	+ 5.46	+ 22.8
0.001	0.1	99.9	+ 4.09	+ 17.1
0.01	0.99	99.0	+ 2.73	+ 11.4
0.1	9.1	90.9	+1.36	+5.69
1	50	50	0	0
10	90.9	9.1	-1.36	-5.69
100	99.0	0.99	-2.73	-11.4
1000	99.9	0.9	-4.09	-17.1
10000	99.99	0.01	-5.46	- 22.8

メチレン基（–CH$_2$–）のより長い化合物で互いにアンチ形の関係を繰り返し，C–C 結合のつながりを同一の平面上に置いて，C–C 結合のつながりを上からながめるとジグザグ（zig-zag）の形となる。

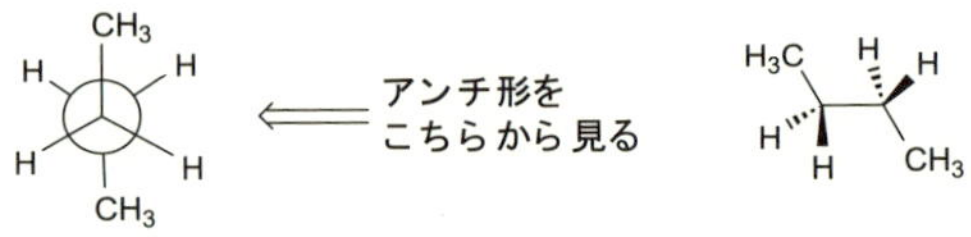

アンチ形をこちらから見る

アルカン分子のC－C結合鎖のジグザグ(zig-zag)形

Cの4つの結合手（リガンド（ligand）という）にそれぞれ異なる置換基が結合した化合物は，立体配置(configuration)の異なる鏡像異性体(エナンチオマー，enantiomer)が存在できる。また鏡像異性体のように実像と鏡像を重ね合わすことのできない形をキラル(chiral)であるという。そのCはキラル中心(chiral center)にあたり，不斉炭素原子(asymmetric carbon atom)と呼ばれる。鏡像異性体の絶対（立体）配置は，R，S 表示法で示される。

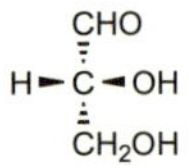

(R)-グリセルアルデヒド 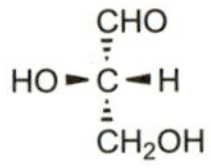　　　(S)-グリセルアルデヒド

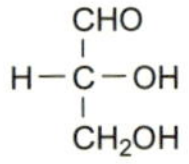

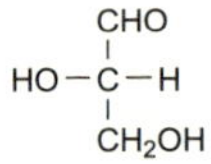

フィッシャーの投影式

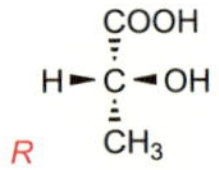

D-乳酸 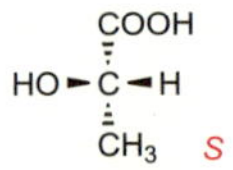　　　L-乳酸

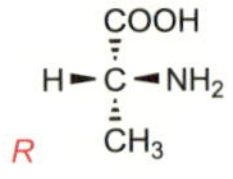

D-アラニン 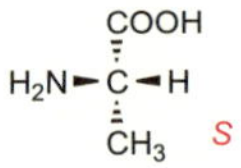　　　L-アラニン

例えば，生体に普通にみられる多くのL-アミノ酸は，R, S表示法では，システインを除き，S配置となる。L-システインは，S原子を含み，SはOよりも原子番号が大きいのでR, S表示法ではSが優先原子であり，R配置となる。

分子中に不斉炭素のような構造のないグリシンの2つのHは，同じH原子ではあるが，それぞれが置かれている環境は異なる。例えばどちらかのHを$-CH_3$に置き換えると，絶対配置の異なる$R-$または$S-$アラニンとなる。このような環境にあるHは，プロキラル(prochiral)であるという。またそのような分子の性質をプロキラリティー(prochirality)という。なおプロ(pro-)は"それ以前"を意味する接頭語である。

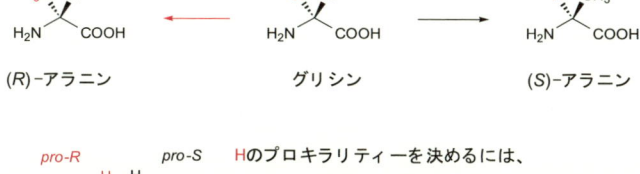

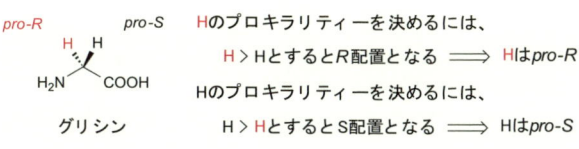

(R)-アラニン　　　グリシン　　　(S)-アラニン

pro-R　　pro-S　　Hのプロキラリティーを決めるには，
グリシン　　H > HとするとR配置となる ⟹ Hは pro-R
　　　　　Hのプロキラリティーを決めるには，
　　　　　H > HとするとS配置となる ⟹ Hは pro-S

例えばグリシンにある2つのHのプロキラリティーは，プロキラリティーを決定するHが優先原子であると仮定してその化合物の絶対配置をR, S表示法で決定し，そのR, Sの絶対配置の記号にpro- を付けてpro-R, pro-Sと書いて表示する。酵素が触媒する反応では，分子が反応場で固定され，どちらかのHや原子団の一方にのみ反応が起きるので，変化する原子や原子団を記述する際に用いられる。

不斉炭素を2つ以上含むような化合物では，立体異性体の関係はもっと複雑になる。立体異性体のうち，鏡像異性体を除くすべての異性体をジアステレオマー(diastereomer)という。酒石酸には，(R, R)-，(S, S)-，および(R, S)-の3種の立体異性体がある。(R, S)-酒石酸は分子内に対称面があり光学不活性となる。このような異性体をメソ(meso)異性体という。

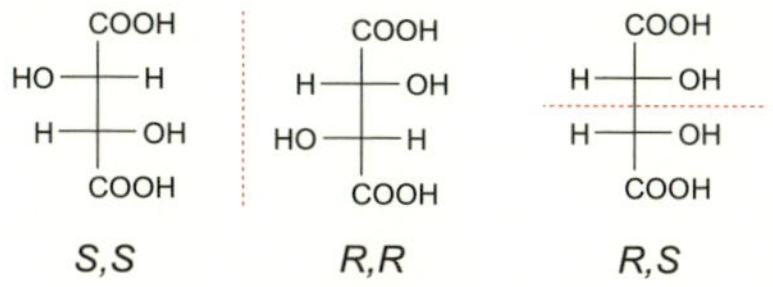

S,S　　R,R　　R,S

酒石酸

1-1-2 アルケン

C=C の二重結合を 1 つもつ鎖式不飽和炭化水素は，一般式 C_nH_{2n} で表され，アルケン（alkene）と呼ばれる。接尾語のエン（ene）は二重結合を表し，2 つの二重結合をもつ化合物は，倍数接頭語の 2 を示すジ（di）をエンの前に付けてジエン（diene），3 つではトリ（tri）を付けてトリエン（triene）などと呼ばれる。

C=C のは，sp^2 混成軌道からなり，二次元の x，y 平面上において軌道同士の反発が最も少ない$120°$ の方向をなしている。ただ実際の化合物での正確な角度は結合している置換基間の反発などにより違う。sp^2 混成軌道の形成にあずからなかったもう 1 つの p 軌道は，sp^2 混成軌道の展開する x，y 平面に垂直である。2 つの C の p 軌道が横のローブ同士で重なり，π 結合を形成する。

エテン（ethene，慣用名はエチレン（ethylene），植物ホルモンの 1 つ）の C=C の結合距離は 1.338 Å で，エタンの C–C 単結合（1.536 Å）に比べて短い。ブタジエンでは，2 つの C=C の共役（conjugation）により，C=C 部分は 1.35 Å，C–C 部分は 1.46 Å となる。共役ジエンでは，C=C と C–C の結合距離が，それぞれ共役していない C=C（1.34 Å）および C–C（1.54 Å）と比べて C=C 結合はやや長く，一方 C–C 結合は短い。なお芳香族化合物のベンゼンではすべての炭素原子間の結合距離は 1.39 Å である。

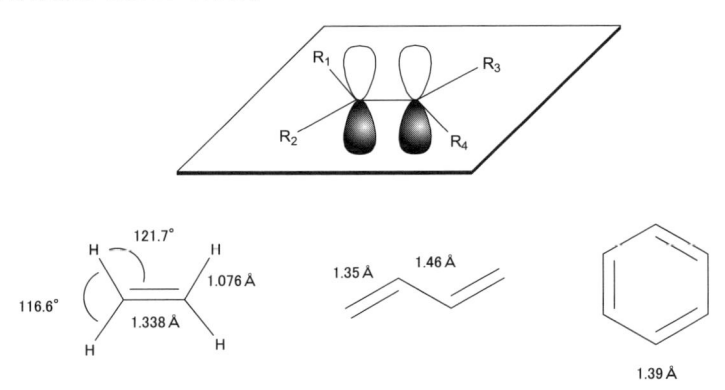

C=C につく置換基の位置関係により，シス（*cis*），トランス（*trans*）の幾何異性（geometrical isomerism）があり，それぞれの置換基の優先順位をもとに Z，E で区別される。一般にトランスの方がシスより安定である。シス体では 2 つのメ

チル基が立体的に反発することにより C=C 結合にひずみを生じ C=C 結合におけるp軌道の重なりが不安定化することによる。またアルキル置換基の多いアルケンの方がアルキル置換基の少ない化合物よりも安定である。その理由は，C=C にメチル基などのアルキル基が置換すると，C=C のp電子軌道とその隣にある C（アリル位という）の C–H 結合の s 電子軌道との間に超共役と呼ばれる軌道の重なりができ安定化できるからである。

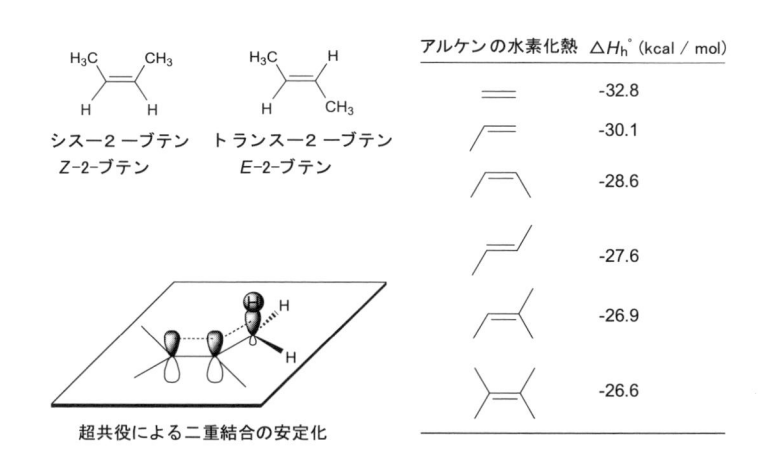

アルケンの水素化熱	ΔH_h° (kcal/mol)
シス-2-ブテン (Z-2-ブテン)	−32.8
トランス-2-ブテン (E-2-ブテン)	−30.1
	−28.6
	−27.6
	−26.9
	−26.6

超共役による二重結合の安定化

多くの有機化合物中にある二重結合は，その分子の形状に大きな役割をもつと同時に，多くの反応の開始部位となっている。また二重結合の反応は，x，y 平面に垂直方向にでている π 電子対が重要である。

プロペンや 1-ブテンのニューマン投影式に示したように，二重結合があると重なり形が優位となる。

二重結合の隣の C は，アリル (allyl) 位と呼ばれ，その他の位置にある C に比べて反応性が高い。不飽和脂肪酸が自動酸化 (auto-oxidation) を受けやすいのは，アリル位に酸素分子が付加するためである。バターやてんぷら油を空気中に放置するとその中に含まれる不飽和脂肪酸部分に酸素原子が付加して変質するとともに重量が増加するのは，そのためである。

また C=C にメチル基などのアルキル置換基が非対称に置換した化合物の反応では，そのアルキル置換基の違いが重要である。例えば，ステロイドなどの重要

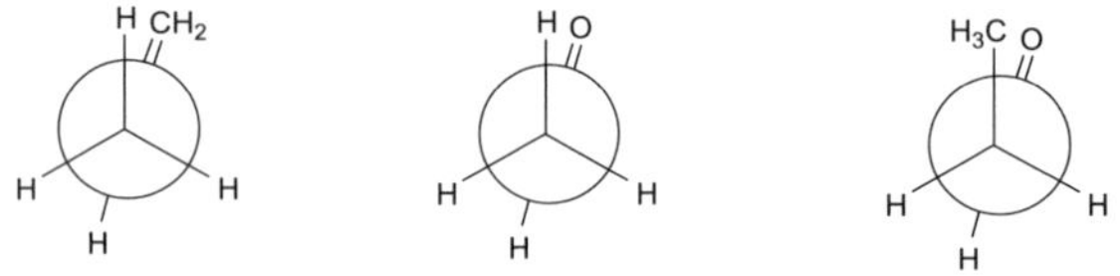

プロペン　　　　アセトアルデヒド　　　プロパナール
　　　　　　　　重なり形が優位

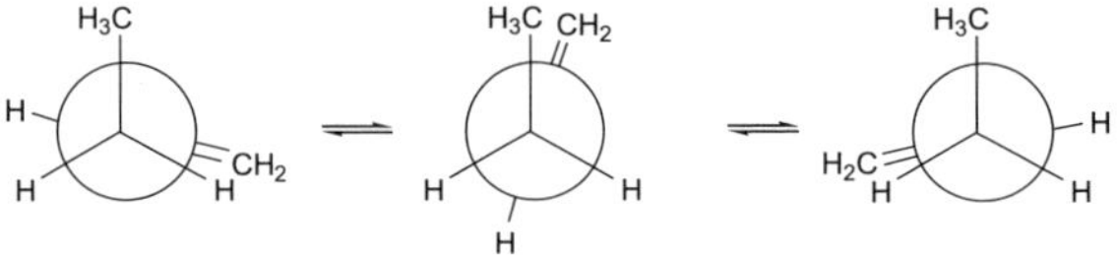

1-ブテン
ほぼ等量の割合で存在

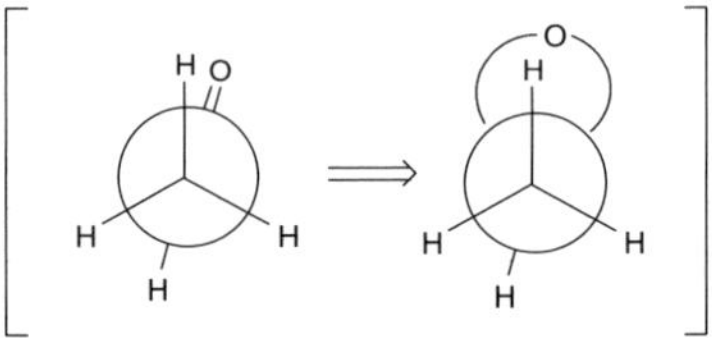

な生合成中間体であるスクワレン分子には，特定の位置に規則的に三置換のC=Cが存在する(5章 参照)。C=Cのπ電子は，2つの電子として反応しうるルイス塩基であり，したがってルイス酸である電子欠乏性の原子や原子団と反応できる。このような三置換のC=Cにプロトンが付加してできる炭素陽イオン(カルボカチオン)は，メチル基のようなアルキル置換基の数の多い炭素原子の方にできやすい。メチル基の電子供与性により，生成するカルボカチオンを安定化するからである。C=Cのプロトン化により生成する反応中間体としてのカルボカチオンは，テルペノイドの生合成などにおいて，特に重要である(5章 参照)。

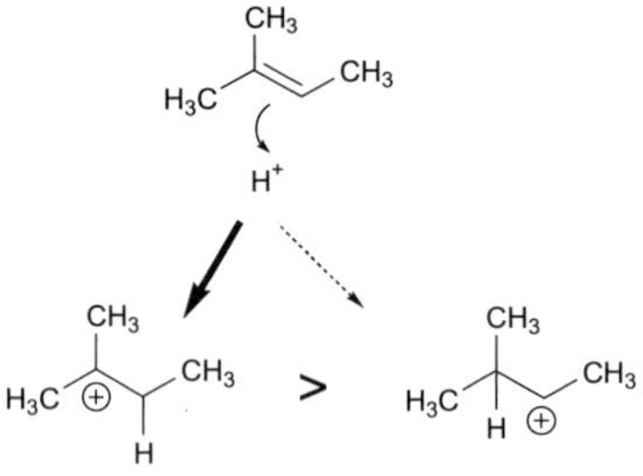

カルボカチオンの安定性

C=Cの関与する重要な生体内反応として酸素添加酵素(oxygenase)によるエポキシ化反応がある。エポキシ化反応のようなC=Cへの反応には，2つの方向性がある。C=Cがあるx，y平面の上(例えば+z軸方向とする)，または下(すなわち−z軸方向)，の2方向のどちらかの側において反応し，結果として立体の異なる生成物ができる。このような分子の場合，面性キラリティーがあるという。面のどちら側から反応が起こるのかによって生成物の立体構造に違いが生じる。面の区別は，次のような手順で行う。例えばプロペンを図示したように平面上に置く。この面について，上面から2位の炭素を見て，C_2の置換基について大きい順に見ると右回りとなるので，この面を*re*面という。一方，下面から2位の炭素を同じように見ると左回りとなり，こちらの面は*si*面という。このような面性キラリティーは，カルボニル基の還元反応などでも重要となる。

1-1-3　アルキン

三重結合をもつ脂肪族不飽和炭化水素は，アルキン(alkyne)と呼ばれる。最も簡単な化合物としてエチン(ethyne，慣用名ではアセチレン(acetylene))がある。アルキンの三重結合は，sp混成軌道からなり，2s軌道と2p軌道(例えば$2p_x$とする)から形成される。この場合，$2p_x$成分はx軸上方向に位置しているだけであり，2つのCのsp混成軌道が結合したC−C結合の方向も直線上にある。残りの2つの$2p_y$および$2p_z$は，それぞれ互いに直交するyとzのそれぞれの軸上でも

う 1 つの C のそれぞれの軌道と π 結合を形成し，これら 2 つの π 軌道は互いに直交している。天然にはいくつかの三重結合を持つ化合物があり，ポリアセチレンとして知られている。

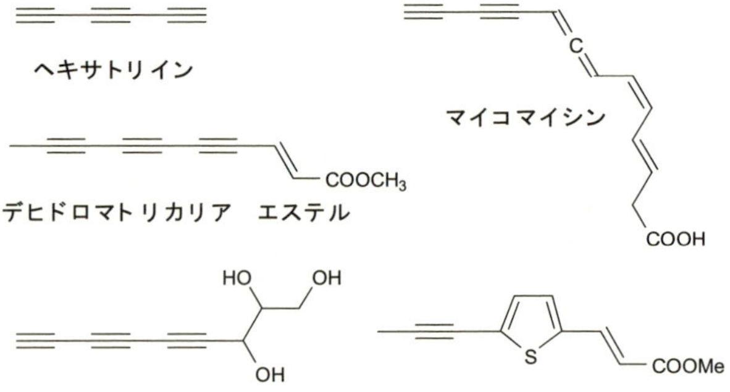
ヘキサトリイン
マイコマイシン
C
COOCH$_3$
デヒドロマトリカリア　エステル
COOH
HO
OH
OH
S
COOMe

いくつかのアセチレンを含む天然物

1-1-4　環式化合物

環式化合物は，分子内に環状構造をもつ化合物の総称である。シクロヘキサンのような脂肪族化合物とベンゼンのような芳香族化合物がある。環を構成している原子の数により，3 員環，4 員環などという。環式化合物の配座は，鎖式化合物と比較して環部分が固定され動きにくい構造となる。

シクロヘキサンの安定な椅子形コンホメーションには，C－H 結合にアキシアル (axial) とエクアトリアル (equatorial) の 2 種類がある。室温では，シクロヘキサンの 2 つの椅子形は相互に変換しているが，例えば−100 ℃では固定される。シクロヘキサンの椅子形のコンホメーションでは，それぞれ 1，3 位の位置関係にある上のアキシアル結合にある置換基同士が空間的に近い。1−メチルシクロヘキサンでは，メチル基はエクアトリアル配置となる配座が優先する。

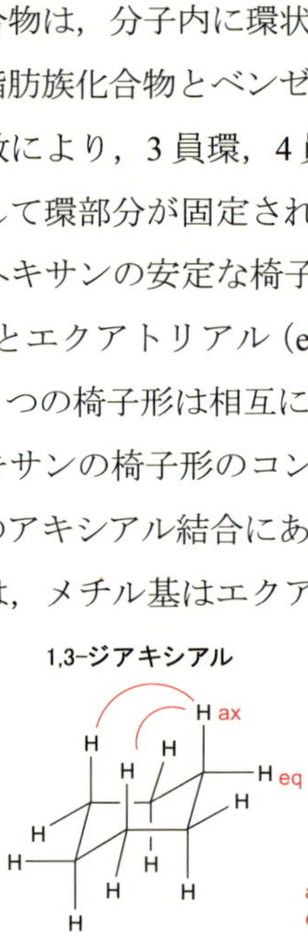
1,3−ジアキシアル
H ax
H eq
H

シクロヘキサンの安定な椅子形配座

ax: アキシアル結合
eq: エクアトリアル結合

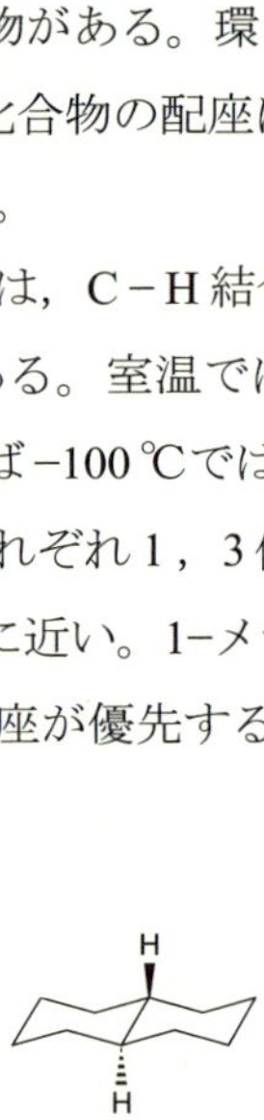
H

トランス−デカリン

デカリンやステロイドのように2環性や多環性の化合物では，構造はよりはっきりと固定される。トランス-デカリンは，シクロヘキサンの安定なコンホメーションである椅子形が2つの連結した形状である。このようなシクロヘキサンの椅子形を積み上げた形の分子が，ダイヤモンドである。

1-1-5 芳香族化合物

ベンゼンの6つの隣り合うCの結合間隔はすべて1.39Åと等しく，単純なC–C結合とC=C結合の中間である。芳香族化合物が芳香族であるための芳香族性は，ヒュッケル則で決定される。ヒュッケル則とは，化合物にある共役したπ電子系が平面上にあり，そのπ電子の数が（4n+2）個のときに芳香族性を示すという規則である。

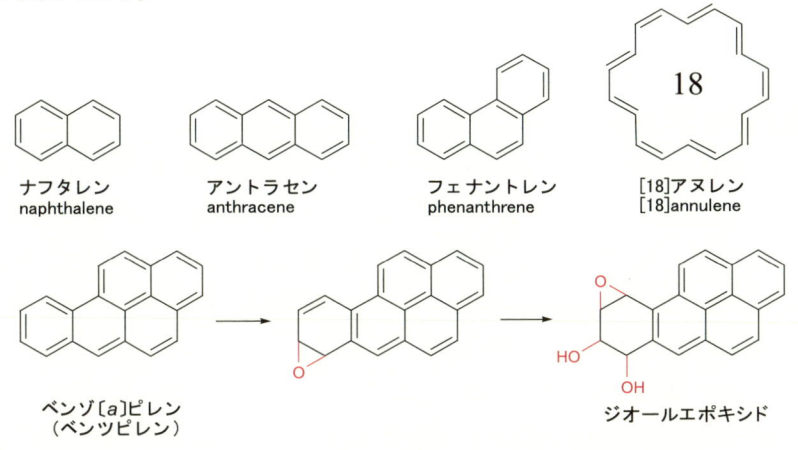

ナフタレン naphthalene　アントラセン anthracene　フェナントレン phenanthrene　[18]アヌレン [18]annulene

ベンゾ[a]ピレン（ベンツピレン）　→　→　ジオールエポキシド

ナフタレン，アントラセン，フェナントレンやその他の芳香族多環化合物が知られている。発がん物質として知られるベンゾ[a]ピレンは，代謝により生成したジオールエポキシド体がDNAと結合し発がんに至るとされている。

生体成分としての芳香族化合物は，フェニルアラニン，チロシン，トリプトファンなどの特定のアミノ酸から由来する化合物である場合(7章 参照)やポリケチドの脱水縮合反応により生成する化合物（4章 参照）などがある。

芳香族化合物の中には，アトロプ異性(atropisomerism)を示す化合物がある。アトロプ異性は，分子内での回転が束縛されたために生じた，軸性または面性キ

ラリティーに基づく構造異性をいう。軸性キラリティーは，例えばビフェニル環の環同士を結合しているC–C結合の回転ができないようなゴシポールのような化合物でみられる。ゴシポールは，綿種から単離された化合物で，男性の精子形成の減少や運動阻害作用などの特異な生物作用を示す。

ゴシポール
gossypol

1-2 ヘテロ原子の特徴

CとH以外の元素は，ヘテロ原子と総称される。ヘテロ原子は，官能基（functional group）と呼ばれる特有の原子団を構成し，その化合物に特有の性質をあたえる。特に生体分子では，官能基が単一ではなく，多官能性の複雑な化合物である場合が多い。生体分子にとって特に重要なヘテロ原子は，O，N，S，Pである。その他，さまざまな金属元素（Fe，Zn，Mn，Ca，Co，Cu，Mg，Moなど）も酵素反応などに関与し特別な機能がある。

NとOは，周期律表の第2周期の元素であり，PとSは，第3周期の元素である。またNとPが15族，OとSが16族に属しており，これらの元素の電子配置を図に示した。第2周期の元素であるNとOは8電子配置をとるが，第3周期の元素であるPとSは，空のd軌道に電子が入ることによって8電子配置ばかりでなく10電子配置または12電子配置の構造をとる場合もある。

例えばリン酸（H_3PO_4，オルトリン酸）のPは10電子配置，スルホン酸基（$-SO_3H$）のSは12電子配置の構造式や形式電荷をつけた8電子配置の構造式などで書かれる。

リン酸やスルホン酸基の構造式の中に二重結合として書かれている結合は，四面体（tetrahedral）の構造をとっており，Cの二重結合が平面であることと異なる。

第1章　有機化合物の構造

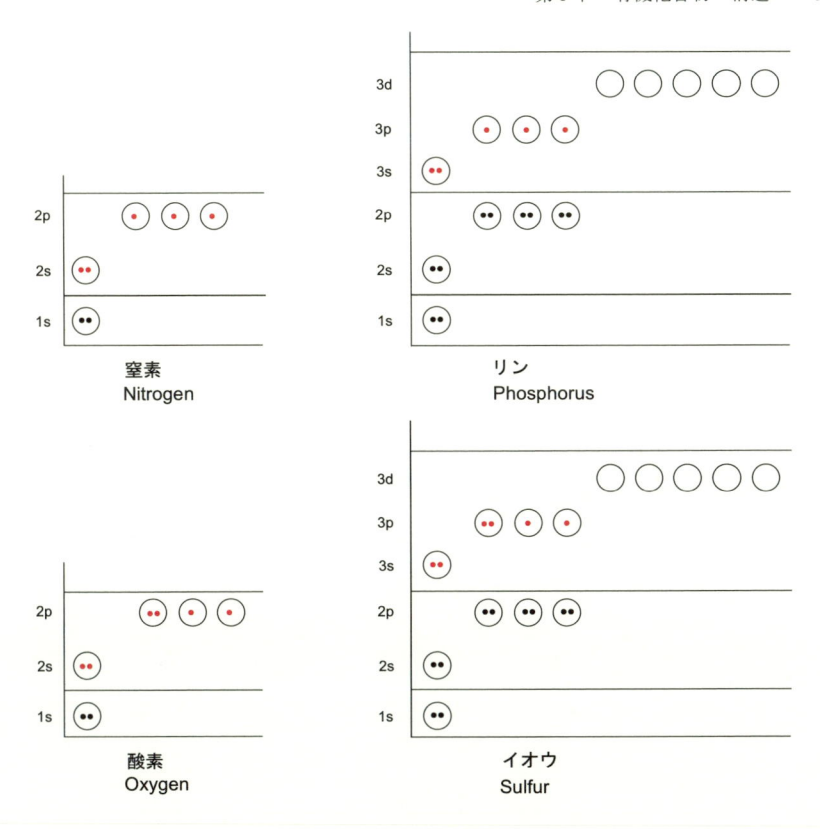

窒素
Nitrogen

リン
Phosphorus

酸素
Oxygen

イオウ
Sulfur

(From J.B. Hendrickson, D.J. Cram, and G. S. Hammond, Organic Chemistry, 3rd Ed.)

これは，第3周期のPやSでは，そのd軌道とp軌道が混成してd–p_π結合を形成するためである。

1-2-1　Oを含む官能基

ヘテロ原子の中で最も重要な原子はOである。生体分子の多くは，ヘテロ原子としてOのみをもつ化合物が多い。また天然物でもC，H，Oのみからなる化合物が多い。

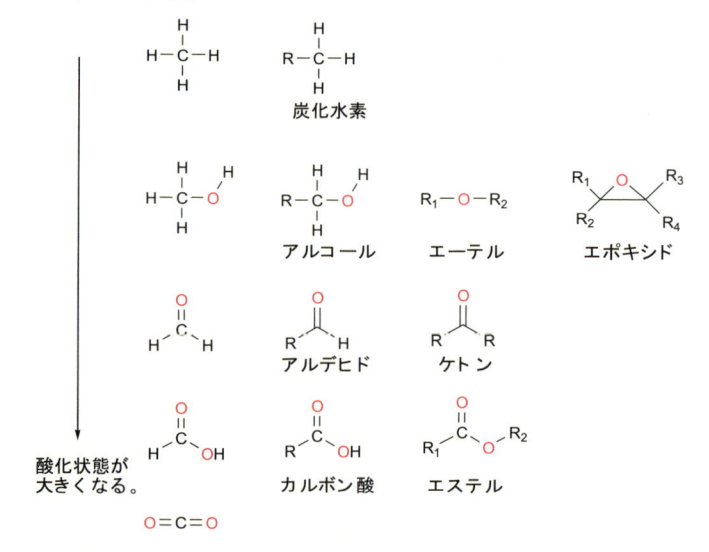

同一のCに結合しているOの数が多いか，またはHの数が少なくなるにつれて，そのCは酸化段階が進んだ形となる。最も高度に酸化された形がCO_2である。メチル基（–CH_3）やメチレン基（–CH_2–）が酸化され，それぞれヒドロキシメチル基（–CH_2OH）やヒドロキシメチン基（–CH(OH)–）になる変化，およびこれらの基から脱水素したアルデヒド基（–CHO）やケトン基（–CO–），さらに酸化されてカルボキシル基（–COOH）になり，カルボン酸がさらに酸化されてCO_2として脱離し，炭素数の1つ少ない化合物になる。これらの変化は生合成経路でよくみられる。

同一の炭素骨格にある複数のC上で酸化反応が起きると，–OHのついている位置の違いによって多数の異なる化合物が存在できる。またその他の官能基があ

れば，さらに多くの化合物が可能となる。

分子中におけるこれらの官能基の位置関係によって，特別の構造が形成される場合がある。例えば同じ化合物の中にカルボキシル基 (–COOH) とヒドロキシル基 (–OH) が存在すると，分子内エステルとしてラクトン環が形成され，特に6員環ラクトンや5員環ラクトン等は，天然物によくみられる。またフグの毒として有名なテトロドトキシンには，エステルにさらに –OH が環化したオルトエステルと呼ばれる特有の構造単位がみられる (7章 参照)。

ヒドロキシ酸 → 分子内での脱水反応 → **ラクトン**

フェノールなどの酸素官能基を含む芳香族化合物は，リグニン，ポリフェノール，色素など重要な化合物が多い。フェノール類は，リグニンを形成する重合反応 (6章 参照) にみられるようなラジカル反応を起こしやすい点で，その他の化合物にみられない特有の性質がある。ウルシオールは，長鎖アルキルおよびアルケニルカテコールの混合物で，O_2 と漆中のラッカーゼの作用によりラジカル重合し，漆器として知られる構造体となる。

ウルシオール(urushiol)の成分の1つ

エストロンやエストラジオールは，女性ホルモンとして知られている。ジエチルスチルベストロールのような合成されたフェノールやゼアラレノンのような菌類のマイコトキシンの中には，女性ホルモン作用を示す化合物がある。これらの化合物は分子の大きさや形が類似している。

ジエチルスチルベストロール　　エストロン　　エストラジオール

ゲニステイン　　ゼアラレノン

またポリフェノールは，抗酸化作用があり，ポリフェノール自身がフェノキシラジカルになりやすく，活性酸素ラジカルなどのラジカルを消去する作用をもつ。

7員環の芳香族化合物であるトロポロンは，C=O基の共鳴構造により6π電子系を与える非ベンゼノイド芳香族化合物である。

ヒノキチオール
hinokitiol

トロポロン
tropolone

1-2-2　Nを含む官能基

通常のN原子は，非共有電子対（unshared electron；または孤立電子対（lone pair）ともいう）を持ち，この非共有電子対が塩基（base，通常B：と略される）として重要な役割をする．有機化合物に酸性（acidity）を付与する代表的な官能

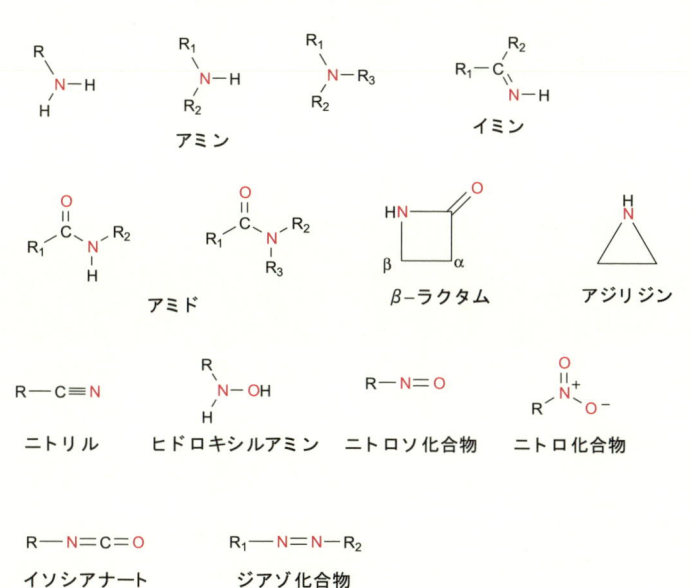

アミン

イミン

アミド

β-ラクタム

アジリジン

ニトリル

ヒドロキシルアミン

ニトロソ化合物

ニトロ化合物

イソシアナート

ジアゾ化合物

基がカルボキシル基（-COOH）であり，それと対をなす塩基性（basicity）を有機化合物に付与するのがアミノ基（-NH$_2$）などの非共有電子対をもつN原子である。

Nを含む化合物には，アミノ基（-NH$_2$）やそのアルキル置換体のアミン類，カルボキシル基との脱水で生成するアミド（-NH-CO-），環状のラクタム（lactam）や，ニトロ基（-NO$_2$），ヒドロキシアミノ基（-NH-OH），シアノ基（-CN）やイソシアノ基（-N=C=O）などを含む化合物などがある。

またN原子を環内に含むプリン，ピリミジン，ピリジン，インドール，イミダゾール，チアゾールなどのヘテロ環化合物がある。ヘテロ環化合物は，π過剰系とπ欠如系に分類され，これらのヘテロ環化合物の環内Cのもつπ電子状態は，一置換ベンゼン化合物と比較すると理解しやすい。すなわち環内にあるNが多くなると，π欠如系となり，環内のCにはカルボカチオンが生成しやすく，一方，環内にOやSがあるとπ過剰系となり，環内のCにはカルボアニオンが生成しやすい傾向を示す。

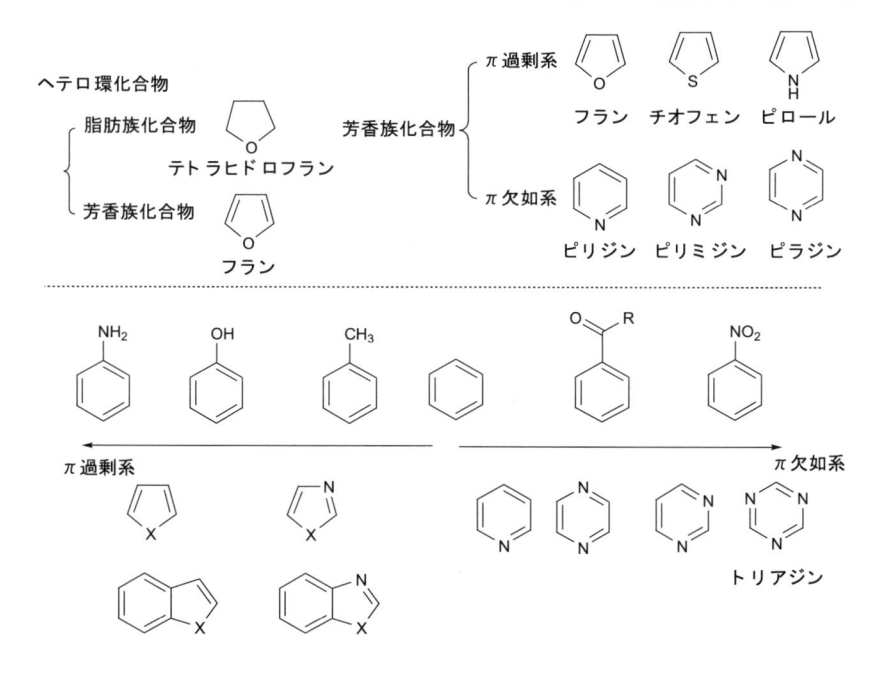

山中　宏他：『ヘテロ環化合物の化学』講談社（1988）

　ムギネ酸は，イネ科植物（大麦）を Fe 欠乏条件に置くことにより根から分泌される化合物であり，アミノ基とカルボキシル基が特有の位置関係にあり，金属イオンと錯体を形成する。このような性質をもつ化合物は，シデロフォア (siderophore) と呼ばれ，金属イオンの細胞内への取り込み機能がある。またシデロフォアは，細菌などの微生物からも得られ，例えば海洋細菌からは，アルテロバクチン A のようなシデロフォアが知られている。また，このような金属イオンと配位する性質をもつ合成化合物としてクラウンエーテルがある。

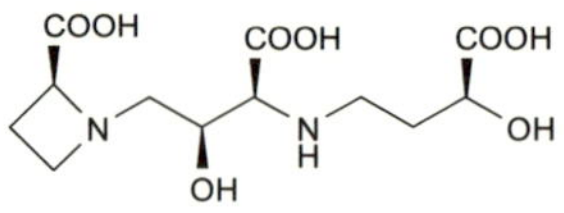

ムギネ酸

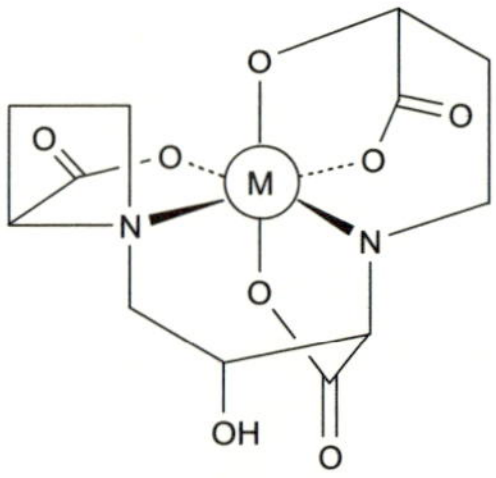

ムギネ酸と金属の錯体

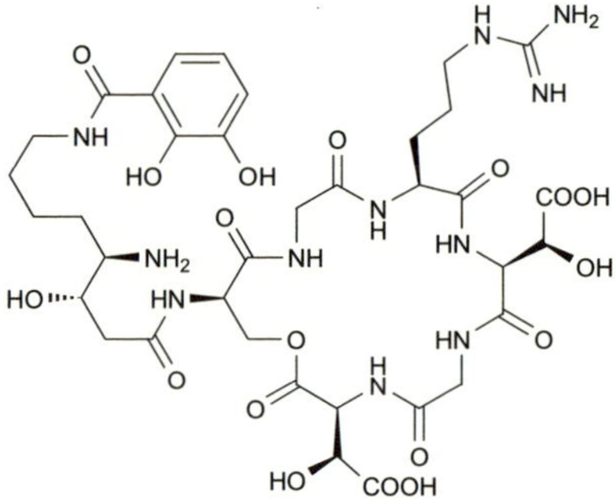

アルテロバクチンA

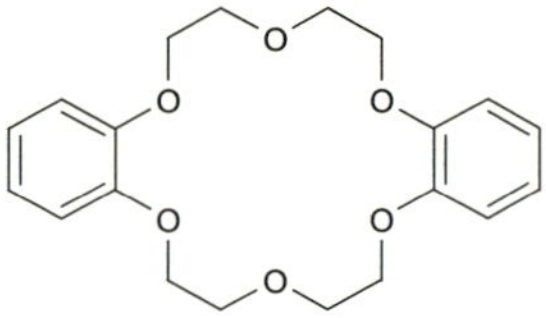

ジベンゾ-18-クラウン-6

1-2-3　Sを含む官能基

S原子を含む重要な官能基には，チオール基（–SH）とその酸化により容易に生成するジスルフィド結合（–S–S–），およびSの酸化されたスルホキシド（S=O）やスルホン（–SO$_2$–），スルホン酸基（–SO$_3$H）やその他S原子を環内に含むチオフェン，チアゾールなどのヘテロ環化合物がある。

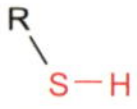

チオール 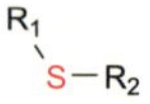　　スルフィド 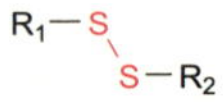　　ジスルフィド

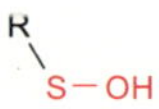

スルフェン酸 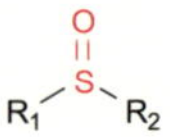　　スルホキシド 　　チオフェン

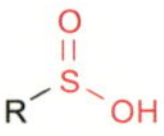

スルフィン酸 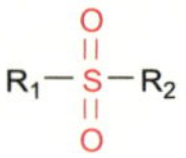　　スルホン 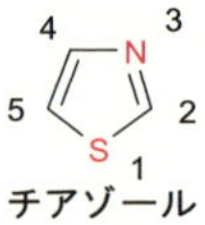　　チアゾール

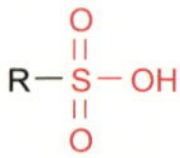

スルホン酸

チオール基をもつ唯一のアミノ酸であるシステインは，ポリペプチド鎖に組み込まれてタンパク質の高次構造の形成や酵素反応の触媒作用などに重要である。

チオール (–SH) とアルコール (–OH) の大きな化学的違いは，求核性 (nucleophilicity) にみられる。それぞれのアニオンの S_N2（2分子求核置換）反応における求核性は，チオールアニオンの方が格段と優れている。アルコールや含水アセトン中などのプロトン性溶媒 (protic solvent) 中での S_N2 反応では，周期表の同じ族の中では原子番号が大きい方が求核性は強い。すなわち –S⁻ の方が –O⁻ よりも求核性が強い。

プロトン性溶媒中の平均的求核性
（S_N2 反応の相対速度比）

求核剤	相対速度比
C₆H₅–S⁻	500,000
⁻CN	5,000
I⁻	4,000
HO⁻, CH₃O⁻	1,000
Br⁻	500
C₆H₅–O⁻	400
CH₃COO⁻	20
ピリジン (N)	20

J.B. Hendrickson, D.J Cram, G.S. Hammond,
Organic Chemistry, 3rd ed., McGraw-Hill (1970)

S と O 原子の反応性の違いは，硬い酸・塩基と軟らかい酸・塩基の原理 (Hard and Soft Acids and Bases，HSAB 原理) によっても定性的に説明される。HSAB 原理では，硬い酸・塩基とは，小さな原子半径をもち高い有効核荷電をもち，分極しにくい特徴をもつものをいい，軟らかい酸・塩基は，その反対の性質をもつものをいう。そして，硬い酸は硬い塩基と反応しやすく，軟らかい酸は軟らかい塩基と反応しやすいというものである。–S⁻ は軟らかい塩基 (Soft Base) であり，一方 –O⁻ は，硬い塩基に分類される。

硬い酸 (Hard acids)				硬い塩基 (Hard Bases)				
H^+				NH_3	RNH_2	H_2O	OH^-	RO^-
Na^+	Mg^{2+}	Ca^{2+}	Mn^{2+}	ROH	R_2O	CH_3COO^-	CO_3^{2-}	
CO_2				NO_3^-	PO_4^{3-}	SO_4^{2-}	F^-	(Cl^-)
中間				中間				
R_3C^+	$C_6H_5^+$			$C_6H_5NH_2$	C_5H_5N			
Fe^{2+}	Cu^{2+}	Zn^{2+}	Co^{2+}	Br^-				
軟らかい酸 (Soft Acids)				軟らかい塩基 (Soft Bases)				
Cu^+	HO^+			H^-	R^-	CN^-	R_3P	$(RO)_3P$
Br^+	I^+			RSH	RS^-	R_2S		

Tse-Lok Ho "Hard and Soft Acids and Base Principle in Organic Chemistry" Academic Press (1977)より

S原子を含む化合物として，ニンニクに含まれるビタミン増強作用をもつアリシン，シイタケの特有の香りのレンチオニン，マリーゴールドの根に含まれる殺線虫作用物質であるテルチエニルなどが知られている。またスルホン酸基（−SO_3H）を含むものとして，タウリンや植物細胞の増殖促進作用をもつペプチドのファイトスルフォカイン（phytosulfokine）などがある。

アリシン　　　レンチオニン　　　テルチエニル

タウリン　　　ファイトスルフォカイン

またS原子は，新しい医薬や農薬を合成する際によく利用される。新しい医薬や農薬の分子を設計することをドラッグデザインという。チオフェンとベンゼンが水に溶解する度合いが類似していることから，S原子を，C–CやC=Cの代わりとして導入する分子改変が試みられる。

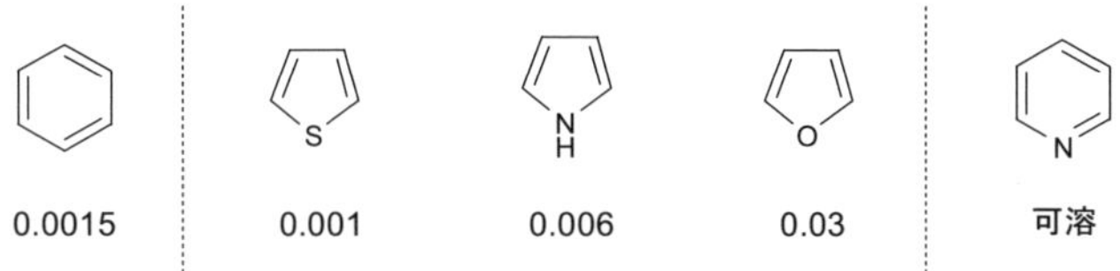

	⟨benzene⟩	⟨thiophene⟩	⟨pyrrole⟩	⟨furan⟩	⟨pyridine⟩
	0.0015	0.001	0.006	0.03	可溶

π過剰系化合物の水（1部）に対する溶解性

山中　宏他：『ヘテロ環化合物の化学』講談社（1988）

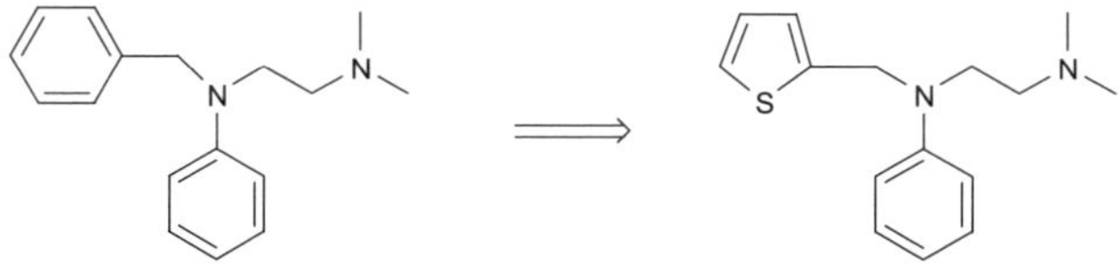

フェンベンザミン
phenbenzamine

メタフェニレン
methaphenilene

トリペレンアミン
tripelennamine

メタピリレン
methapyrilene

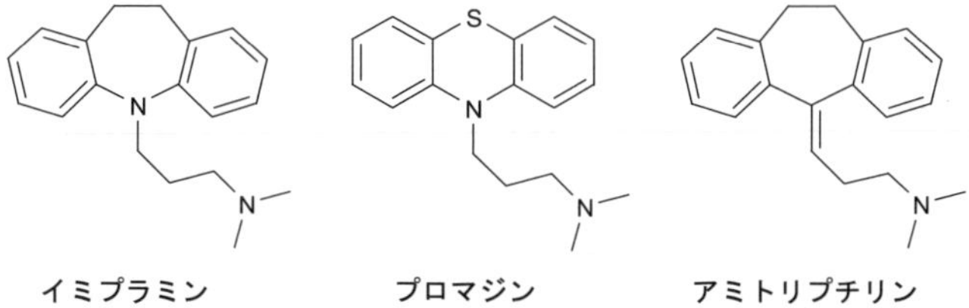

イミプラミン
imipramine

プロマジン
promazine

アミトリプチリン
amitriptyline

1-2-4　Pを含む官能基

　生体内に生成するPは，リン酸エステルがほとんどである。リン酸は，-OHが3つあり，トリエステルまである。ホスホジエステル結合はDNA，RNAなどの核酸類にみられる他，ATPなどの高エネルギーリン酸化合物にある。

　リン酸ジエステル結合は，2つのリン酸分子からH_2O分子が脱水した形となっており，酸無水物構造となっている。

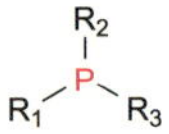

ホスフィン 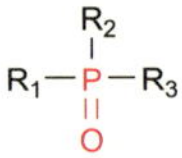　ホスフィンオキシド 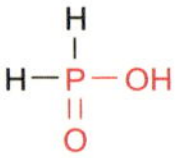　ホスフィン酸 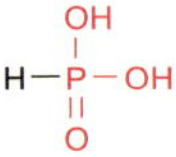　ホスホン酸 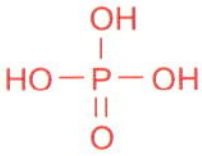　リン酸 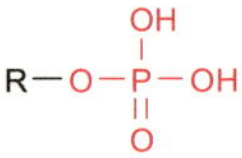　リン酸エステル

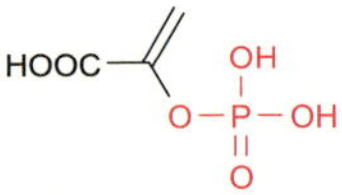

ホスホエノールピルビン酸 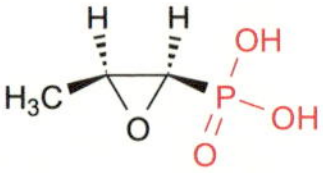　ホスホマイシン 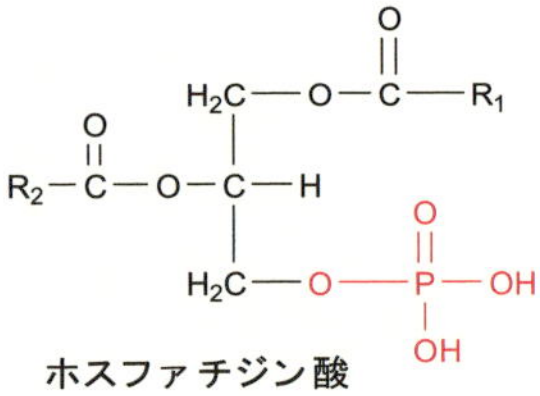　ホスファチジン酸

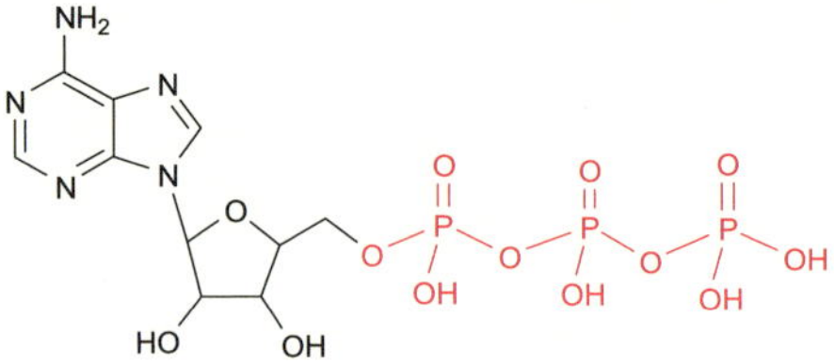

アデノシン三リン酸
（ATP）

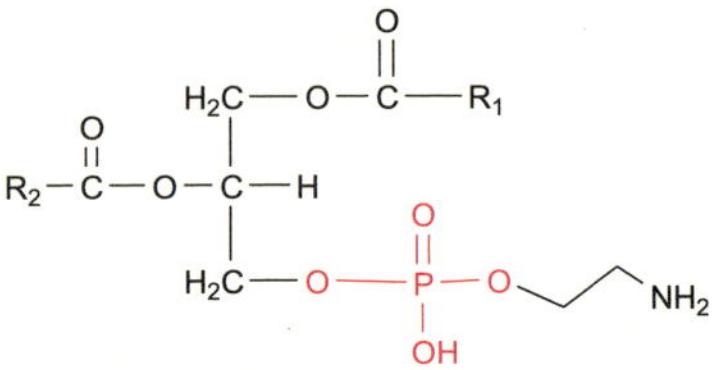

ホスファチジルエタノールアミン

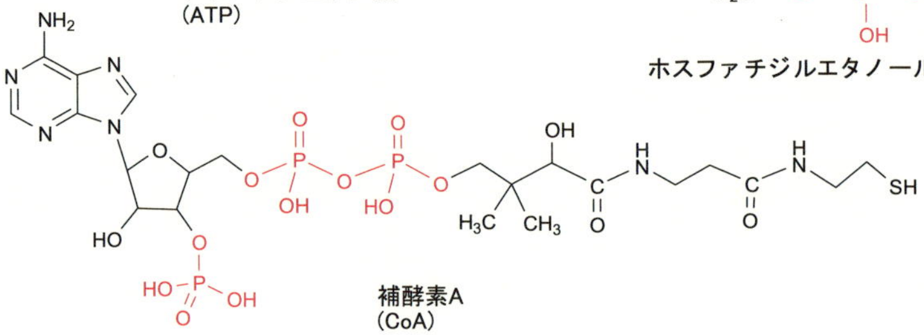

補酵素A
（CoA）

　分子中の –OH 基のリン酸化反応は，その分子の生体内における活性化の第一段階反応として多い。タンパク質のチロシンやセリンの –OH のリン酸化反応やアルコール類のリン酸化による活性化反応にみられる。リン酸化された –OH の O は，反応においてリン酸イオンとして脱離し，C は陽イオンであるカルボカチオンとして反応していく。リン酸イオンは優れた脱離基である。また，リン酸エステルの加水分解により –OH 基が再生する。

第1章　有機化合物の構造　27

コラム
C_{60}を論理的に予測した大沢映二

炭素だけからできているダイヤモンドの同素体の1つに黒鉛がある。黒鉛の結晶はCが6角形の芳香環を形成し，Cの原子間は1.415 Åである。その他の炭素同素体としてフラーレンとカーボンナノチューブがある。

1つのベンゼン環のまわりに6つのベンゼン環がある形をした化合物はコロネンである。コロネンの中心のベンゼン環を6員環ではなく5員環とし，その周りにベンゼン環を5つ配置させると，盃状の化合物ができる。その操作をくり返すとやがてドーム状の安定な化合物としてサッカーボール形の分子であるフラーレンができあがることを大沢映二は理論的に予測した。その後，この化合物がクロトー，スモーリー，カールにより黒鉛（グラファイト）の表面に強力なレーザーを照射したCのクラスター中に実際に発見された。ついで，飯島澄男は炭素電極のアーク放電により得られる陰極上の堆積物中からカーボンナノチューブを発見し，そのユニークな性質が注目されている。

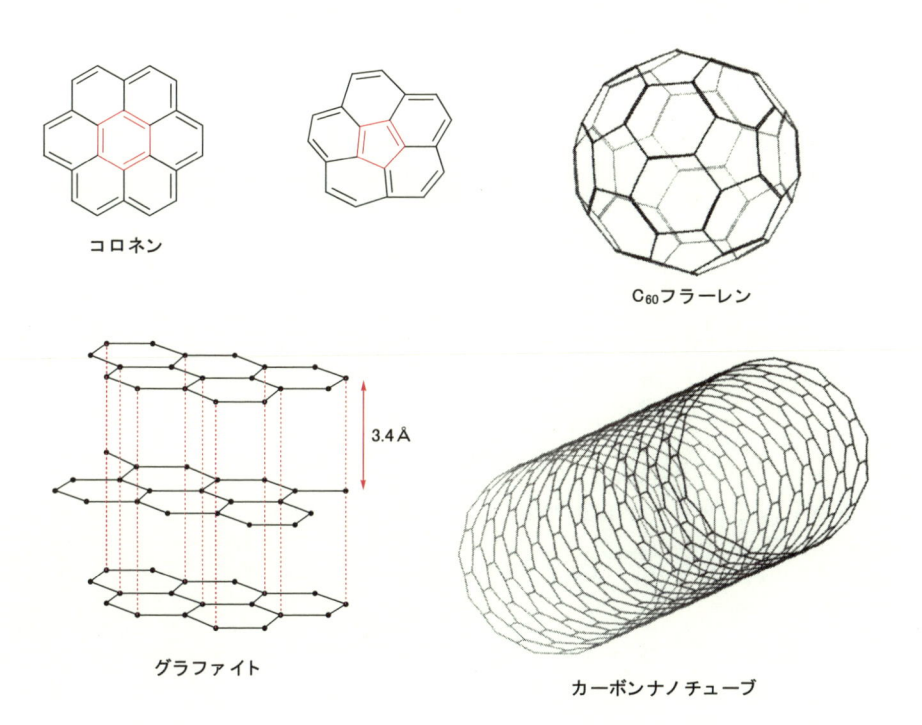

コロネン　　　　　　　　　　　　　　　　　C_{60}フラーレン

グラファイト　　　　　　　　　カーボンナノチューブ

■演 習 問 題

問1 次の化合物の絶対配置を R, S 表示法で示せ。

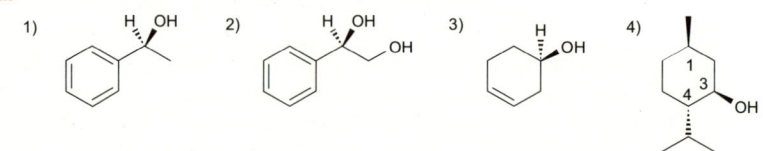

1) 2) 3) 4)

問2 1-メチルシクロヘキサンのコンホメーションを書き，アキシアルおよびエクアトリアル結合の区別を示せ。

問3 ピロールとピリジンの塩基性の違いについて説明せよ。

第 2 章

生体分子の構造

本章では，多くの生物に共通に見られる一般的な生体分子の中でも，その代表的な化合物についてその構造と特徴について述べる。

2-1 核　酸

核酸は，生物細胞の核などに存在する高分子で，核酸塩基，糖（DNAでは2-デオキシ-D-リボース，RNAではD-リボース），およびリン酸がホスホジエステル結合したヌクレオチド単位からなり，遺伝情報を担う分子であるデオキシリボ核酸（DNA，deoxyribonucleic aced）と遺伝情報の伝達と翻訳にかかわるリボ核酸（RNA，ribonucleic acid）がある。RNAには，その細胞内での機能によって伝令RNA（messenger RNA: mRNA），転移RNA（transfer RNA: tRNA），リボソームRNA（ribosome RNA: rRNA）などに分類される。

核酸中のプリン塩基とピリミジン塩基の構造

DNAの塩基には，アデニン（adenine, A），グアニン（guanine, G），シトシン（cytosine, C），チミン（thymine, T）があり，RNAではチミンの代わりにウラシル（uracil, U）がある。核酸塩基がD-リボフラノースまたは2-デオキシ-D-リボフラノースにβ-N-グリコシド結合したものは，ヌクレオシド（nucleoside）といい，ヌクレオシドのリン酸エステル誘導体をヌクレオチド（nucleotide）という。

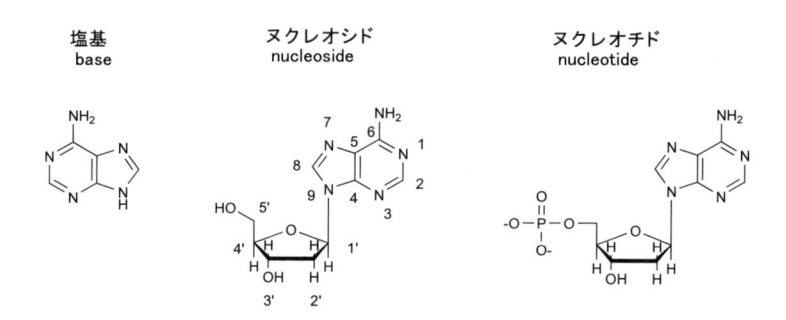

アデニンの分子式は$C_5H_5N_5$であり，シアン化水素HCNの5量体に相当することから，生命の誕生以前にはシアン化水素の重合により形成されたと考えられている。シアン化水素は，星間分子として検出されている。

DNAは，1953年にワトソンとクリックにより二重らせん構造であることが解明され，相補的な核酸塩基（A-T, C-G）間で水素結合し，平面分子である核酸塩基がらせんにほぼ垂直に配列して，らせん階段構造を形成している。二重らせんの直径は約20Åで，らせん階段の上下の塩基対の間隔は3.4Åであり，10塩基対でらせんがひと回りする。

第 2 章　生体分子の構造　31

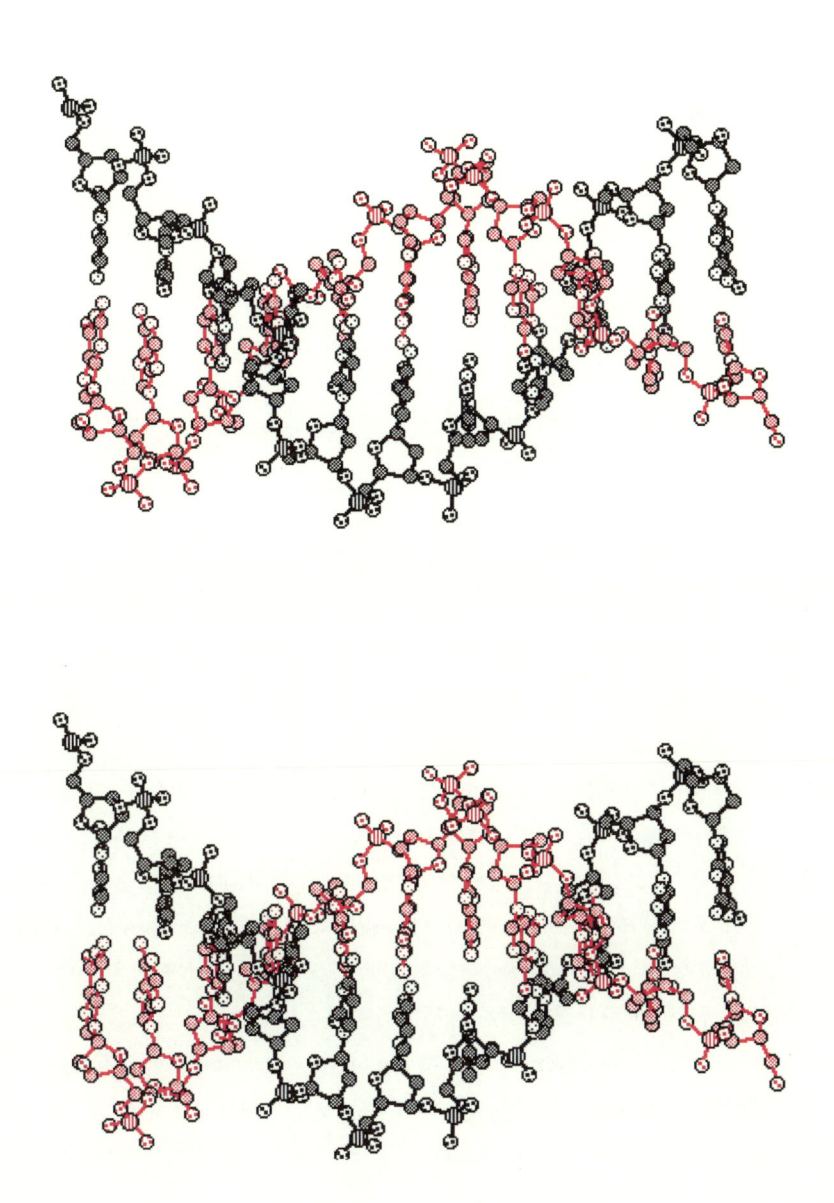

DNA の二重らせん構造（ステレオ図）

DNAの染色に用いられるアクリジン色素などの特別な分子は，DNAの核酸塩基対の間に入り込むことが知られている。DNAの核酸塩基対の間に入り込むことをインターカレーション（intercalation）といい，特異な生物作用をもたらす天然物も知られている。

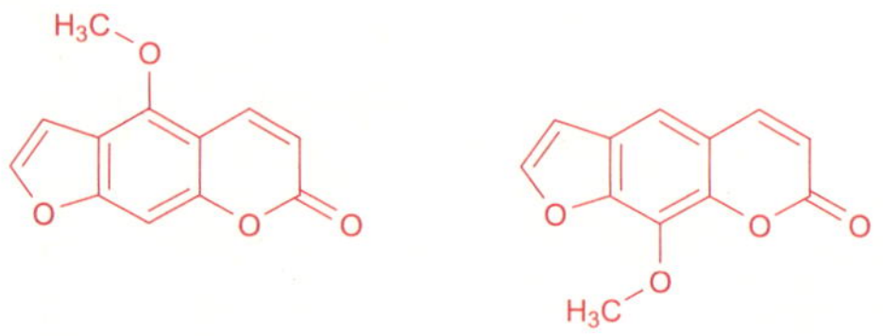

ベルガプテン　　　8-メトキシソラーレン

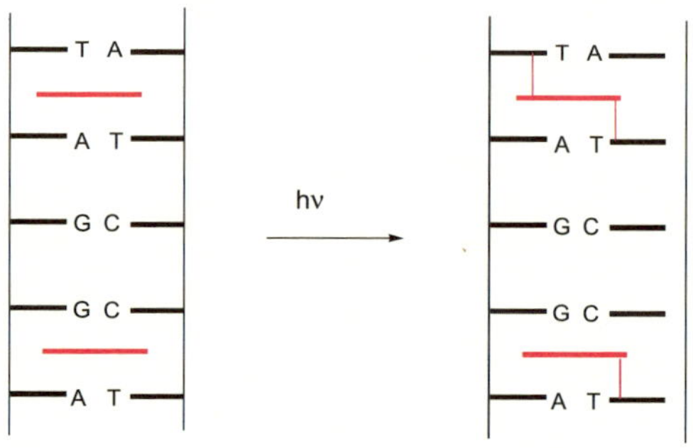

8-メトキシソラーレン（8-methoxypsoralen）は，3環性の平面分子で，DNAにインターカレーションし，光照射によりチミン塩基などとシクロブタン環を形成することが知られており，白斑症などの皮膚病の光化学療法に使用されている。またブレオマイシン（bleomycin）は，複雑な構造の中にDNAに入り込む部分とDNAのホスホジエステル結合を切断する作用を示す部分とを含み，DNA分子の切断活性を示し，抗がん剤として利用される。

マイトマイシンC（mitomycin C）は，*Streptomyces caespitosus* の培養液中より得られる抗腫瘍活性を示す化合物で，がんの治療に使用されている。マイトマイシンのパラ-ベンゾキノン環の還元とメタノールの脱離により生成した活性中間体がDNAと結合し，作用を発揮する。

サイクリックAMPは，その分子内に環状リン酸エステル構造を有し，細胞

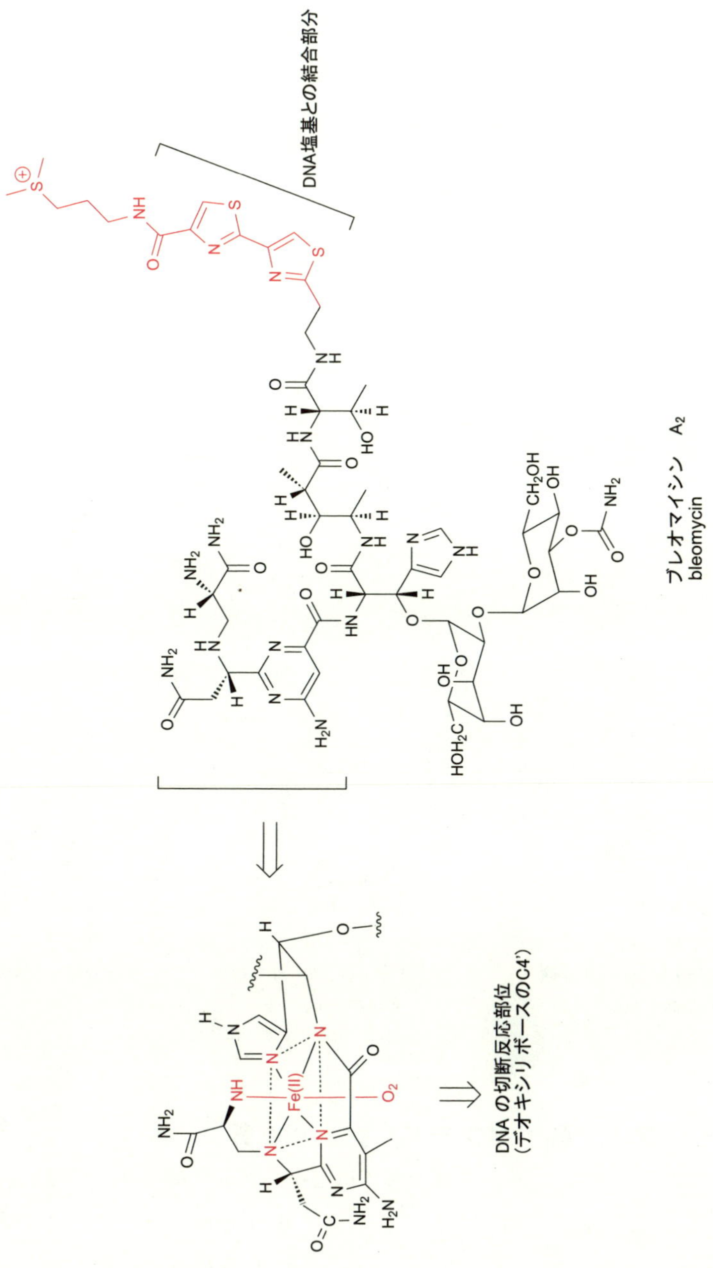

第 2 章　生体分子の構造　33

DNA塩基との結合部分

ブレオマイシン A₂
bleomycin

DNA の切断反応部位
(デオキシリボースのC4')

のセカンドメッセンジャーとしてホルモン作用の調節に深く関わっている。

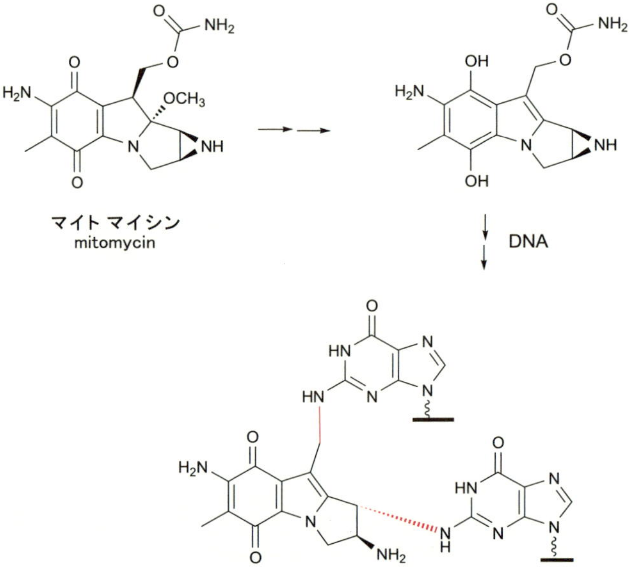

マイトマイシン
mitomycin

DNA

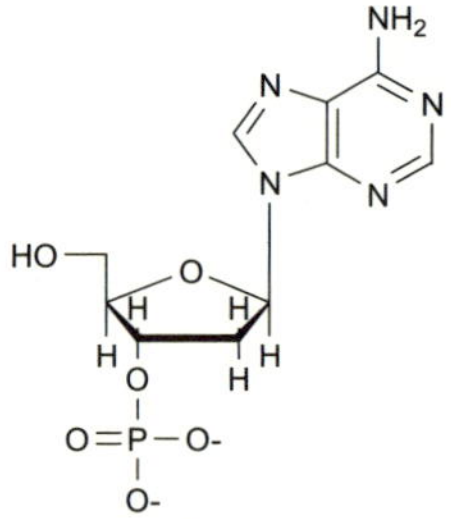

アデノシン-3'-リン酸
3'-AMP ; Ap

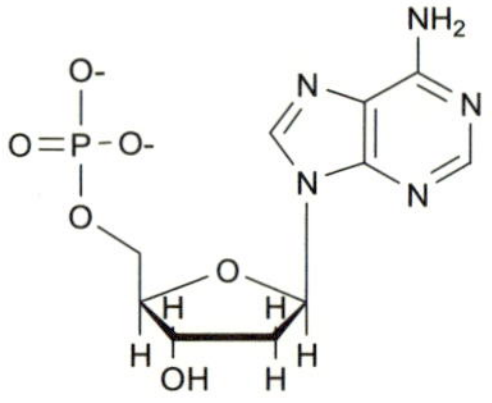

アデノシン-5'-リン酸
5'-AMP ; pA

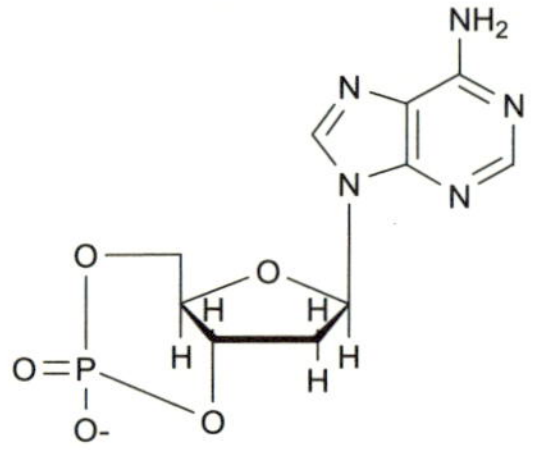

サイクリックAMP

2-2 アミノ酸, ペプチド, タンパク質

生体内に存在するアミノ酸の多くはL-α-アミノ酸である。αは, カルボキシル基（−COOH）の隣にあるCにアミノ基（−NH$_2$）が結合していることを示す。Lは, アミノ酸の構造をフィッシャー投影式で書いた場合に, アミノ基が

左側にくる絶対配置をもつ化合物であることを示す。

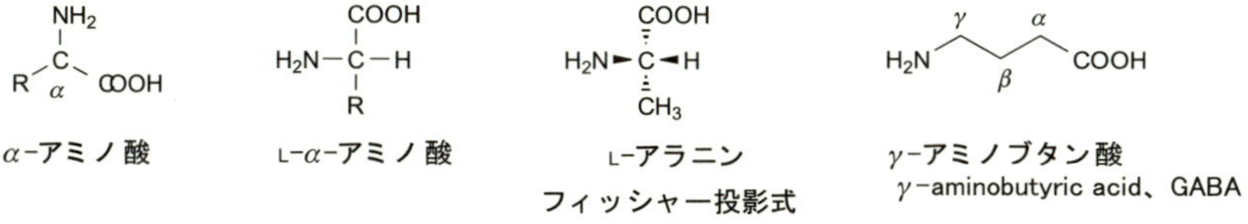

α-アミノ酸　　L-α-アミノ酸　　L-アラニン　　γ-アミノブタン酸
　　　　　　　　　　　　　　フィッシャー投影式　　γ-aminobutyric acid、GABA

　α-アミノ酸には，塩基性を示すアミノ基と酸性を示すカルボキシル基があり，通常両性イオンとして存在する。

　タンパク質は，ひとつのα-アミノ酸分子中のアミノ基ともうひとつのα-アミノ酸分子中のカルボキシル基との間で脱水して生成した形の結合であるペプチド結合で結ばれたもので，α-アミノ酸の高分子重合体である。ペプチド結合は，Nの孤立電子対によるカルボニル基との共鳴により二重結合性をもち，C–N結合の回転がさまたげられ，平面性があり，通常トランスの配置をとっている。

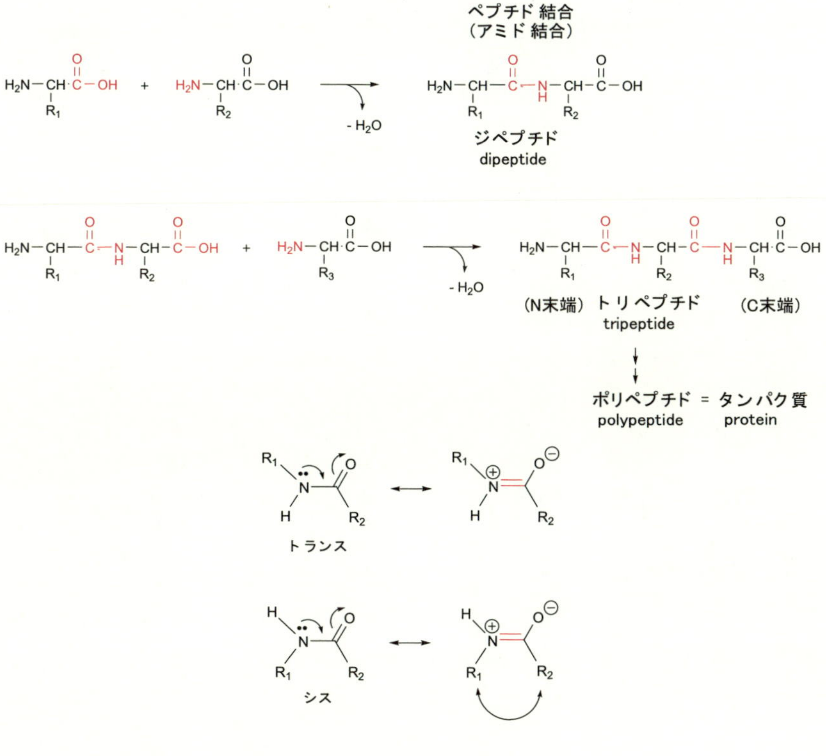

ペプチド結合
（アミド結合）

ジペプチド
dipeptide

(N末端)　トリペプチド　(C末端)
　　　　　tripeptide
　　　　　　↓
　　　ポリペプチド ＝ タンパク質
　　　polypeptide　　protein

トランス

シス

ペプチド鎖で，アミノ基がペプチド結合していない端を N 末端といい，カルボキシル基の端を C 末端という。ペプチド鎖を書くときは，通常 N 末端を左側に置いて書く。

生体中のタンパク質は，20 種のアミノ酸から生合成される。DNA の遺伝情報により，それぞれのアミノ酸に対応したコドンに従って組みたてられる。グリシンには不斉炭素原子がなく鏡像異性体は存在しないが，グリシン以外の 19 種のアミノ酸は L-アミノ酸がタンパク質の生合成に用いられる。

アミノ酸	三文字	一文字	コドン		アミノ酸	三文字	一文字	コドン	
アラニン	Ala	A	GCU GCA	GCC GCG	ロイシン	Leu	L	UUA CUU CUA	UUG CUC CUG
アルギニン	Arg	R	CGU CGA AGA	CGC CGC AGG	リシン	Lys	K	AAA	AAG
アスパラギン	Asn	N	AAU	AAC	メチオニン	Met	M	AUG	
アスパラギン酸	Asp	D	GAU	GAC	フェニルアラニン	Phe	F	UUU	UUC
システイン	Cys	C	UGU	UGC	プロリン	Pro	P	CCU CCA	CCC CCG
グルタミン	Gln	Q	CAA	CAG	セリン	Ser	S	UCU UCA	UCC UCG
グルタミン酸	Glu	E	GAA	GAG					
グリシン	Gly	G	GGU GGA	GGC GGG	トレオニン	Thr	T	ACU ACA	ACC ACG
ヒスチジン	His	H	CAU	CAC	トリプトファン	Trp	W	UGG	
イソロイシン	Ile	I	AUU AUA	AUC	チロシン	Tyr	Y	UAU	UAC
					バリン	Val	V	GUU GUA	GUC GUG

ポリペプチド鎖のコンホメーションには，α-ヘリックス構造と β-シート構造などが知られている。

タンパク質の重要な機能の 1 つは酵素 (enzyme) として作用することである。酵素の分子内に存在するアミノ酸間における分子内相互作用により特異な高次構造をとり，酵素として生体反応の触媒作用を担っている。例えば，α-キモトリプシンは，ペプチド結合を加水分解するプロテアーゼの 1 つで，ペプチド鎖中のセリン残基（Ser195），ヒスチジン残基（His57），およびアスパラギン酸残基（Asp102）が独特の空間での位置関係となって反応を触媒している。この触

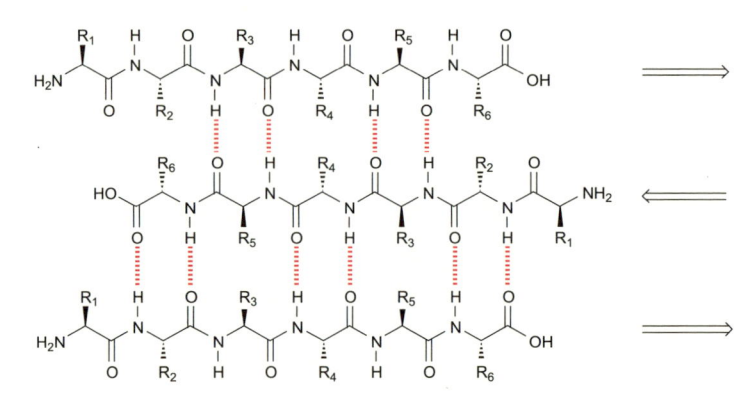

ポリペプチド鎖間の水素結合の例（逆平行β-シート構造）

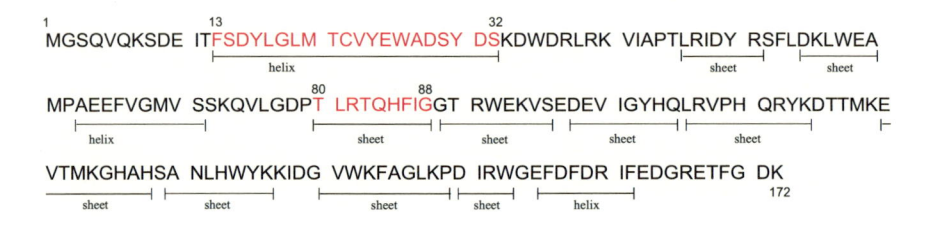

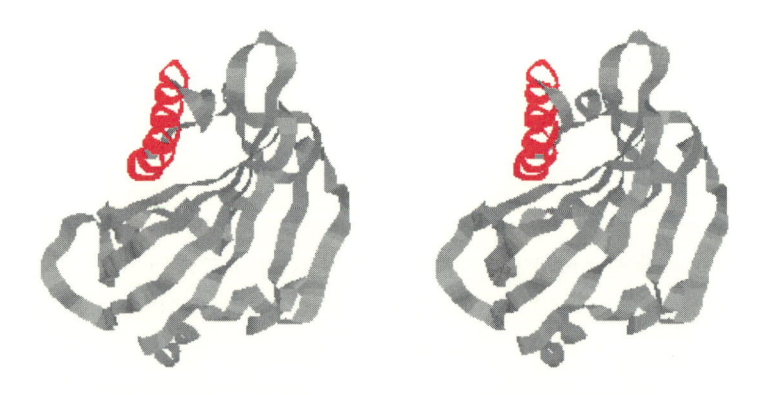

```
1                13                              32
MGSQVQKSDE IT FSDYLGLM TCVYEWADSY DS KDWDRLRK VIAPTLRIDY RSFLDKLWEA
                     helix                              sheet       sheet
                              80       88
MPAEEFVGMV SSKQVLGDP T LRTQHFIG GT RWEKVSEDEV IGYHQLRVPH QRYKDTTMKE
        helix                sheet         sheet        sheet        sheet
VTMKGHAHSA NLHWYKKIDG VWKFAGLKPD IRWGEFDFDR IFEDGRETFG DK
    sheet      sheet       sheet       sheet     helix        172
```

シタロンデヒドラターゼ（菌類のアロメラニン生合成に関与する酵素）の
アミノ酸配列と分子モデルのリボン構造（ステレオ図）

第 2 章　生体分子の構造　39

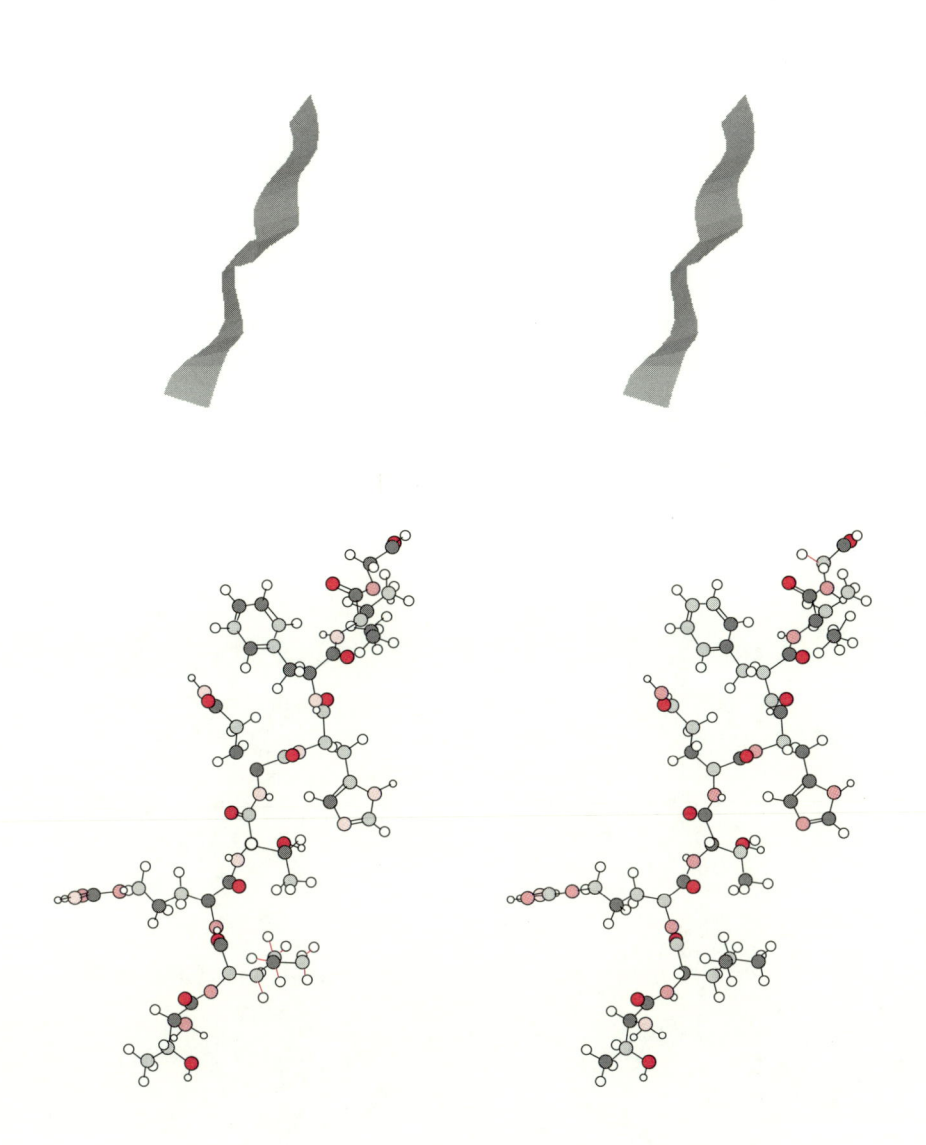

シタロンデヒドラターゼのアミノ酸配列の 80 番〜88 番に見られる
シート構造のリボン模型と棒球模型（ステレオ図）

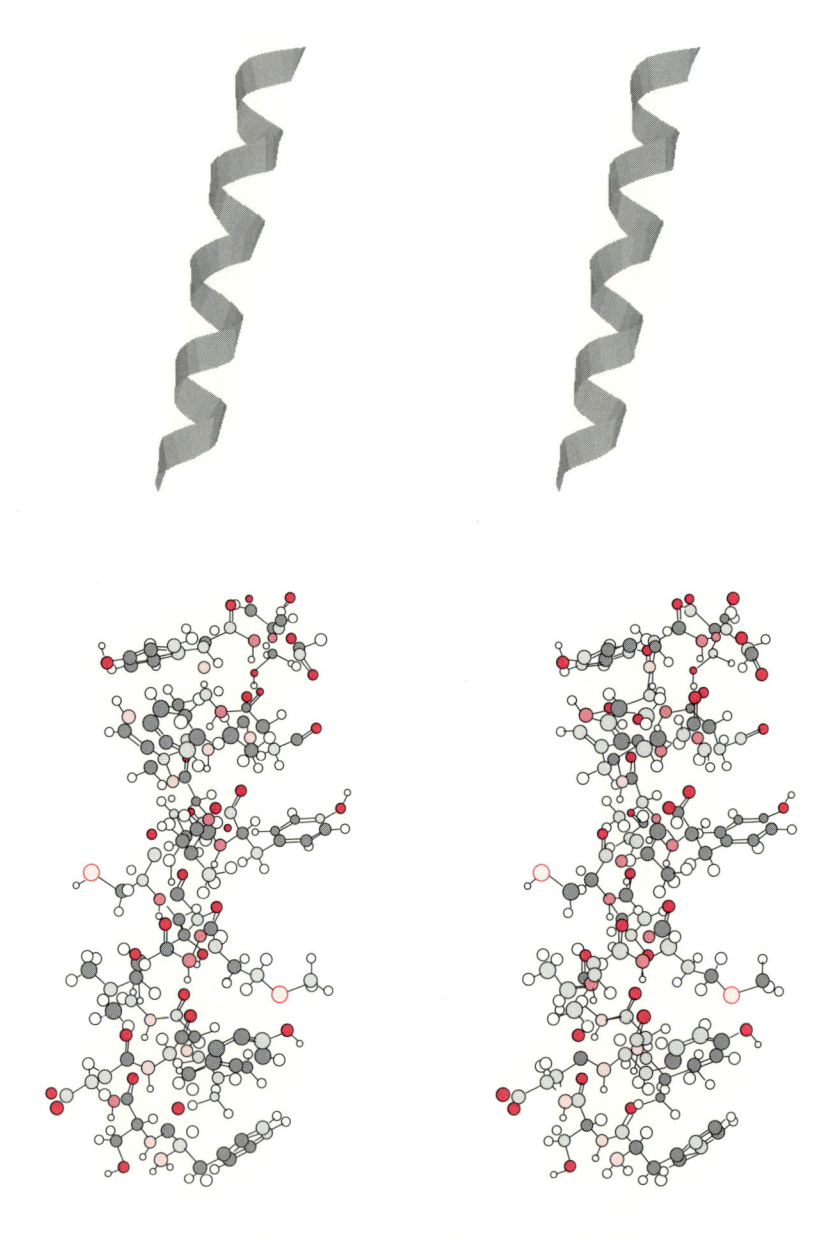

シタロンデヒドラターゼのアミノ酸配列の13番〜32番に見られるヘリックス構造のリボン模型と棒球模型（ステレオ図）

第 2 章 生体分子の構造

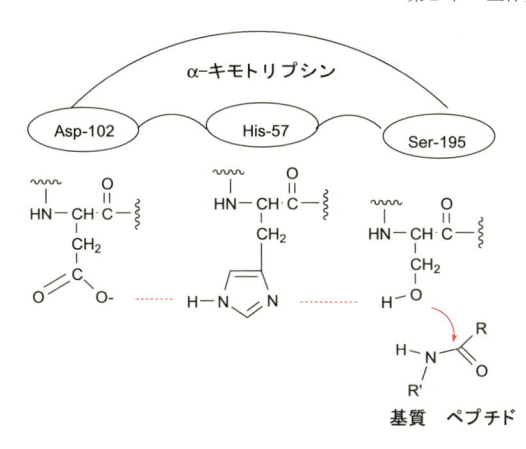

α-キモトリプシンの活性中心と基質の加水分解反応における触媒作用

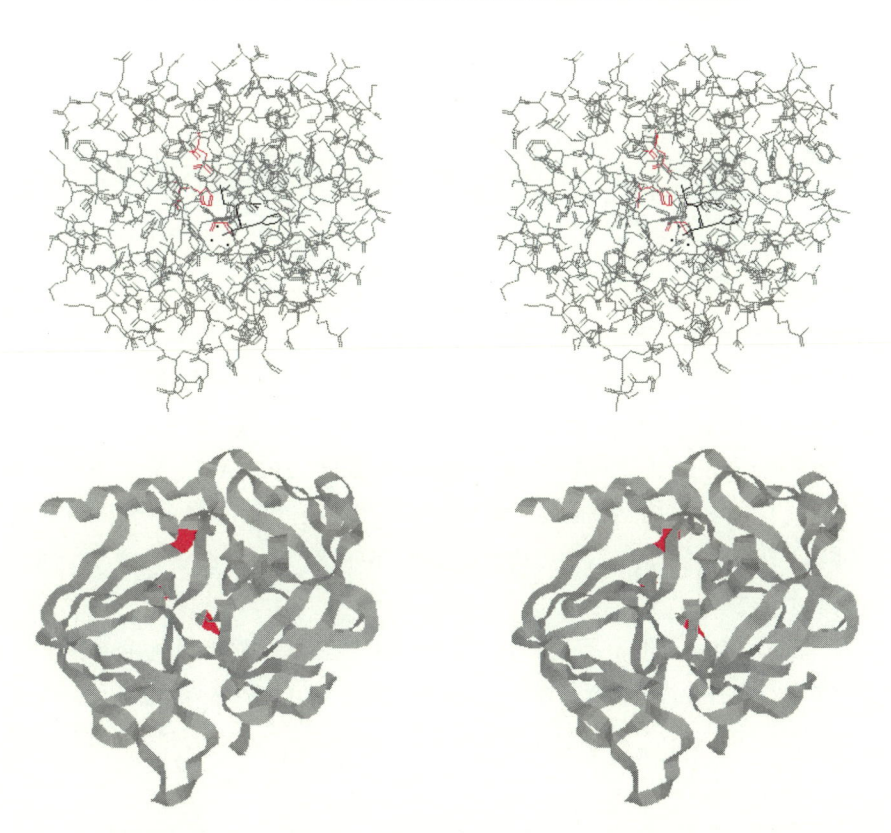

γ-キモトリプシンと阻害剤（N-アセチル-L-ロイシル-L-フェニルアラニルトリフルオロメチルケトン）の複合体の分子モデル（ステレオ図）

大腸菌細胞壁ペプチドグリカンの一部の構造の模式図

MurNAc: D-N-アセチルムラミン酸
GlcNAc: D-N-アセチルグルコサミン
DAP: ジアミノピメリン酸

D-乳酸

MurNAc: D-N-アセチルムラミン酸
(3-O-D-Lactyl-N-acetyl-D-glucosamine)

DAP: ジアミノピメリン酸
(2,6-diamino-1,7-heptanedioic acid)
(L,L-形と meso-形が知られている)

媒部位は酵素の活性中心と呼ばれる。

　タンパク質の合成には L-アミノ酸が利用されるが，細菌細胞壁のペプチドグリカン（peptidoglycan）には，D-アミノ酸が含まれている。ペプチドグリカンは，N-アセチルムラミン酸（N-acetylmuramic acid, MurNAc），N-アセチルグルコサミン（N-acetylglucosamine, GlcNAc）からなる糖鎖とペプチドにより網目状に連結された構造である。その構造中には，D-アラニンや D-グルタミン酸が含まれている。

　ペニシリン（penicillin）などの β-ラクタム抗生物質で細菌の細胞壁のペプチドグリカンの合成が阻害されると，細胞壁が弱くなりその細菌膜がその浸透圧に耐えられずに破れて死滅する。ペニシリンの阻害は，ペプチドグリカンが作られる過程で生成する D-アラニン–D-アラニン末端の構造がペニシリンと類似するためと考えられている。ペニシリンは，β-ラクタム（β-lactam）環と呼

ばれる4員環を含む化合物であるが，ペニシリン耐性菌にはβ-ラクタム環を加水分解する酵素（penicillinase（β-lactamase））を含むものがある。その耐性菌に対して各種の半合成ペニシリンが作られている。

なお生理活性物質中には，D-アミノ酸の構造単位を含む化合物もしばしばみられる。

2-3 炭水化物

炭水化物（carbohydrate）は，形式的には炭素Cに水H_2Oが付加した形の分子式$n\times(CH_2O)$をもつ化合物の意味であったが，今日ではポリヒドロキシアルデヒドまたはケトンとその誘導体などを含めて炭水化物あるいは糖質という。

グルコースの分子式は$C_6H_{12}O_6$であり，$6\times(CH_2O)$とも表すことができる。CH_2Oはホルムアルデヒドであり，したがってグルコースの分子式はホルムアルデヒドの6量体の形と同じである。生命誕生以前には炭水化物はホルムアルデヒドから段階的に重合して生成したと考えられている。ホルムアルデヒドも星間分子として検出されており，先に述べた核酸塩基のアデニンがシアン化水素（HCN）の5量体であることと関連して興味深い。

炭水化物は，単糖類（monosaccharide），数個（〜10）の単糖からなるオリゴ糖類（oligosaccharide），およびそれ以上の多糖類（polysaccharide）に分けられる。

```
    CHO              CHO              CHO
  H—C—OH           H—C—OH          HO—C—H
  H—C—OH           H—C—OH           H—C—OH
   CH₂OH            CH₂OH            CH₂OH
D-グリセルアルデヒド   D-エリスロース      D-トレオース
D-glycelaldehyde    D-erythrose      D-threose

    CHO              CHO              CHO
  H—C—OH          HO—C—H           H—C—OH
  H—C—OH          HO—C—H          HO—C—H
  H—C—OH           H—C—OH           H—C—OH
   CH₂OH            CH₂OH            CH₂OH
  D-リボース        D-アラビノース      D-キシロース
  D-ribose         D-arabinose       D-xylose

    CHO              CHO              CHO              CHO
  H—C—OH          HO—C—H           H—C—OH          HO—C—H
 HO—C—H          HO—C—H          HO—C—H          HO—C—H
  H—C—OH           H—C—OH           H—C—OH           H—C—OH
  H—C—OH           H—C—OH           H—C—OH           H—C—OH
   CH₂OH            CH₂OH            CH₂OH            CH₂OH
  D-グルコース       D-マンノース        D-ガラクトース     D-タロース
  D-glucose        D-mannose         D-galactose       D-talose
```

　単糖類にある C の数の違いによって，例えばグリセルアルデヒドは，トリオース（triose），エリスロース，トレオースはテトロース（tetrose），アラビノース，リボース，キシロースなどはペントース（pentose），グルコース，マンノース，ガラクトースなどはヘキソース（hexose）などに分類される。またアルデヒド基をもつ糖はアルドース（aldose），ケトン基をもつ糖はケトース（ketose）と呼ぶ。さらに糖の環状構造が 6 員環のものをピラノース（pyranose），5 員環のものをフラノース（furanose）という。図示したように複数のキラル中心のうち 1 個所だけが異なる異性体を互いにエピマー（epimer）という。1 位の立体配置が異なる場合は，別にアノマー（anomer）とよぶ。

　D-グルコースには $\alpha-$ と $\beta-$ の 2 種類の結晶があり，これらを水溶液に溶かすと，変旋光（mutarotation）と呼ばれる現象が起き，旋光度が徐々に変化する。一定時間後には，$\alpha-$ と $\beta-$ の平衡混合物となる。D-グルコースには，ヘミアセタール構造がある。このようなヘミアセタール構造をもつ化合物は，ヘミアセ

α-D-グルコース　　　β-D-グルコース

$[\alpha]_D$ +112°　　　$[\alpha]_D$ +18.7°

$[\alpha]_D$ +52.7°

水溶液中で平衡混合物　α- : 36.2 %　β- : 63.8 %

タール環が開環して中間にアルデヒド-アルコール構造となり，ついで再閉環することにより 2 つのエピマー間で平衡関係を保つ．平衡に達した時点でのエピマーの存在割合は，2 つのエピマーの化合物としての安定性に依存し，単糖の種類により異なり，例えば D-グルコースでは，α : β の比率は 36.2 : 63.8 となる．

ヘミアセタール環の開環によるアルデヒド-アルコールの形成と再閉環

　ピラノース環の安定な椅子型コンホメーションとして C1 および 1C が知られている．D-系列のピラノースのほとんどは C1 の方が安定である．β-D-グルコースで C1 のコンホメーションをとると，ピラノース環上の置換基がすべてエクアトリアル結合となる．この形では，1,3-位にアキシアル結合にある置換基との1,3-ジアキシアル相互作用による反発のもっとも少ない安定な形となる．

　ピラノース環にあるアノマー炭素上の置換基の位置とピラノース環内の O 原子によるアノマー効果（anomeric effect）と呼ばれる相互作用がある．シクロヘキサン環での置換基は，1,3-ジアキシアル相互作用のより少ないエクアトリア

C1 ($^4C_1$)　　　1C ($_4C^1$)

β-D-グルコース
C1形では、-OHと5位の-CH₂OHがエクアトリアル（赤線）になっている。

ル配座がアキシアル配座より優位である。しかしピラノースのようにその環内にO原子が導入されると、O原子のα位に電気陰性置換基がついた場合、その置換基は対応するシクロヘキサン誘導体にくらべ、アキシアル配座の方が優先するようになるというものである。この効果は、O原子と電気陰性の極性置換基間同士の静電的な反発がエクアトリアル位の方が大きいためアキシアル配座が優位となると考えられている。

アノマー炭素上の-OHがメチル基やその他の基で置換されて-OCH₃やその

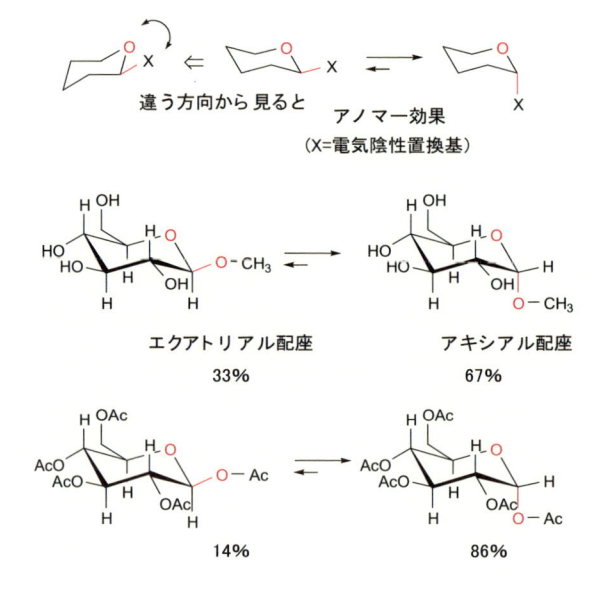

違う方向から見ると　　アノマー効果
（X=電気陰性置換基）

エクアトリアル配座　　アキシアル配座
33%　　　　　　　　67%

14%　　　　　　　　86%

他の –OR となった化合物をグリコシド（glycoside）または配糖体という。グリコシドは，糖の名称の語尾 '–ose' を '–oside' にして命名する。例えば，グルコース（glucose）は，グルコシド（glucoside），ガラクトース（galactose）はガラクトシド（galactoside）となる。配糖体が加水分解を受けて糖部分がなくなった化合物を，アグリコン（aglycone）という。

単糖同士がグリコシド結合すると二糖を与え，さらにグリコシド結合をくり返すとオリゴ糖，多糖となる。

スクロース，セロビオース，マルトースなどは二糖である。

デンプン，セルロース，キチン，アミロース，アミロペクチン，ペクチン酸などは多糖である。

デンプン（starch）は，α–D–グルコースを構成単位とし，アミロースとアミロペクチンの2種成分からなる。アミロースは，α–1,4–グルコシド結合からなり，アミロペクチンは，α–1,6–グルコシド結合も含む。アミロースはα結合しているためにヘリックス構造をとる。アミロースはデンプンの重量の約20％，アミロペクチンは約80％をしめる。デンプンはヨウ素液（I_2–KI 溶液）で青色（青紫色）を呈しヨウ素–デンプン反応として知られる。これはアミロースのヘリックス構造にヨウ素分子が入り込み，アミロース・ヨウ素複合体ができることにより，アミロース鎖が長いほど青味を増し，また加熱すると無色，冷えるとまた呈色する。アミロペクチンは，ヨウ素で赤紫色を呈する。

デンプンは，α–アミラーゼ（α–amylase），β–アミラーゼ（β–amylase），グルコアミラーゼ，ホスホリラーゼ（phosphorylase）などにより酵素的に分解を受

アミロース(amylose)：α–1,4–グルコシド結合

アミロペクチン(amylopectin)：
α-1,4-およびα-1,6-グルコシド結合

← α-1,6-グルコシド結合

ける。α-アミラーゼは，アミロースやアミロペクチンの分子内のα-1,4-結合をランダムに加水分解するエンド型の酵素で，動物（唾液，膵臓），植物（麦芽など），および微生物など広範囲にわたる。β-アミラーゼは，デンプンの非還元性末端からグルコースが2個ずつついたマルトース（麦芽糖）単位で加水分解するエキソ型の酵素で，植物（麦芽，馬鈴薯，甘蔗，ダイズ，コムギなど）や微生物などに知られる。グルコアミラーゼは，α-1,4-およびα-1,6-グルコシド結合を加水分解し，デンプンをほぼ完全にグルコースにまで加水分解する。ホスホリラーゼは，デンプンやグリコーゲン（glycogen）のα-1,4-グルコシド結合を加リン酸分解し，グルコース-1-リン酸を生成する酵素である。

セルロースは，β-D-グルコースを構成単位とし，β-1,4-グルコシド結合からなる。β-結合はエクアトリアル方向にあるので，直鎖状に伸びた構造となり，分子鎖同士の水素結合によりシート状構造で層状に重なり，結晶性で不溶性の

セルロース(cellulose)：β-1,4-グルコシド結合

物質となっている。セルロースは，高等植物の細胞壁の主成分として重要な構成多糖であり，植物により生産される最も量の多い化合物となる。

キチンは，N-アセチル-β-D-グルコサミンのβ-1,4-グリコシド結合からなり，甲殻類の殻や一部の菌類の細胞壁などの構成多糖である。強アルカリによりアセチルアミド部分が加水分解を受けて酢酸とキトサンになる。キトサン（chitosan）は，キチンの酢酸アミド部分（CH_3-CO-NH-）からアセチル基（CH_3-CO-）がはずれて，アミノ基（-NH_2）になった多糖である。

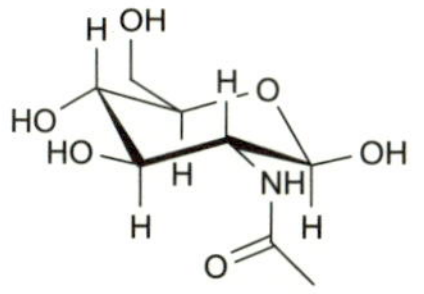

N-アセチル-β-D-グルコサミン

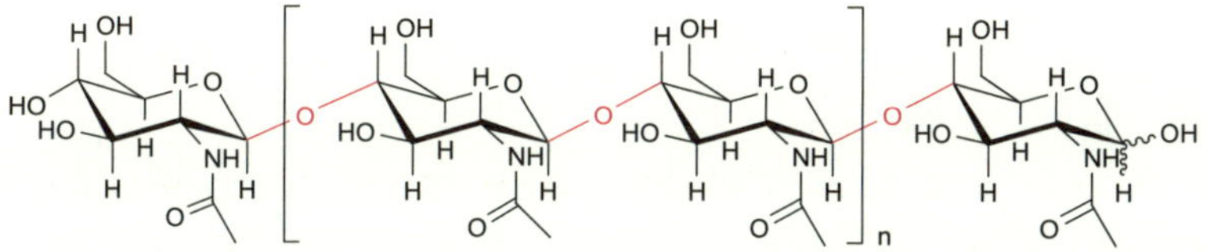

キチン(chitin) : N-アセチル-D-グルコサミンのβ-1,4-グリコシド 結合

ペクチン酸（pectic acid）は，α-D-ガラクツロン酸がα-1,4-グリコシド結合した多糖で，高等植物の細胞間に存在するペクチン（pectin）の基本骨格である。ペクチンは，ペクチン酸のカルボキシル基（-COOH）の一部がメチルエステル（-$COOCH_3$）となったもので，メチルエステル化の割合はペクチンの起源によ

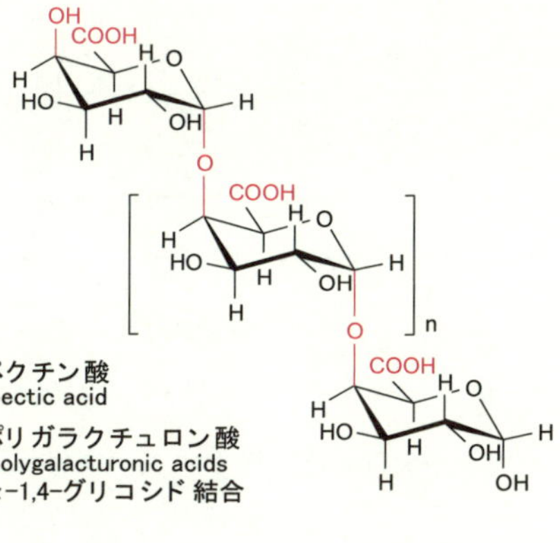

ペクチン酸
pectic acid
ポリガラクチュロン酸
polygalacturonic acids
α-1,4-グリコシド 結合

り異なり，多い場合には50％のものもある。ペクチンは，双子葉植物の細胞壁成分の20〜30％をしめるが，単子葉植物には2〜3％程度しか認められない。またペクチン由来のオリゴガラクチュロン酸の中には，情報伝達物質としてフィトアレキシン（phytoalexin）の誘導などに関わるものも知られている。

レピジモイド
lepidimoide

　レピジモイド（lepidimoide）は，クレスなど種々の植物の発芽種子から分泌され植物の成長促進作用を示す。

2-4 脂　　質

　脂肪酸（fatty acid）は，天然に得られる脂肪や油脂の加水分解により遊離される脂肪族モノカルボン酸をさす。

　中性脂肪（neutral fat）は，グリセロール（gycerol）と脂肪酸とのモノエステル，ジエステル，トリエステルの総称で，それぞれモノアシルグリセロール（monoacylglycerol），ジアシリグリセロール（diacylglycerol），トリアシルグリセロール（triacylglycerol）という。これらの化合物は慣用的に，それぞれモノグリセリド，ジグリセリド，トリグリセリドとも呼ばれる場合もある。

トリアシルグリセロール　　ジアシルグリセロール　　モノアシルグリセロール

　トリアシルグリセロールは，グリセロールの3つの–OHに脂肪酸が3つエステル結合した化合物であり，どの脂肪酸がどの位置にエステル結合するかによって多数の組み合わせ（分子種）ができる。ジアシルグリセロールでは，1,2–

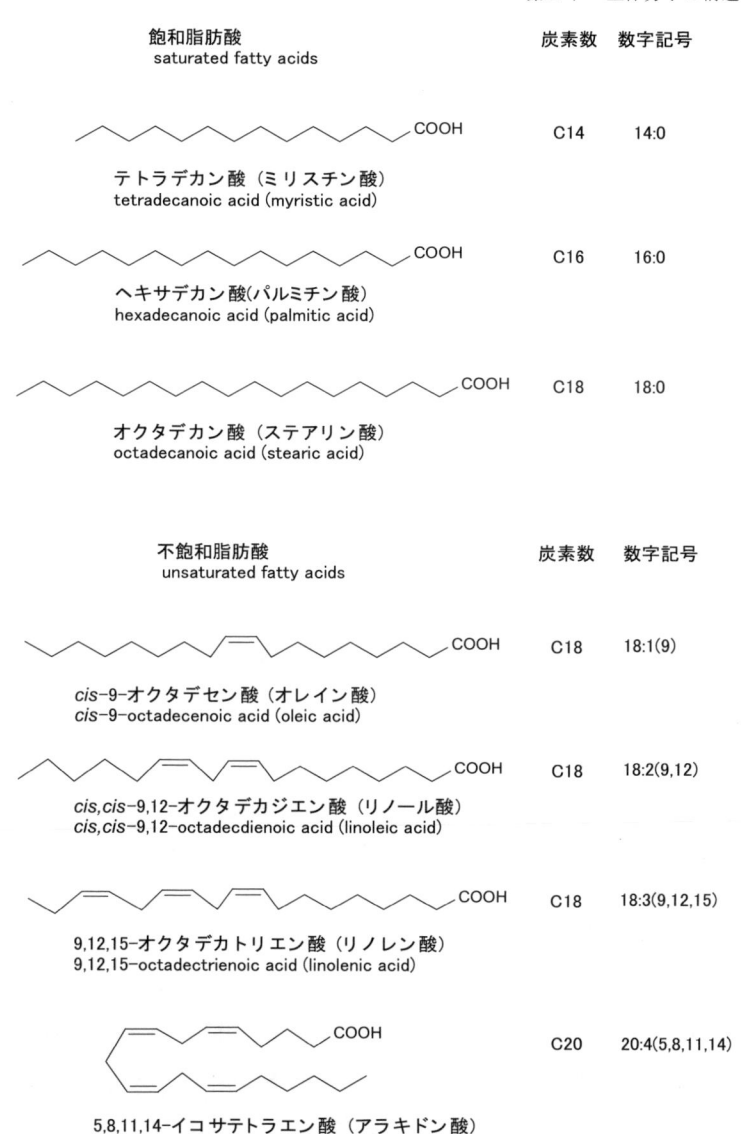

飽和脂肪酸 saturated fatty acids	炭素数	数字記号
テトラデカン酸（ミリスチン酸） tetradecanoic acid (myristic acid)	C14	14:0
ヘキサデカン酸（パルミチン酸） hexadecanoic acid (palmitic acid)	C16	16:0
オクタデカン酸（ステアリン酸） octadecanoic acid (stearic acid)	C18	18:0

不飽和脂肪酸 unsaturated fatty acids	炭素数	数字記号
cis-9-オクタデセン酸（オレイン酸） cis-9-octadecenoic acid (oleic acid)	C18	18:1(9)
cis,cis-9,12-オクタデカジエン酸（リノール酸） cis,cis-9,12-octadecdienoic acid (linoleic acid)	C18	18:2(9,12)
9,12,15-オクタデカトリエン酸（リノレン酸） 9,12,15-octadectrienoic acid (linolenic acid)	C18	18:3(9,12,15)
5,8,11,14-イコサテトラエン酸（アラキドン酸） 5,8,11,14-icosatetraenoic acid (arachidonic acid)	C20	20:4(5,8,11,14)

ジアシルグリセロールと 1,3-ジアシルグリセロールに大きく分けられるが，脂肪酸の組み合わせにより多数の分子種ができる．1 つの脂肪酸のモノアシルグ

リセロールには，1-アシルグリセロールと 2-アシルグリセロールがある。さらに，脂肪酸の組み合わせなどによって，2 位の C が不斉炭素となり，鏡像異性体の存在が可能になる。

セッケン（石鹸，soap）は，高級脂肪酸（パルミチン酸，ステアリン酸，オレイン酸，リノール酸，リノレン酸など））のナトリウム塩をいい，界面活性剤として使用される。水溶液は弱アルカリ性を示す。セッケン分子は，イオン性の親水性（hydrophilic）の部分構造と長鎖脂肪酸の疎水性（hydrophobic）の部分構造からなり，水溶液中では，ミセル（micelle）と呼ばれる球状クラスター構造をとる。

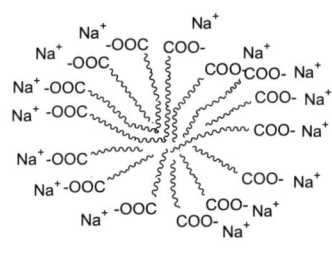

セッケン（石鹸）のミセル構造

リン脂質（phospholipid）は，リン酸モノエステルあるいはジエステルを含む脂質で，生体膜を構成する主要成分の 1 つである。

糖脂質（glycolipid）は，リン脂質とともに複合脂質と呼ばれ，セレブロシド（cerebroside）や脳内のガングリオシド（ganglioside）などがある。

プロスタグランジン（prostaglandin，PG）は，オータコイド（autacoid；局所ホルモンともいう）として作用する物質で，最初に子宮筋を収縮する作用をもつ化合物としてヒトの精液中にその存在が報告された。その後，トロンボキサンやロイコトリエンなどの一連のエイコサポリエン酸から生合成されるエイコサノイド（eicosanoido）と呼ばれる生理的に重要な役割をする化合物群となっている。なお，PGE_2，$PGF_{2\alpha}$ は，分娩誘発剤として利用される。

アセチルサリチル酸（アスピリン）は，アラキドン酸からシクロオキシゲナーゼ（cyclooxygenase）の作用で生成する PGG_2 の生成を阻害することにより抗炎症作用を示す。

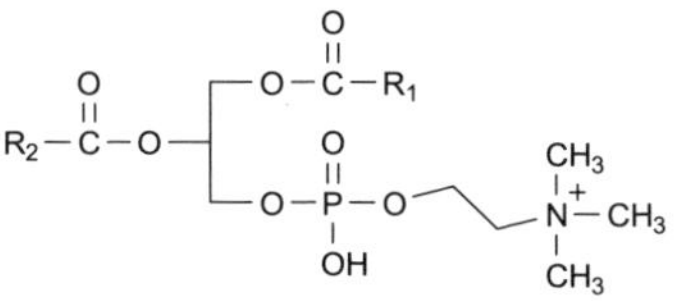

第 2 章 生体分子の構造

ホスファチジルコリン（レシチン）
Phosphatidylcholine (lecithin)

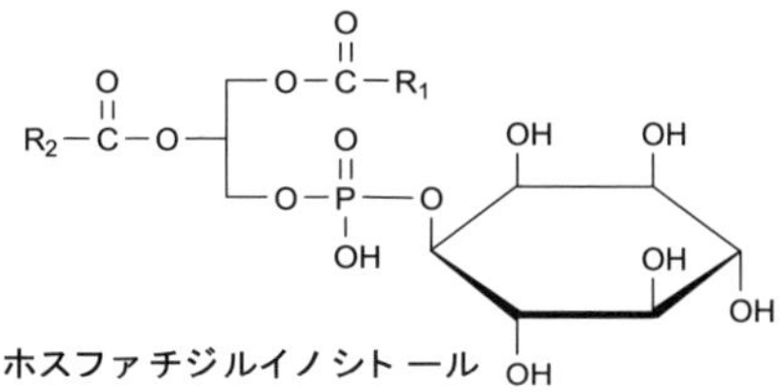

ホスファチジルイノシトール
Phosphatidylinositol

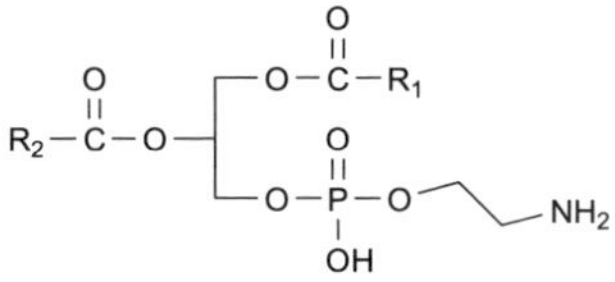

ホスファチジルエタノールアミン
Phosphatidylethanolamine

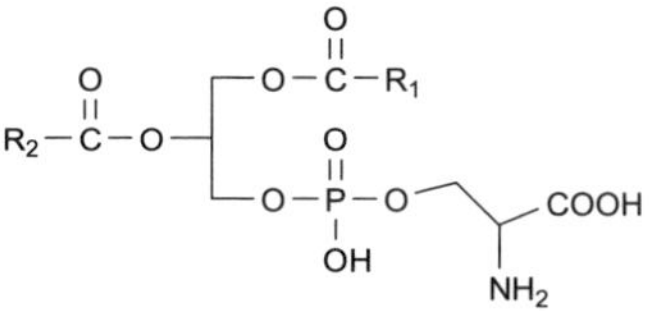

ホスファチジルセリン
Phosphatidylserine

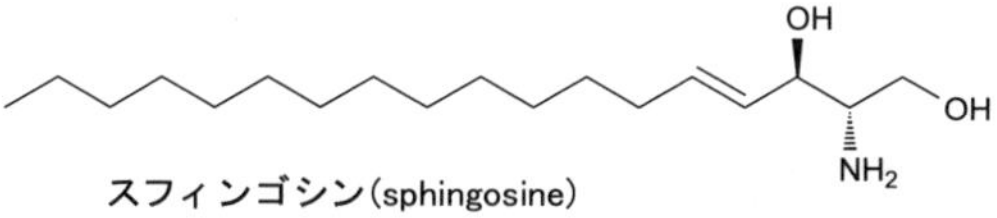

スフィンゴシン (sphingosine)
D-(+)-erythro-1,3-ジヒドロキシ-2-アミノ-4-trans-オクタデセン

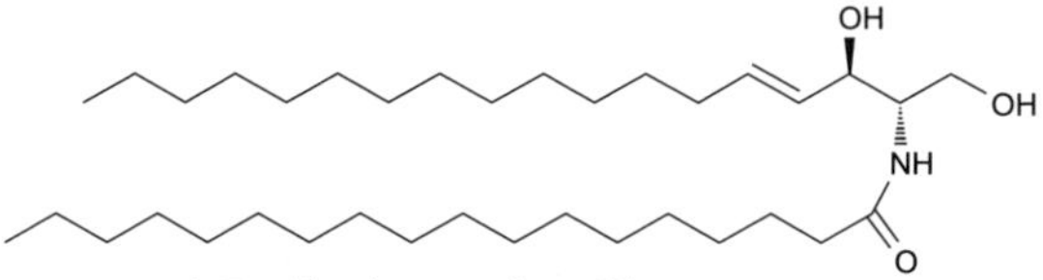

セラミド (ceramide) の一種

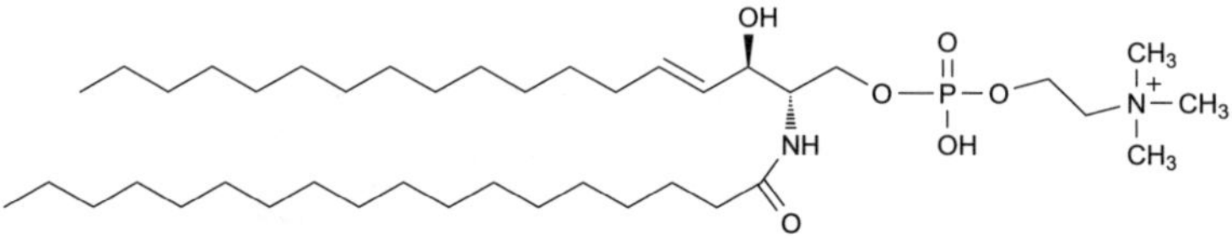

スフィンゴミエリン (sphingomyelin) の一種

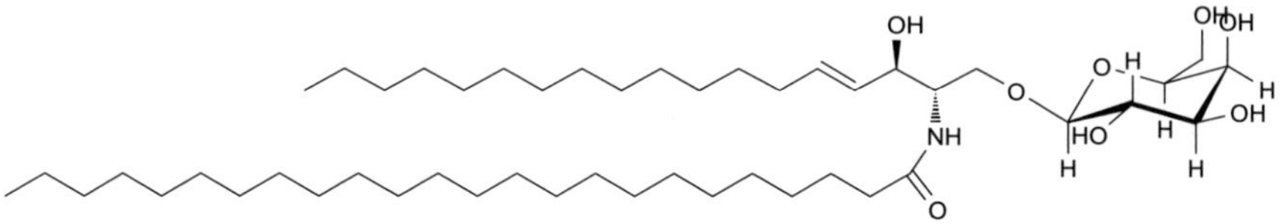

セレブロシド (cerebroside) の一種（ガラクトセレブロシドの1つ）

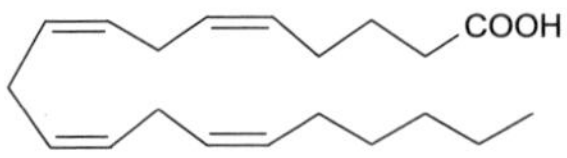

5,8,11,14-エイコサテトラエン酸（アラキドン酸）

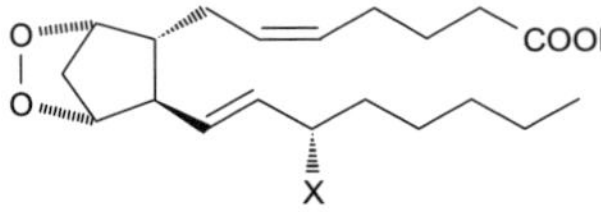

PGG$_2$: X = OOH
PGH$_2$: X = OH

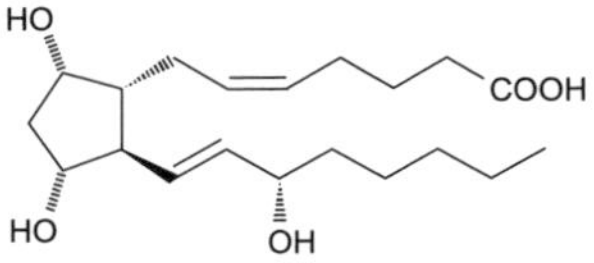

プロスタグランディンF$_2$α（PGF$_{2\alpha}$）

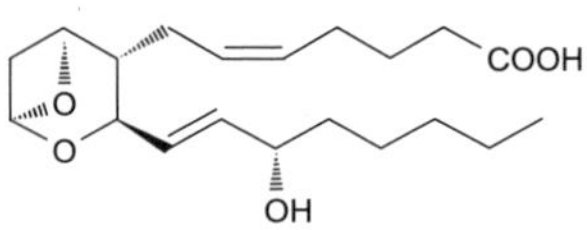

トロンボキサンA$_2$（TXA$_2$）

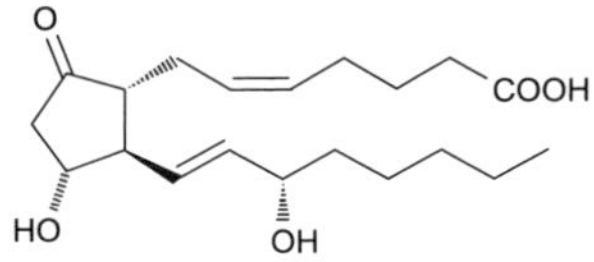

PGE$_2$

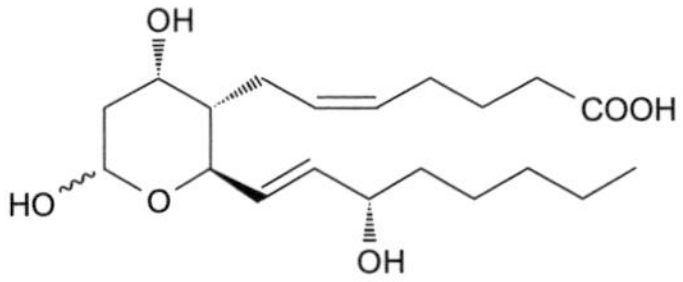

TXB$_2$

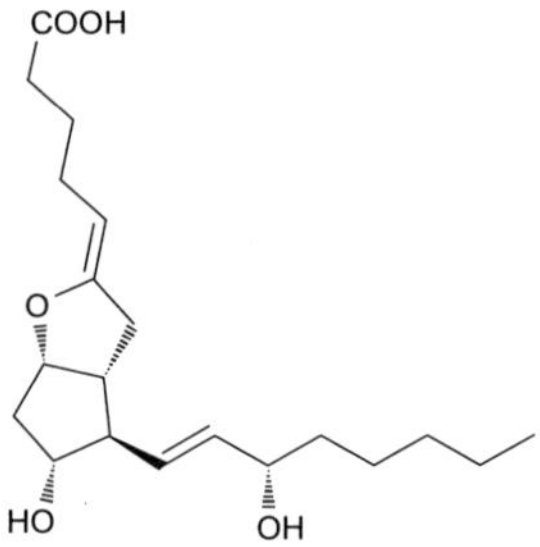

プロスタサイクリン（PGI$_2$）

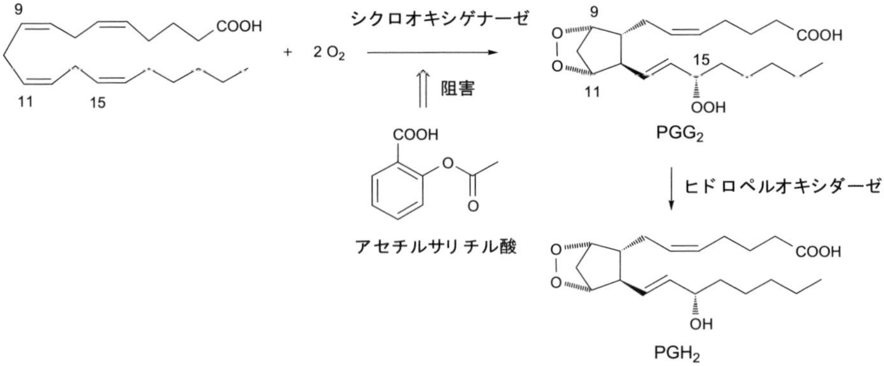

+ 2O$_2$ →[シクロオキシゲナーゼ] PGG$_2$

⇑ 阻害

アセチルサリチル酸

↓ ヒドロペルオキシダーゼ

PGH$_2$

2-5 色　素

生体色素の代表的な化合物として，クロロフィル，カロテノイド，アントシアニンなどがあげられる。

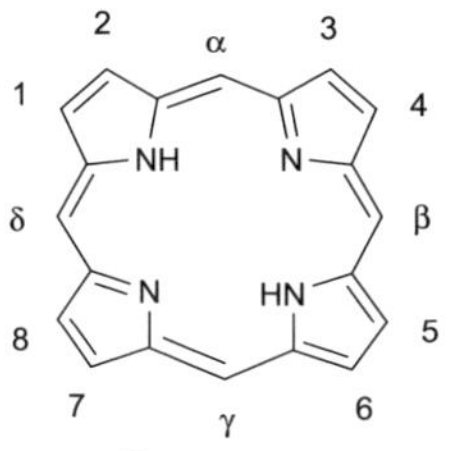

ポルフィン(porphin)

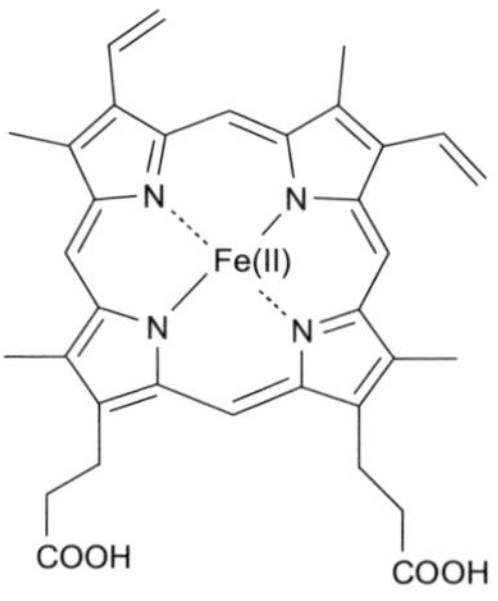

ヘム(heme)

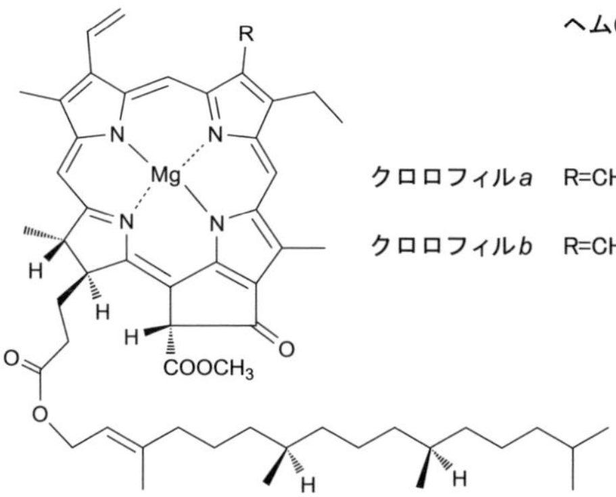

クロロフィルa　R=CH$_3$
クロロフィルb　R=CHO

クロロフィル(chlorophyll)は，光合成を行う植物の緑色色素で，クロロフィルa, bなどがあり，光のエネルギー受容分子として重要な機能をもつ。

カロテノイドは，通常，赤，橙，黄などの色をもち，ニンジンのβ-カロテンやトマトのリコピンなどの果物の色，エビ，カニなどの甲殻類のアスタキサンチンなどがある。その他，ゼアキサンチン（zeaxanthin）やビオラキサンチン（violaxanthin）などのように分子中に $-$OH やエポキシ基などのO原子の導入されたキサントフィル（xanthophylls），海綿動物に含まれるレニエラテン（renieratene）などのように，ベンゼン環をもつカロテノイドなどがある。

β-カロテンから視物質として目の光受容に関わる重要な化合物であるレチナールができる。レチナールのアルデヒド基が還元されたレチノールは，ビタ

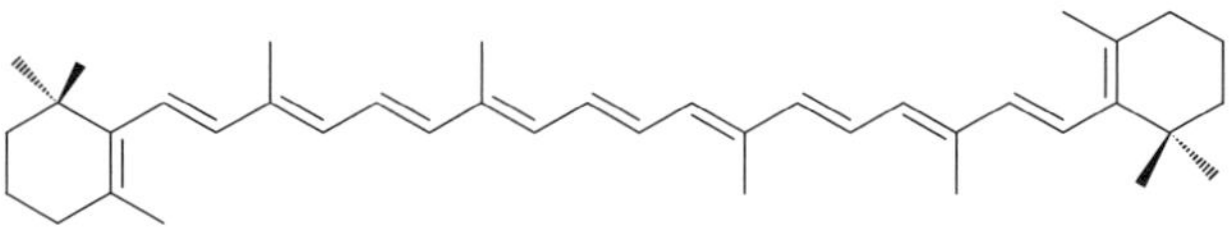

β-カロテン(carotene)

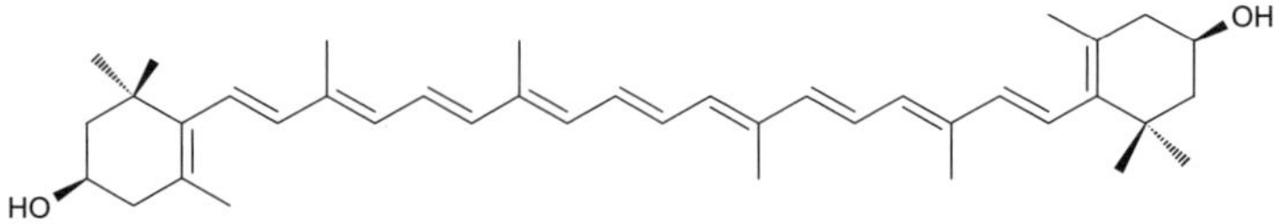

ゼアキサンチン(zaexanthin)

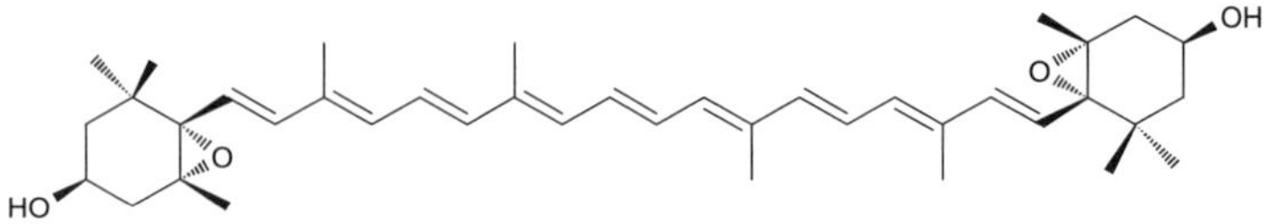

ビオラキサンチン(violaxanthin)

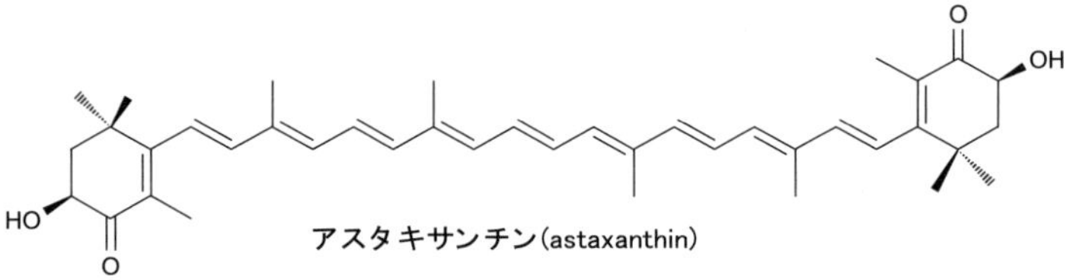

アスタキサンチン(astaxanthin)

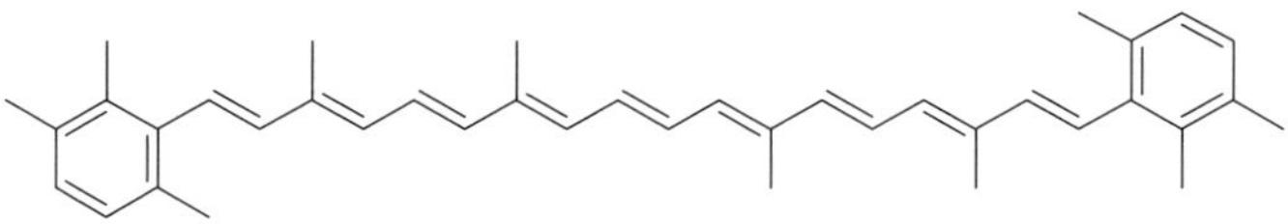

レニエラテン(renieratene)

ミンAである。11-シス-レチナールは，オプシンと呼ばれるタンパク質とシッフ塩（Schiff's base）を形成し，光を受容後，11-トランス-レチナールとオプシンになる。

染料として利用されるものに紅花のカルタミン（carthamin），藍のインジゴ（indigo），あかねのアリザリン（alizarin）などの特徴ある構造をもつ色素がある。藍の葉には，インジゴの前駆体のインジカンとして含まれ，発酵により分解されてインドキシルになり，空気酸化されてインジゴになる。

黒色色素のメラニン（melanin）には，チロシンから生合成される5,6-ジヒド

第 2 章　生体分子の構造

ロキシインドールの重合により生成するユウメラニン（eumelanin）や酢酸-マロン酸経路のポリケチドである 1,3,6,8-テトラヒドロキシナフタレンより生合成される 1,8-ジヒドロキシナフタレンの重合により生成するアロメラニン（allomelanin）などがある。なおユウメラニンは，髪の毛などの色素であり，アロメラニンは菌類の胞子壁などの黒色色素である。

コラム
ツユサの青色色素

　赤，紫，青の花弁や果実の色は，たいていアントシアニン（anthocyanin）色素である（第6章 参照）。アントシアニンは，酸性で赤，中性で紫色，アルカリ性で青色に変わる。ただし，中性やアルカリ性の色はきわめて不安定で容易に脱色する。

　ツユクサの青色色素は，コンメリニン（commelinin）である。コンメリニンは，フラボコンメリンとマロニルアオバニンそれぞれ6分子がマグネシウムを介して，分子間でスタッキング（stacking，自己会合）して分子化合物を形成し，特有の色調を示すと考えられている。

マロニルアオバニン

フラボコンメリン

■演 習 問 題

問1 シアン化水素やホルムアルデヒドは星間分子として知られている。この他の星間分子について調べてみよう。

問2 DNAに比べてRNAはアルカリ加水分解を受けやすい。その理由を述べよ。

問3 コドンの三文字のうち、一文字が変異して異なるアミノ酸を与える可能性のあるコドンをアミノ酸-コドン対応表から調べてみよう。

第 3 章

生 合 成

　生体がその構成物質である生体分子を作ることを，生合成 (biosynthesis) という。図 3-1 に，いくつかの生体成分の生合成経路の相互の関係を示した。

　アセチル CoA は，酢酸（CH_3COOH）のアセチル基（CH_3CO-）と補酵素 CoA のチオール（$-SH$）基がチオエステル結合（$-CO-S-$）した化合物である。アセチル CoA は，アセチル基の部分が C_2 単位として，さまざまな化合物を作り上げる積み木 (building block) として重要な役割をもっている。

　多くの生物に共通にみられる基本的な代謝を一次代謝 (primary metabolism) という。一方，特定の生物に固有な特殊成分に関する代謝を二次代謝 (secondary metabolism) といい，その代謝経路で導かれる化合物は二次代謝産物 (secondary metabolites) と呼ばれる。一次と二次の境界は，必ずしも明確ではないが，多くの生物は固有の特殊な成分を生合成しており，そのような化合物の分類には便利である。

```
┌ 一次代謝 ……  多くの生物に共通
│              アミノ酸、糖、脂肪酸、核酸など
└ 二次代謝 ……  特定の生物に特有
               毒素、フェロモン、抗生物質など
```

3-1 酵素の分類と酵素反応の例
3-1-1 酵素の分類

生合成反応は，細胞内での温和な水系での反応であり，酵素(enzyme)によって触媒される．一般に，酵素はカギ穴に疎水的環境を提供することによって，そのカギ穴に有機化合物を取り込み，触媒反応を実行している．酵素による反応は，酵素がないときとくらべて，反応の種類にもよるが，$10^5 \sim 10^{17}$ 倍の範囲で促進されると見積もられている．

酵素は，その触媒する反応の種類によって表 3-1 のように体系的に分類される。表中の EC（enzyme classification）は，酵素番号で酵素の分類に使用される。

表 3-1　酵素の分類

EC1	酸化・還元酵素	オキシドレダクターゼ（oxidoreductase）
EC2	転移酵素	トランスフェラーゼ（transferase）
EC3	加水分解酵素	ヒドロラーゼ（hydrolase）
EC4	除去付加酵素	リアーゼ（lyase）
EC5	異性化酵素	イソメラーゼ（isomerase）
EC6	合成酵素	リガーゼ（ligase）

3-1-2　アセチル CoA の生合成

アセチル CoA は，C_2 単位の多くの化合物の生合成において組み立て素材として重要な役割をもっている。ここでアセチル CoA が作り出される過程をみてみよう。

最初，グルコースから解糖系（glycolysis）によってグリセルアルデヒド-3-リン酸を経てピルビン酸が生成する。途中のフルクトース-1,6-二リン酸からアルドラーゼによりグリセルアルデヒド-3-リン酸とジヒドロキシアセトンリン酸ができる過程は，逆アルドール（retro-ardol）反応である。β-ヒドロキシケトン構造（-C(OH)-C-C=O）は，逆アルドール反応により，C-C 結合の開裂を伴う。

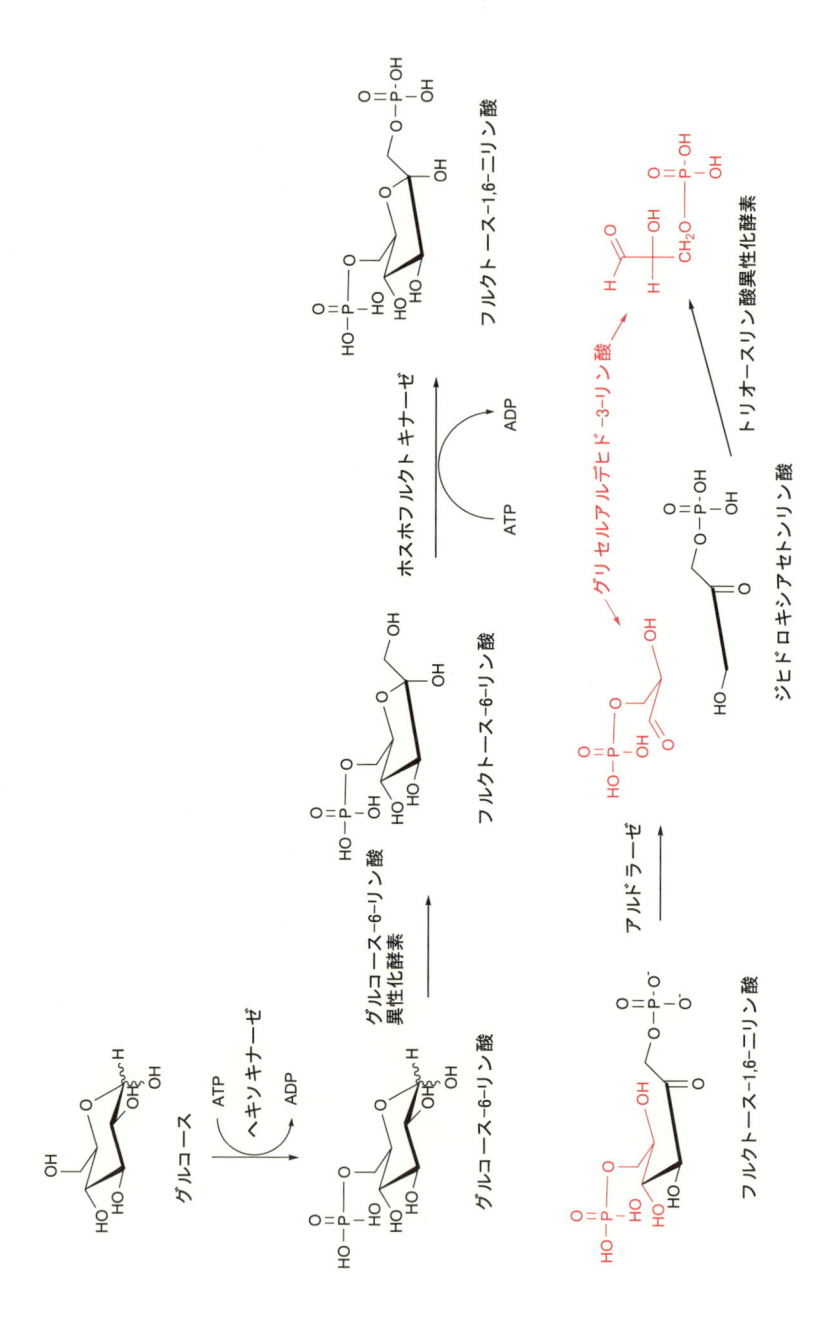

グルコース → グルコース-6-リン酸 → フルクトース-6-リン酸 → フルクトース-1,6-二リン酸 → フルクトース-1,6-二リン酸 → グリセルアルデヒド-3-リン酸 / ジヒドロキシアセトンリン酸

ヘキソキナーゼ（ATP → ADP）
グルコース異性化酵素
ホスホフルクトキナーゼ（ATP → ADP）
アルドラーゼ
トリオースリン酸異性化酵素

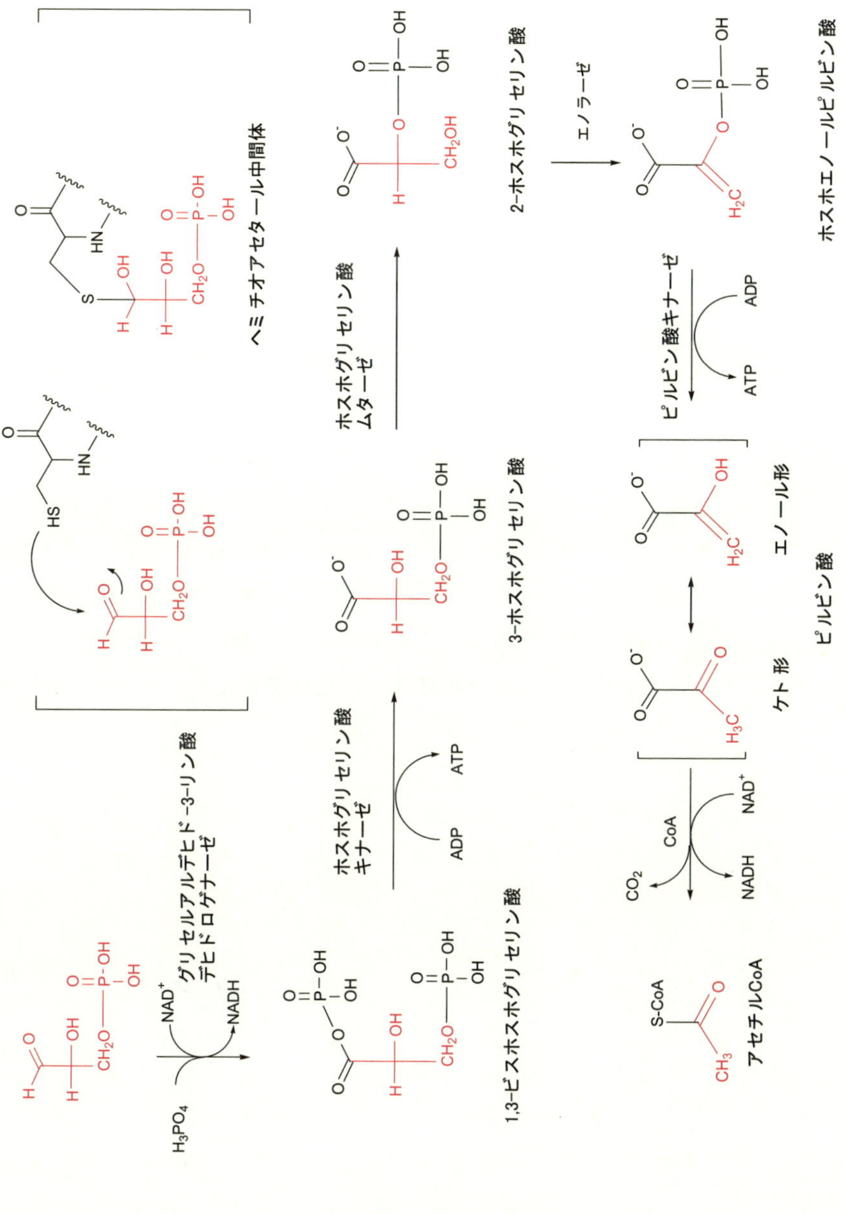

第3章 生合成

グリセルアルデヒド-3-リン酸 → 1,3-ビスホスホグリセリン酸 → 3-ホスホグリセリン酸 → 2-ホスホグリセリン酸 → ホスホエノールピルビン酸 → ピルビン酸（ケト形 ⇌ エノール形）→ アセチルCoA

酵素：グリセルアルデヒド-3-リン酸デヒドロゲナーゼ（NAD⁺/NADH、H₃PO₄）、ホスホグリセリン酸キナーゼ（ADP/ATP）、ホスホグリセリン酸ムターゼ、エノラーゼ、ピルビン酸キナーゼ（ADP/ATP）、（CoA、NAD⁺/NADH、CO₂）

ヘミチオアセタール中間体

ピルビン酸は，ピルベートデヒドロゲナーゼ複合体により，アセチルCoAを生成する。この過程は複雑である。最初に，ピルビン酸のカルボニル基に，チアミンピロリン酸のチアゾリウム環からプロトン（H^+）が脱離して生成したカルバニオンが攻撃し，α-ヒドロキシ酸（C（OH）-COOH）になる。ついでカルボキシル基がカルボキシラートとしてイオン化し，CO_2として脱炭酸する。ついで生成したエノールの共鳴構造体のカルバニオンにプロトン化が起きればアセトアルデヒドが生成する。この過程は嫌気的な発酵過程で，アセトアルデヒ

ドはアルコールに還元される。一方，好気的な過程では，先に生成したエノールの共鳴構造のカルバニオンがリポ酸のS原子を攻撃し，*S*-アセチルヒドロリポ酸となる。ついでアセチル基がCoA-SHに転移し，アセチルCoAとなる。なおアセチルCoAは，脂肪酸の代謝によっても生成する。

3-2 酵素反応の立体化学
3-2-1 アルコールの酸化
ケトンないしアルデヒドやアルコール類は，生体分子としてとても重要な化合物である。アルコールは酸化されてケトンないしアルデヒドとなり，また逆にケトンやアルデヒドが還元されてアルコールになる反応を考えてみよう。こ

デヒドロゲナーゼ（脱水素酵素）

$$SH_2 + A \longrightarrow S + AH_2$$

オキシダーゼ（酸化酵素）

$$SH_2 + O_2 \longrightarrow S + H_2O_2$$

$$SH_2 + 1/2O_2 \longrightarrow S + H_2O$$

オキシゲナーゼ（酸素添加酵素）

ジオキシゲナーゼ

$$S + O_2 \longrightarrow SO_2$$

モノオキシゲナーゼ

$$S + O_2 + AH_2 \longrightarrow SO_2 + H_2O + A$$

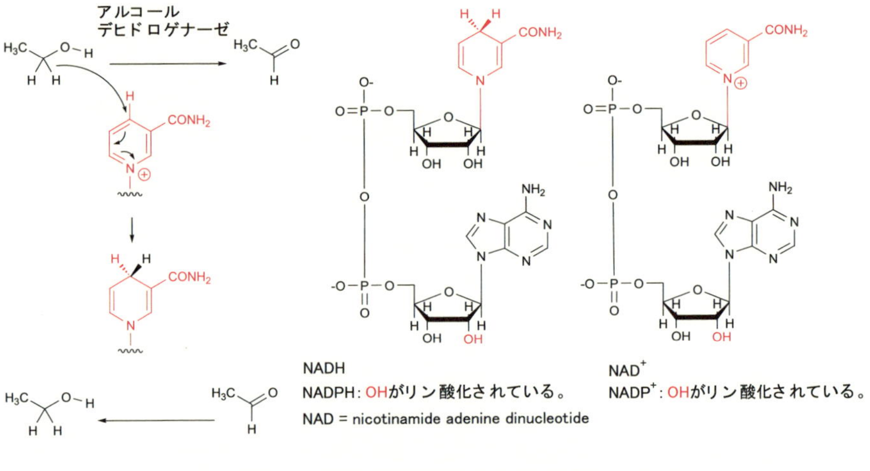
アルコール
デヒドロゲナーゼ
NADH
NADPH: OHがリン酸化されている。
NAD = nicotinamide adenine dinucleotide
NAD+
NADP+: OHがリン酸化されている。

の反応はアルコールデヒドロゲナーゼ（alcohol dehydrogenase）で触媒される。

アルコールにあるヒドロキシル基がついているCのHは，ケトンないしアルデヒドに酸化される時には水素イオン（H^+）と2つの電子を伴って結合が開裂している。したがって1つにまとめるとハイドライドイオン（$:H^-$）と等価な形で進行していることになる。この反応により遊離するHは，補酵素（NAD^+）に受け取られる。

エタノールの1位にある2つのHは，プロキラルである。酵母のアルコールデヒドロゲナーゼは，*pro-R* のHがNAD$^+$に移行してアセトアルデヒドを生ずることがわかっている。また逆反応であるアセトアルデヒドの還元では，NADHの *pro-R* のHが移行する。この場合，エタノールからNAD$^+$に移行してきたのと同じ側にあるHが，再び移行してアルデヒドを還元している。

3-2-2 キラルメチル基とキラル酢酸

酢酸のメチル基は 3 つの H がある。このうち 2 つを H の同位体である ^2H (D, ジュテリウム (deuterium)) と ^3H (T, トリチウム (tritium)) に置き換えると，C はキラルなメチル基となり，R と S の鏡像異性体ができる。

CH₃-COOH
酢酸

R および S のキラルメチル基をもつ R- および S-酢酸は，化学的に合成されている。キラルメチル基をもつ酢酸を利用して，生体反応における興味深い立体化学が明らかにされた。

R- および S- のキラル酢酸をそれぞれグリオキシル酸とリンゴ酸合成酵素との反応を行い，ついで，各々から生成した L-リンゴ酸をフマラーゼによりフマ

ル酸に変換させる。この2段階の酵素反応における生成物の解析から，アセチルCoAとグリオキシル酸との反応は，メチル基での反転（inversion）を伴って進行していることがわかった。

なお，フマラーゼによるL-リンゴ酸からのフマル酸の生成にみられるようなアルコールからの脱水による二重結合の生成反応は重要な代謝反応の1つである。−OH基は隣接するC上のHと共にH_2Oとして脱離するが，このような反応の場合には，ニューマン投影式で互いに正反対の位置関係（アンチペリプラナー（antiperiplaner）という）にある−OH基とHが脱離する。

−OHと−D(−T)は，アンチペリプラナーな関係にある

3-2-3 メチル化反応

Sを含むアミノ酸であるメチオニンは，S-アデノシル化された後，生体内の反応におけるメチル化剤として働く。メチオニンのS原子がアデノシル化されることによりスルホニウムイオンとなり，S原子に結合しているメチル基のメチルカチオンとしての反応を促す。その結果，メチオニンのS原子に結合していたメチル基（$-CH_3$）が，メチルカチオンとして反応しやすくなる。

S-アデノシルメチオニン

S-アデノシルメチオニンは，生体内のメチル化反応を触媒する酵素であるメチルトランスフェラーゼによって，その基質分子中にある陰イオン性の部位（カルボアニオン$-C^-$やフェノールの$-O^-$，アミン類の$-N$原子上など）へメチル基を転移し，メチル化反応がおこなわれる。この場合，メチル基は求電子試薬として反応している。

この反応は，メチル基（$-CH_3$）のC原子1つが導入される反応であることから生体内でのC_1炭素導入反応として知られている。

天然物の構造式にはCH_3基が多く置換しているものが多いのはそのためである。フェノール性化合物の$-OH$がメチル化されてメトキシ基（$-OCH_3$）となったものや，ポリケチド（4章参照）の活性メチレン部位（2つのカルボニル基が隣接しているメチレン基（$-CH_2-$）のこと）にメチル基の入った化合物が多い。メチレン基（$-CH_2-$）の両隣りにカルボニル基があるメチレン基を活性メチレンという。この活性化されたメチレン基のHは酸性を示し，そのメチレンのCは陰イオン（カルバニオン）になりやすい。したがってポリケトメチレン鎖の活性メチレンにあたるC原子の位置は，メチル化剤である*S*-アデノシルメチオニンが求電子的に反応する部位であり，その位置にメチル基が導入されたような化合物が天然物としてみられる。

キラルメチル基をもつ*S*-アデノシルメチオニンを用いたインドールマイシン

(indolmycin) の生合成におけるメチル化反応でも，キラル酢酸のグリオキシル酸への求核反応でメチル基の反転が伴っていたのと同じように，メチル基の立体配置の反転を伴っていることがわかっている。

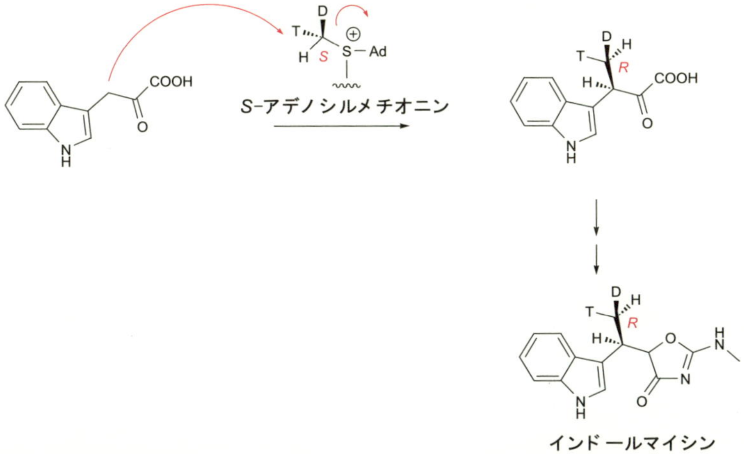
COOH
O
N
H
D
T
H
S
S
Ad
S-アデノシルメチオニン
R
インドールマイシン

3-3　酸素添加反応

活性メチレンは，カルボニル基のような活性化基をもつ $-CH_2-$ のことであるが，一方そのような活性化を及ぼす基をもっていない $-CH_2-$ は不活性メチレンと呼ばれる。酸素添加酵素は，このような不活性メチレン基に対して酸素原子を付加することができ，多くの化合物の酸素化反応に関わる重要な酵素である。

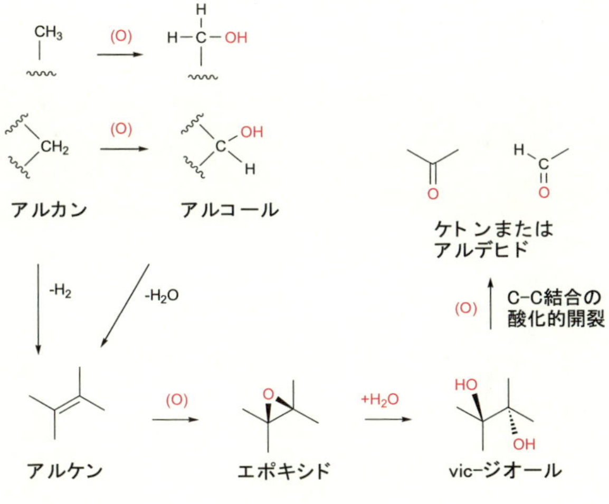
CH3
(O)
H−C−OH
CH2
OH
H
アルカン
アルコール
ケトンまたは
アルデヒド
-H2
-H2O
C–C結合の
酸化的開裂
+H2O
HO
OH
アルケン
エポキシド
vic–ジオール

このような不活性メチレンに酸素原子が導入される反応と C=C の二重結合に酸素原子が導入されるエポキシ化反応などは特に重要な生体反応である。

例えばテルペノイドなどの天然物では，1 つの化合物の –OH 基や –CO– 基，または –CHO 基と –COOH 基の部分構造のみが異なるような関連化合物が多く存在する。このような化合物の生合成反応では，段階的に O 原子が導入されて高度に酸素化された多官能性化合物が生成し，重要な生理活性を発現することになる。生体分子の多くは，その分子中における複数の O 官能基の組み合わせにより機能を発揮している。例えば植物ホルモンとして知られているジベレリン（gibberellin）には，これまで 120 種類以上の系列化合物が植物などから分離され構造決定されている。ジベレリンは，ent-ジベレラン（ent-gibberellane）と呼ばれる炭素骨格上にヒドロキシル基（–OH），カルボニル基（–CO–），アルデヒド基（–CHO），カルボキシル基（–COOH）などが異なる位置において置換している化合物である。これらの組み合わせの違いに加えて，ヒドロキシル基

にグルコースがグルコシド結合したものやカルボキシル基にグルコースがエステル結合したものなどが知られている。中でも GA_1 は，生理活性ジベレリンとして植物の成長制御に深く関わっている。

このジベレリンの例のように同じ炭素骨格をもちながら，酸素官能基の組み合わせによって，多数の性質の異なる化合物が生成するのが生体反応の特徴である。

3-3-1　オキシゲナーゼの反応

酸素官能基を導入する反応で重要なものに，オキシゲナーゼによる酸素添加反応がある。不活性メチレンや二重結合に O 原子を添加する酸素添加酵素には，O_2 分子のうちの一原子の O を添加するモノオキシゲナーゼと二原子の O_2 を添加するジオキシゲナーゼがある。

これらの酵素の反応機構について述べる前に，O_2 分子の特徴についてみてみよう。

3-3-2　O_2 分子の特徴

原子番号 8 の O 原子（$(1s)^2 (2s)^2 (2p)^4$）が 2 つ結合した O_2 分子の分子軌道は，図に示した第二周期元素の等核二原子分子の分子軌道（一次相互作用モデ

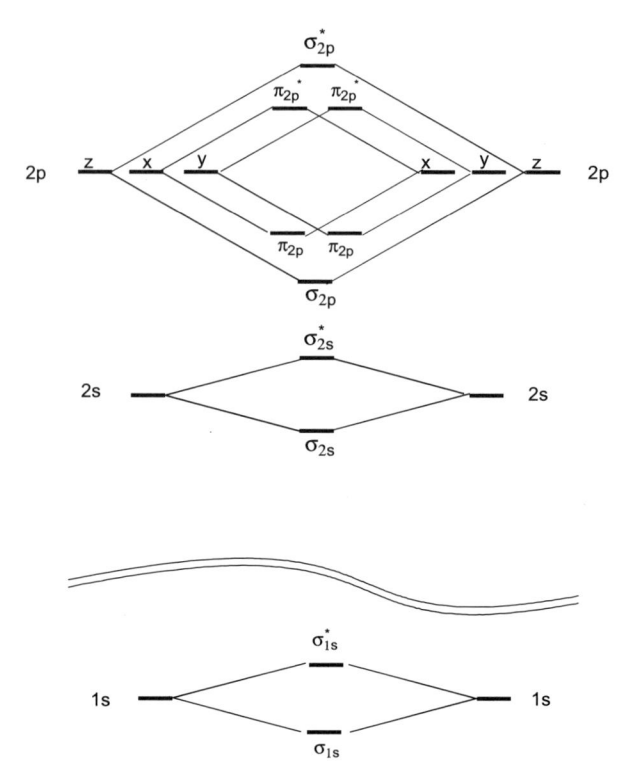

第二周期元素の等核二原子分子の分子軌道（一次相互作用モデル）
小林常利,『基礎化学結合論』, 培風館（1998）

ル）で考えることができる。2つのOの1sおよび2sからはそれぞれ結合性と反結合性のσ1sとσ1s*およびσ2sとσ2s*の分子軌道ができる。またそれぞれの$2p_z$から，結合性のσ2pと反結合性のσ2p*ができる。そして$2p_x$および$2p_y$から原子軌道の側面での重なり（π結合）による結合性のπ$2p_x$およびπ$2p_y$とそれぞれに対応する反結合性のπ$2p_x$*およびπ$2p_y$*ができる。π$2p_x$およびπ$2p_y$とπ$2p_x$*およびπ$2p_y$*は，それぞれ同じエネルギーレベルにあり，縮退しているという。

この分子軌道に2つのO原子の電子16個をエネルギーの低い分子軌道から順に入れていくと，最後の2つの電子の入りかたによりいくつかの状態が可能となる。このうち2つのπ2p*にある電子のスピンが平行になった三重項（$^3\Sigma_g^-$）

状態が O_2 分子の基底状態である。また，2 つの π2p* にある電子のうち 1 つがスピンを反転させ，1 つの π2p* に対となって入った状態は，一重項（$^1\Delta_g$）状態である。一重項（$^1\Delta_g$）状態は，三重項（$^3\Sigma_g^-$）状態の O_2 分子に光増感剤の存在下に光を照射してつくることができる。一重項（$^1\Delta_g$）は，もう 1 つの π2p* が空であり，この空軌道があるために一重項酸素分子がジエンやオレフィンに対して求電子的に反応すると考えることができる。また通常の分子は基底状態が一重項であるため，スピン保存則により三重項の O_2 分子とは，特別の場合以外は，一段階での反応は起きない。

	$^3O_2$	$^1O_2$	$^1O_2$	$^1O_2$	$O_2^{-\cdot}$
	$^3\Sigma_g^-$	$^1\Delta_g$	$^1\Sigma_g^+$	$^3\Sigma_u$	
π_{2p}^*	↑　↑	↑↓　—	↑　↓	↑↑	↑↓　↑
π_{2p}	↑↓ ↑↓	↑↓ ↑↓	↑↓ ↑↓	↑↓ ↑	↑↓ ↑↓
σ_{2p}	↑↓	↑↓	↑↓	↑↓	↑↓
σ_{2s}^*	↑↓	↑↓	↑↓	↑↓	↑↓
σ_{2s}	↑↓	↑↓	↑↓	↑↓	↑↓
σ_{1s}^*	↑↓	↑↓	↑↓	↑↓	↑↓
σ_{1s}	↑↓	↑↓	↑↓	↑↓	↑↓

　O_2 分子の基底状態が三重項であるため，O_2 分子はラジカルに対して親和性がある。例えば，不飽和脂肪酸やベンズアルデヒドの自動酸化にみられるように，ラジカルがあると容易に反応してペルオキシルラジカルを生じ，連鎖反応によってラジカル反応が進行する。ベンズアルデヒドは，透明な液体であるが，実験室などで空気中にしばらく放置しておくだけでやがて白色の結晶が生成する。この結晶は，ベンズアルデヒドの自動酸化で生成した安息香酸である。この反応は，光や鉄，銅などの金属イオンにより促進され，ヒドロキノンのような酸化阻害剤の添加により阻害される。

反応の開始

$R-H + O_2 \xrightarrow{開始剤} R-OOH \longrightarrow R-O\bullet + \bullet OH$

$R-H \longrightarrow R\bullet + \bullet H$

連鎖反応

$R\bullet + O_2 \longrightarrow R-OO\bullet$

$R-OO\bullet + R-H \longrightarrow R\bullet + R-OOH$

反応の停止

$R\bullet + R\bullet \longrightarrow R-R$

$R\bullet + R-OO\bullet \longrightarrow R-O-O-R$

$R-OO\bullet + R-OO\bullet \longrightarrow R-O-O-R + O_2$

O₂分子が1電子還元をうけると，スーパーオキシドアニオンラジカル（$O_2^{-\bullet}$）になる。スーパーオキシドアニオンラジカルはプロトン（H^+）化してヒドロペルオキシルラジカルになり，さらに1電子還元とプロトン化により過酸化水素（H_2O_2）となる。過酸化水素の1電子還元により，ヒドロキシルラジカル（・OH）と水酸化物イオン（⁻OH）となり，ついでプロトン化されてH_2Oになる。O_2分子からH_2Oになるまでに4電子ないし3電子還元を受けたことになる。

$$^3O_2 \xrightarrow[\text{光増感剤}]{h\nu} {}^1O_2$$

$$\downarrow e^{\ominus}$$

$$O_2^- \cdot \xrightarrow{H^{\oplus}} \cdot OOH \xrightarrow{e^{\ominus} + H^{\oplus}} H_2O_2 \xrightarrow{e^{\ominus}} \begin{array}{c} \rightarrow \cdot OH\ \text{ヒドロキシルラジカル} \\ \downarrow e^{\ominus} \\ \rightarrow {}^{\ominus}OH \end{array} \xrightarrow{H^{\oplus}} H_2O$$

スーパーオキシド　　　　ヒドロペルオキシル　　過酸化水素
アニオンラジカル　　　　ラジカル
$(\cdot OO^{\ominus})$

　なお，この還元の途中で生成する O_2 分子の活性種は活性酸素といわれ，生体に障害を与えるが，生体にはこれらを無毒化するスーパーオキシドジスムターゼ（SOD）があり，また食品の中には，これらの活性酸素ラジカルを消去する作用をしめす抗酸化物質としてビタミンCやトコフェロール類，カテキンなどのポリフェノール類などを含むものがある。

3-3-3　モノオキシゲナーゼの反応

　モノオキシゲナーゼの反応例として，シトクロム P-450 の触媒する D-カンファーへの一原子酸素添加反応がある。P-450（P は pigment の頭文字）の名称は，最初，肝臓のミクロソームに存在するタンパク質で，還元状態で CO と

D-カンファー $+ O_2 + H^+ \xrightarrow[\text{NADPH NADP}^+]{\text{P-450}_{cam}}$ (5-ヒドロキシカンファー) $+ H_2O$

ヘム(heme)
protoporphyrin IX

モノオキシゲナーゼの一原子酸素添加機構

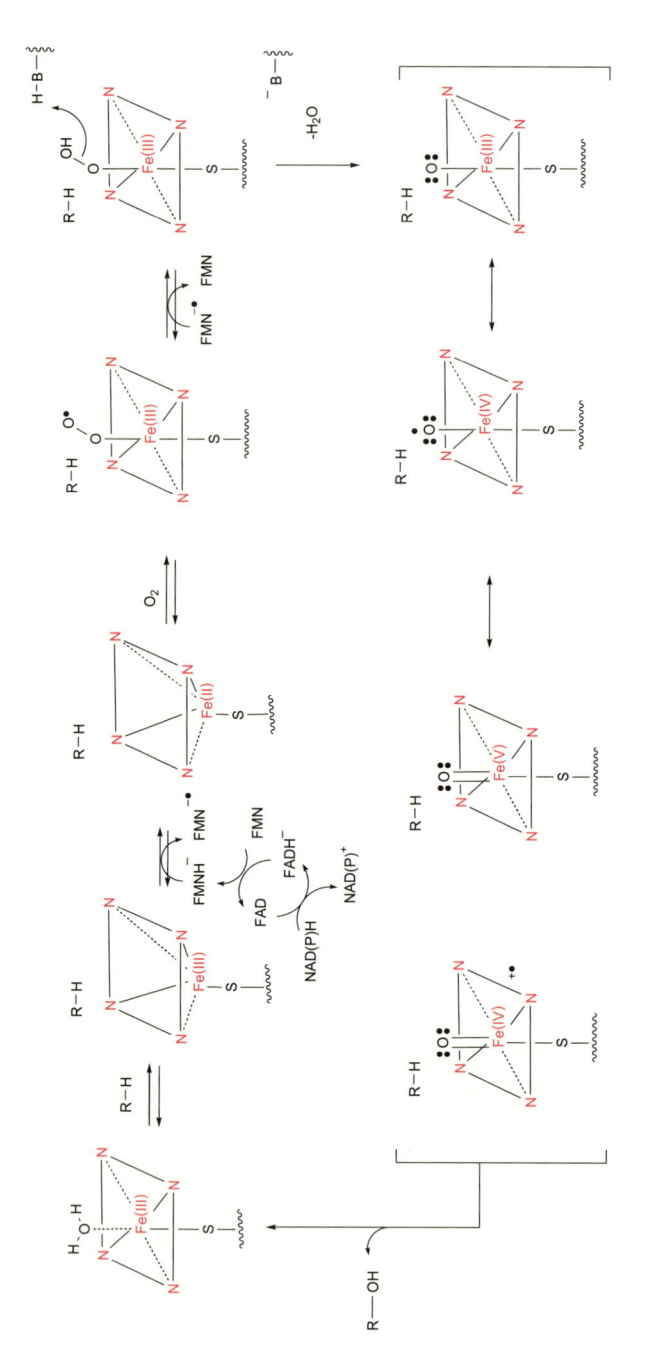

R.B. Silverman, "The Organic Chemistry of Enzyme-Catalysed Reactions", Academic Press, (2000) より抜粋

結合して 450nm に吸収極大を示すヘムタンパク質に命名されたものである。その後，P-450 は多くの高等生物から微生物などにわたり巾広く存在することがわかっている。

モノオキシゲナーゼの一原子酸素添加反応では，O_2 分子中の 1 つの原子が基質へのヒドロキシル化に用いられ，もう 1 つの O 原子は H_2O になる。この反応ではヘム鉄が重要な役割をもち，その反応機構として考えられているものの 1 つを図に示した。

活性中心には最初に水分子が結合しているが，基質が結合部位にやってくる

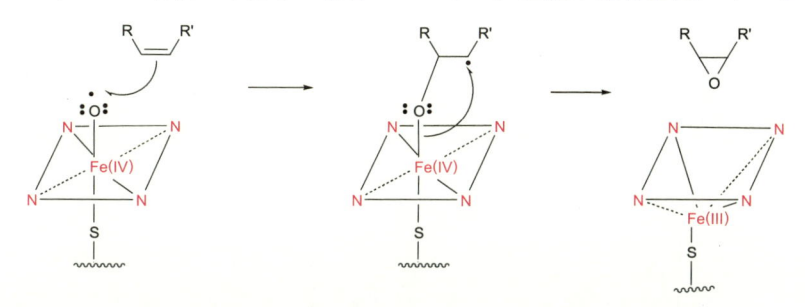

モノオキシゲナーゼによるオレフィンのエポキシ化反応の機構

と水分子が離れる。ついで電子伝達系により Fe（Ⅲ）が Fe（Ⅱ）へと還元され，Fe（Ⅱ）に O_2 が結合し，生成したペルオキシラジカルが一電子還元とプロトン化によりヒドロペルオキシ基となる。つづいてヒドロペルオキシ基からヒドロキシル基が H_2O としてはずれ，生成したヘム Fe（Ⅲ）-O は活性型の Fe（Ⅳ）-O・として基質に一原子の O を添加し，生じたアルコール分子が離れていく機構である。

D-カンファーの基質にあるメチル基の 2 つないものおよび 3 つないものを基質に用いると，ヒドロキシル化される位置が広がるとともに，量比も異なるようになるのは，基質特異性との関連で興味深い。

P-450 以外のモノオキシゲナーゼとしては，メタンをメタノールに変換するメタンモノオキシゲナーゼがある。メタンモノオキシゲナーゼは，メタン菌により生産されるオキシゲナーゼで，ヘムを含まない非ヘム酵素である。活性中心は，2 つの Fe が配置した二核鉄酵素である。

P-450camによるカンファーとその関連化合物のヒドロキシル化反応における位置選択性

3-3-4　ジオキシゲナーゼの反応

O_2 分子の 2 つの O 原子が基質に取り込まれるジオキシゲナーゼの反応として，カテコールの 2 つの -OH が結合した C1-C2 の炭素間の結合を開裂して *cis,cis-* ムコン酸に変換するピロカテカーゼや C2-C3 の炭素間の結合を開裂するメタピロカテカーゼなどがある。

その他，トリプトファンから *N-* ホルミルキヌレニンを生成する反応，リポキシゲナーゼによる不飽和脂肪酸のヒドロペルオキシドの生成反応およびプロスタグランジンのシクロオキシゲナーゼによる反応などがある。

第 3 章 生 合 成

トリプトファン + O₂ →(トリプトファン 2,3-ジオキシゲナーゼ)→ N-ホルミルキヌレニン

リポキシゲナーゼ

Tyr-385　pro-S　シクロオキシゲナーゼ

PGG

3-4　加水分解反応

加水分解反応は，化合物を変換する反応の1つとして多くみられる。

配糖体や糖類のグリコシド結合を加水分解する酵素（アミラーゼ，セルラーゼ，グルカナーゼ，キチナーゼなど），アシルグリセロールなどのエステル結合を加水分解する酵素（リパーゼ，エステラーゼ，アセチルコリンエステラーゼなど），アセチルCoAなどのチオエステル結合を加水分解する酵素（アセチルCoAヒドロラーゼなど），ペプチド結合を加水分解する酵素(ペプチダーゼ，プロテアーゼなど），特殊なアミド結合を加水分解する酵素(ペニシリンアミダーゼ，ペニシリナーゼなど），ホスホジエステル結合などのリン酸エステル結合を加水分解する酵素(ホスホジエステラーゼ，ホスファターゼなど），およびその他エポキシドなどのエーテル結合を加水分解する酵素（エポキシドヒドロラーゼ）など多くの加水分解酵素がある。

これらはいずれも重要な生体反応である。これらの反応は，対応する結合が開裂しH_2O分子の付加した形となる。

エポキシドヒドロラーゼによるエポキシドの加水分解反応は，ジオールを生成する反応であり，C=Cのモノオキシゲナーゼによるエポキシ化反応と関連する生体反応として重要である。

3-5　C-C結合を形成する反応

C-C結合を形成する生体反応は，有機化合物としての炭素骨格を構築する生体反応として，最も重要な反応である。脱水を伴う縮合反応，リン酸イオンの脱離を伴う求核付加反応，ラジカルによる酸化的カップリング反応などさまざまなC-C結合の生成反応などがあるが，これらについては次章以降で述べられる。

コラム ムスク(musk)の香り

森林浴という言葉がある。森に行くと，時に，気持ちよく感じる。それは，木々から揮発性のテルペン（第4章参照）が爽快な香りを放っているからである，と考えられている。

一方，ムスクは，ヒトの感じる香りの中でも特異なものだ。ジャコウジカの分泌腺から得られるムスコン（muscone），ジャコウネコからのシベトン（civetone）などの大環状ケトンのようなムスクがある。また一方では，合成化合物としてニトロムスクなどのベンゼン誘導体もムスクの香りがする。また，ステロールムスクとしてアンドロステノール（androstenol）やアンドロステノン（androstenone）がある。この4環性のステロールムスクの構造式にある3つのC-C結合と2つのメチル基を取り除いた形は，大環状ケトンと類似している。

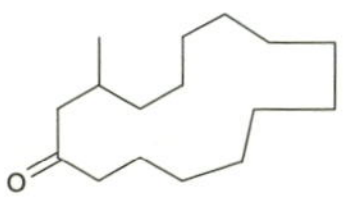

ムスコン 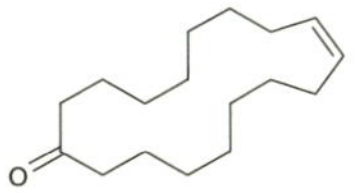　　　　　シベトン 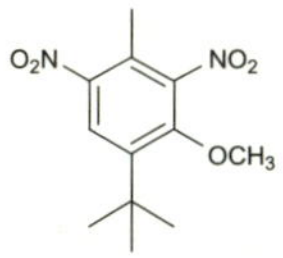　　　　　ムスクアンブレット

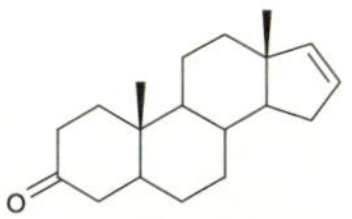

アンドロステノン 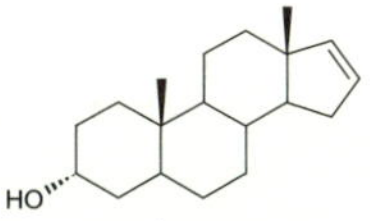　　アンドロステノール

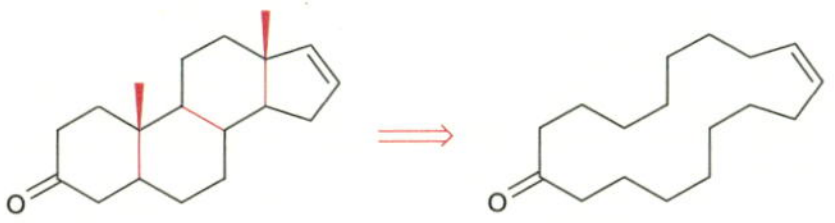

■演習問題

問1 次の化合物のプロキラリティーを示せ。

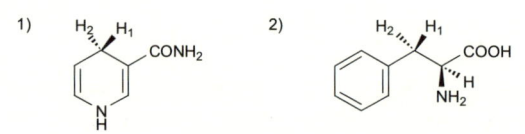

1) [構造式: 1,4-ジヒドロピリジン-3-カルボキサミド、4位に H₂, H₁]

2) [構造式: フェニル基-CH(H₂,H₁)-CH(NH₂)-COOH]

問2 グリオキシル酸のアルデヒド基の面性キラリティーを示せ。

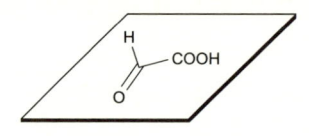

[平面上に H-C(=O)-COOH の構造]

問3 1-フェニルプロペンの *cis*- および *trans*- 異性体が，それぞれプロペン部分の二重結合でモノオキシゲナーゼによりエポキシ化されたとすると，2つの生成物が考えられる。それらの構造を書け。

[*trans*-1-フェニルプロペンの構造]　　[*cis*-1-フェニルプロペンの構造]

第 4 章

ポリケチド

4-1 ポリケチドと脂肪酸

　ポリケチドとは，酢酸ユニットが順次縮合してできたβ-ケトメチレン鎖（β-ポリケトン，$-CH_2-CO-CH_2-CO-CH_2-CO-$ ……）から導かれる化合物の総称である。β-ポリケトンは，カルボニル基というさまざまな修飾が可能な官能基と，2つのカルボニル基に挟まれた反応性の高いメチレンを有するため，多様な二次代謝産物を生み出す。ポリケチド化合物の例を図4-1に示した。

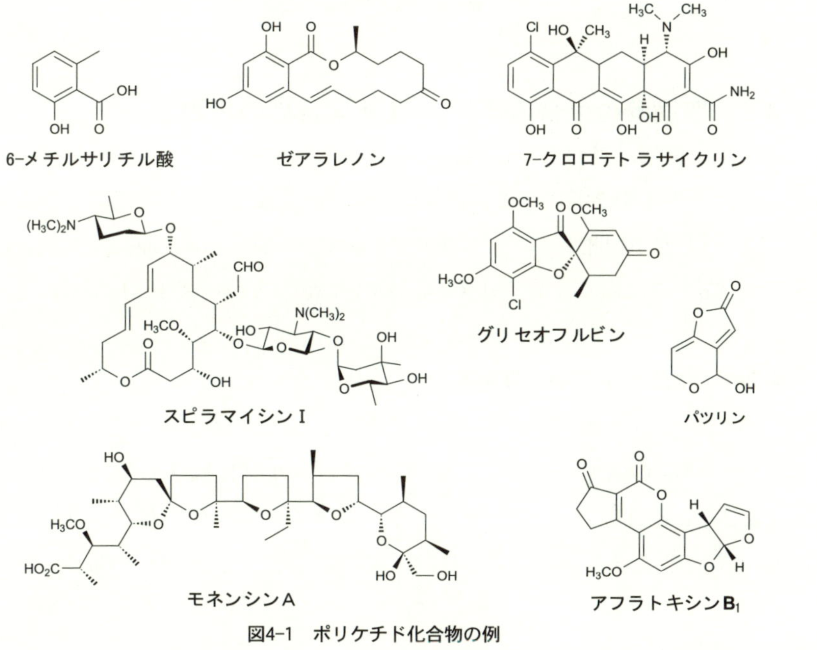

6-メチルサリチル酸　　ゼアラレノン　　7-クロロテトラサイクリン

スピラマイシンI　　グリセオフルビン　　パツリン

モネンシンA　　アフラトキシンB_1

図4-1　ポリケチド化合物の例

ポリケチド経路の存在は，6-メチルサリチル酸が4分子の[1-^{14}C]-酢酸から生合成されることが，糸状菌 *Penicillium griseofulvum* への投与実験で明らかにされ，証明された。有機化学反応では2分子の酢酸エステルをクライゼン(Claisen)縮合させると，最も簡単なβ-ポリケトン化合物，アセト酢酸エステルが得られる(図4-2)。しかし，生体内ではより巧妙な方法によって合成されていることが，脂肪酸の生合成研究により明らかにされた。そこで，まず脂肪酸の生合成経路を有機化学反応として詳しくみてみよう。

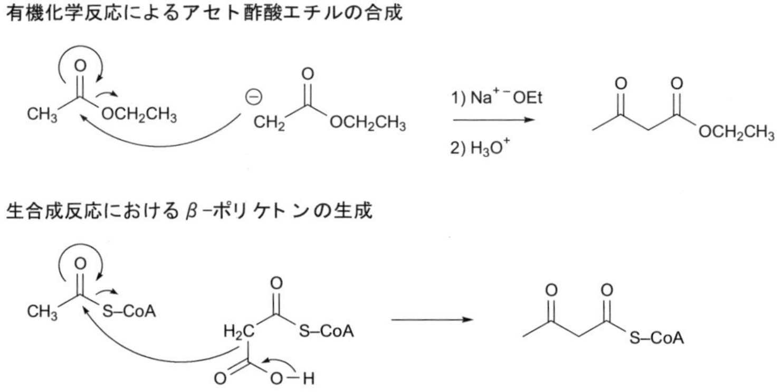

有機化学反応によるアセト酢酸エチルの合成

生合成反応におけるβ-ポリケトンの生成

図4-2　ポリケトンの合成

4-2　脂肪酸の生合成経路 ─ 生化学反応の巧妙さ ─

脂肪酸は最初，アセチルCoAが順次縮合して生合成されると考えられていた。たしかに，生体脂肪酸の多くが偶数個の直鎖炭素鎖を有している。しかし実際には，生合成反応の開始ユニットはアセチルCoAであるが，伸長ユニットにはアセチルCoAではなくマロニルCoAが用いられている(図4-3)。

4-2-1　マロニルCoAの利用

マロニルCoAが伸長ユニットとして用いられている理由は2つある。1つ目は，マロニルCoAのα-水素は2つのカルボニル基に隣接しているのでアセチルCoAのα-水素よりも酸性度が高く，クライゼン縮合における求核試薬として適していることである。2つ目は，脱炭酸が引き金となって縮合が起こる場

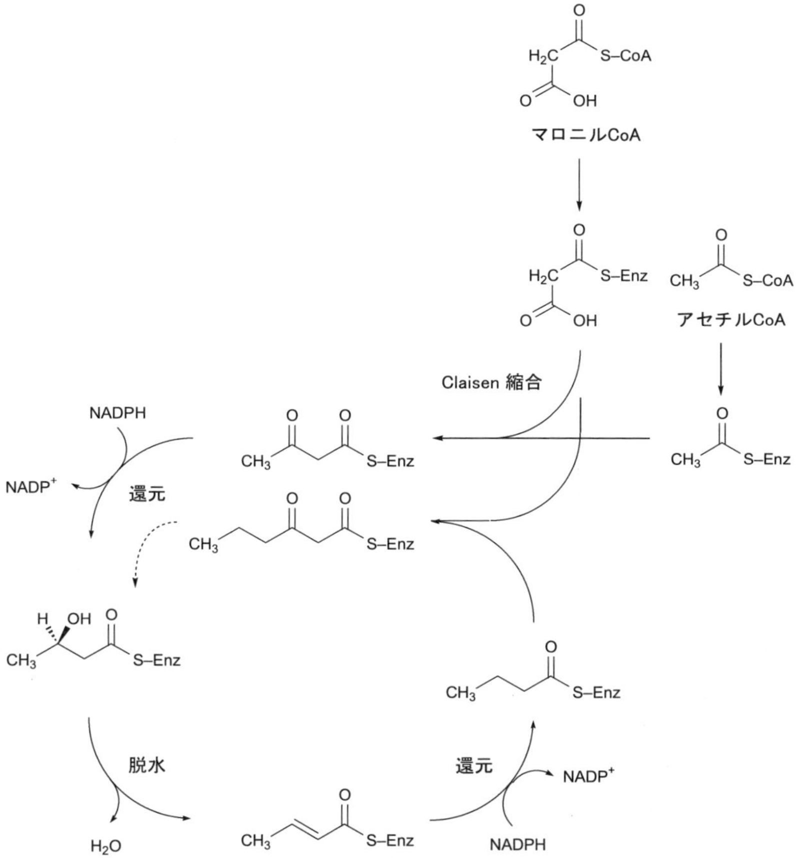

第4章 ポリケチド

図4-3 脂肪酸の生合成経路

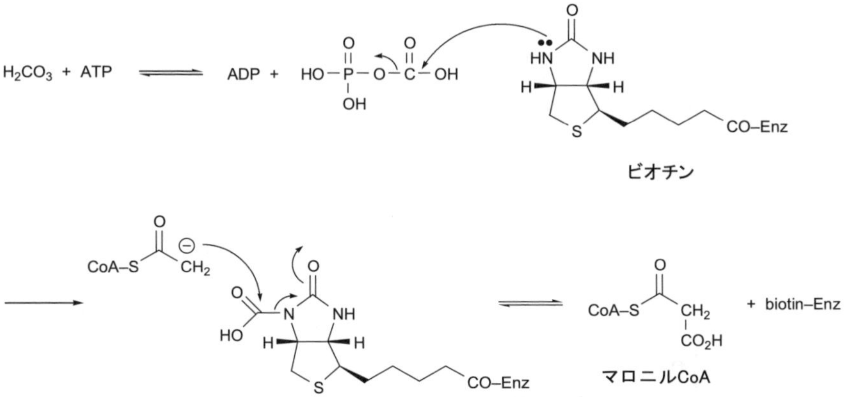

図4-4 マロニルCoAの生合成

合には，強い塩基を必要とせず，また，1段階で反応が進行する点である（図4-2）。マロン酸ジエチルのα-水素を塩基で引き抜いて酢酸エチルと反応させた場合には，縮合反応後に脱炭酸反応が必要で2段階反応となるであろう。

マロニルCoAはアセチルCoAカルボキシラーゼの働きにより，アセチルCoAと炭酸からATPのエネルギーを使って合成される（図4-4）。まず炭酸とATPから混合酸無水物が合成され，炭酸が補酵素であるビオチンに渡され，それにアセチルCoAが反応してマロニルCoAが生成する。ビオチンという一見複雑な構造の補酵素がカルボキシル化反応を巧みに進めていることが理解できよう。

4-2-2 チオエステルの利用

生合成反応におけるもう1つの特徴はチオエステルの利用である。カルボン酸のエステルは，エステル結合をしている酸素原子から孤立電子対が出て正に荷電し，カルボニル基が立ち上がる共鳴構造をとることができる（図4-5）。しかし，チオエステルでは，硫黄原子が酸素原子に比べて大きいため，そのような共鳴構造がとりにくい。その結果，チオエステルはエステルに比べてカルボニル基の分極が大きくなり，カルボニル炭素は求電子性が大きく，α炭素上の水素は酸性度が高くなって（プロトンとして離れやすくなり）α炭素の求核性が大きくなる。また，-S-Rは-O-Rに比べてよい脱離基である。このような

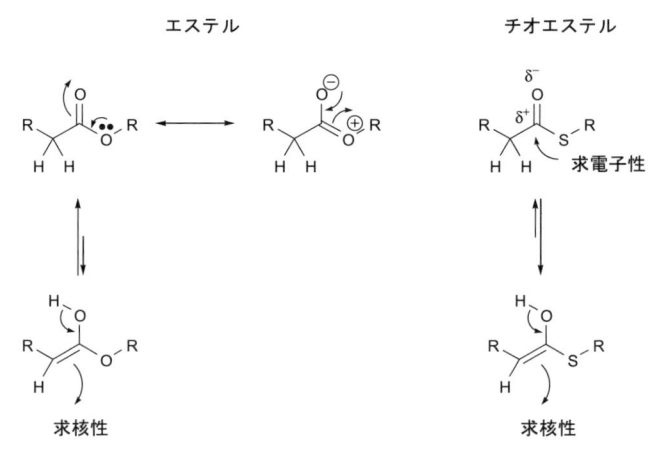

図4-5 エステルとチオエステルの違い

性質のため，アセチルCoAやマロニルCoAなどのチオエステルは高エネルギー化合物であり，常温で水溶液の生体内という穏和な環境でアニオンによる反応を起こすことを可能にしている．

　脂肪酸の生合成では，アセチルCoAとマロニルCoAの縮合により得られたβ-ケトチオエステルはケトンの立体選択的な還元を受けて(R)-ヒドロキシチオエステルになり，脱水して$trans$-α,β-不飽和チオエステル，さらに二重結合の還元（エノイル還元）により，2炭素鎖長の伸長したチオエステルになる（図4-3）．各段階の生成物は速やかに次のステップに進み，反応中間体は得られない．このサイクルを7回まわった後，チオエステルが加水分解を受けると炭素数16の飽和脂肪酸，パルミチン酸が合成される．脂肪酸の生合成ではこのように，炭素鎖伸長のたびにケトンが還元されて，飽和炭化水素鎖が形成される．不飽和脂肪酸は飽和脂肪酸に不飽和化酵素（デサチュラーゼ）が作用して合成される．

　ポリケチドの炭素骨格も脂肪酸の生合成と類似した経路によってつくられていることが明らかにされている．このように，アセチルCoAにマロニルCoAが脱炭酸しながら縮合して基本炭素骨格が形成されるので，ポリケチド経路は酢酸-マロン酸経路とも呼ばれる．しかし，ポリケチドの生合成では，4-4以降に述べるように，ケトン基の還元が炭素鎖伸長のたびに必ず起こるわけではない．この点が脂肪酸の生合成との大きな違いである．

4-3　オルセリン酸とフロロアセトフェノン ― 環化形式の多様性 ―

　ポリケチド経路の代謝産物の1つとして，フェノール化合物がある．オルセリン酸とフロロアセトフェノン（アセチルフロログルシノール）は4個のC2ユニット（1分子のアセチルCoAと3分子のマロニルCoA）が縮合してできたポリケチド（テトラケチド）であり，同じ中間体が異なる様式で環化して生合成される．テトラケチド中間体のC-2位に生じたカルボアニオンがC-7位のカルボニル基とアルドール（aldol）縮合し，その後，脱水と2つのカルボニル基のエノール化を経て芳香環が形成されるとオルセリン酸になる（図4-6，経路A）．一方，同じテトラケチド中間体のC-6位にカルボアニオンが生じてチ

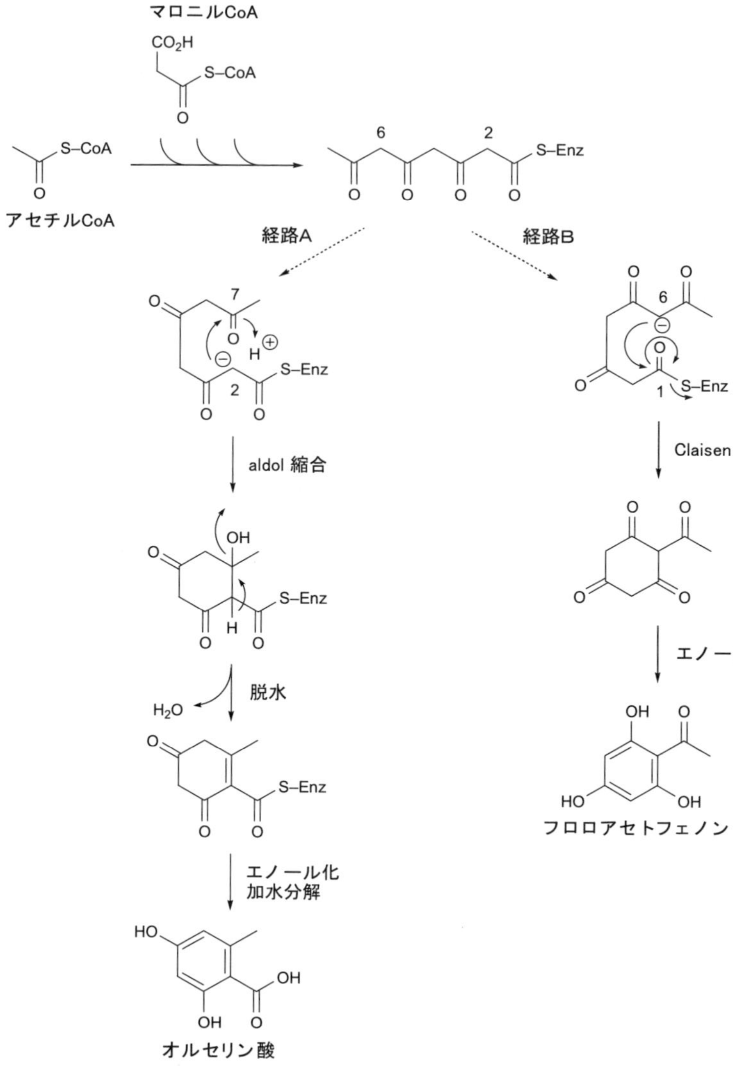

図4-6 オルセリン酸とフロロアセトフェノンの生合成経路

オエステル部分とクライゼン縮合し，生成物がエノール化するとフロロアセトフェノンになる（図 4-6，経路 B）。いずれの化合物の生合成においても，脂肪酸の生合成の場合と同様に，アセチル CoA とマロニル CoA から最終産物の生成までが酵素複合体によって行われ，中間体は得られない。

ポリケチドでは1炭素おきに酸素官能基が入っていることが多い。ポリケチドの構造に酢酸ユニットの取り込まれ方をあてはめてみると、酸素官能基は酢酸の1位炭素上にある場合が多く、実際に ^{18}O で標識した酢酸のポリケチドへの取り込みを調べることにより、これらの酸素が酢酸に由来していることが証明されている（図4-7）。

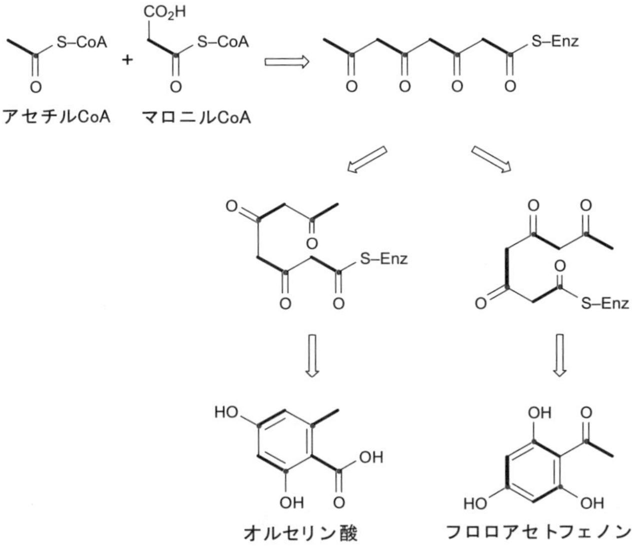

図4-7　オルセリン酸とフロロアセトフェノンへの酢酸ユニットの取り込まれ方

4-4　6-メチルサリチル酸 ── カルボニル基の修飾は炭素鎖伸長の過程で起きる ──

6-メチルサリチル酸は、オルセリン酸と同じテトラケチドであるが、オルセリン酸から酸素原子が除かれたり、テトラケチド中間体が還元されて合成されるのではなく、炭素鎖伸長の途中で還元、脱水が起こっていることが明らかにされている（図4-8）。アセチルCoAに2分子のマロニルCoAが縮合した後、C-3位のカルボニル基が選択的に還元され、C-2位の水素との間で脱水が起きる。二重結合が移動した後、もう1分子のマロニルCoAが縮合して炭素鎖が完成する。その後はオルセリン酸と同様に環化反応が進行して6-メチルサリチル酸が合成される。

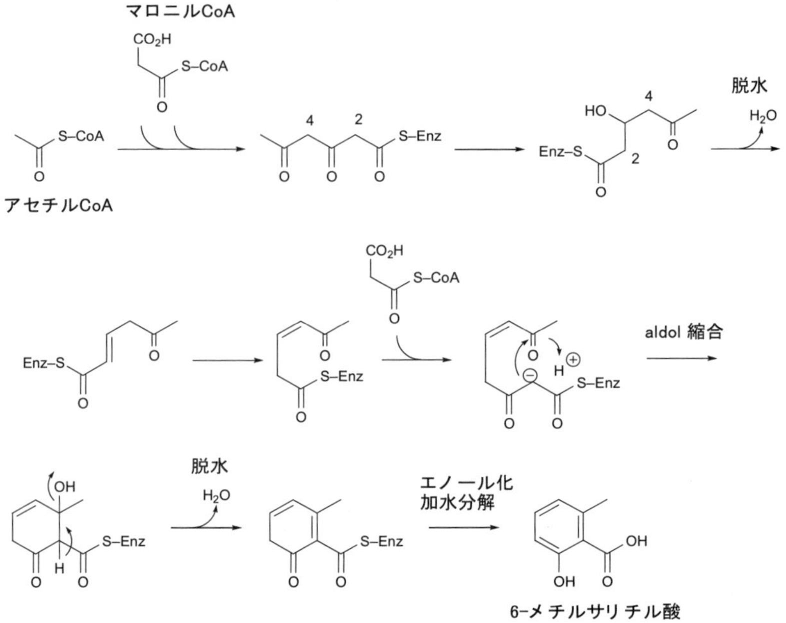

図4-8　6-メチルサリチル酸の生合成経路

4-5　ゼアラレノン ― ケトンの修飾の多様性 ―

　ゼアラレノンは糸状菌 Giberella zeae や数種の Fusarium sp. が生産するカビ毒（マイコトキシン）である。この物質はエストロジェン様作用を示すことから，汚染された飼料を摂取した家畜は不妊，流産，陰部肥大などを起こす。

　ゼアラレノンの生合成ではポリケチドのケトンに存在するすべての修飾の段階がみられる(図 4-9)。すなわち，ケトンのアルコールへの還元，脱水による二重結合の生成，二重結合の還元の 3 種類である。例えば，アセチル CoA に最初のマロニル CoA が縮合したあとはケトンが還元されてアルコールが生成し(ステップ(1))，次の縮合段階に進む。2 番目の縮合反応後はケトンの還元，脱水，二重結合の還元が起こってケトンはメチレンにまで変換される（ステップ (2)）。3 回目の 縮合反応のあとにはカルボニル基の修飾は起こらず，次の縮合反応に進む(ステップ(3))。カルボニル基の修飾反応は炭素鎖伸長の都度起こり，最後にアルドール縮合によるベンゼン環の形成とクライゼン縮合によ

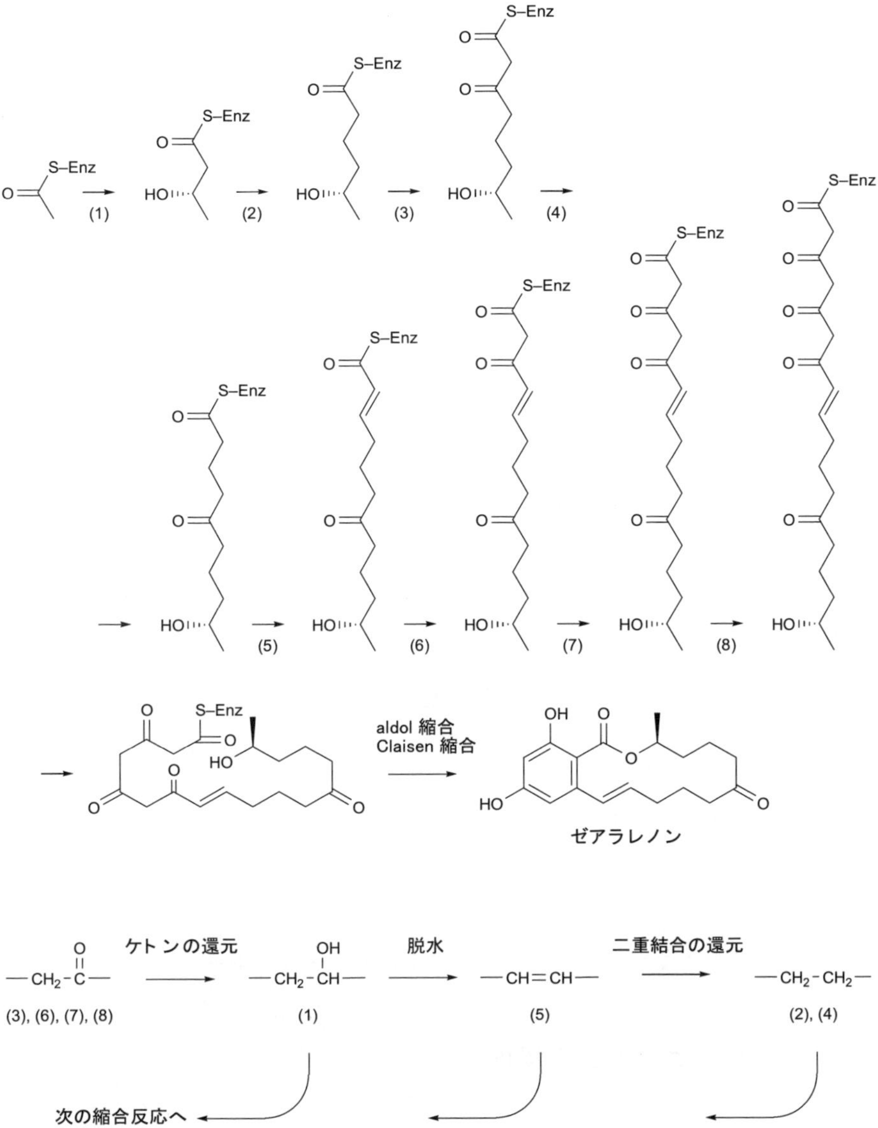

図 4-9　ゼアラレノンの生合成経路とケトンの修飾

るラクトン化が起こってゼアラレノンが生成する。このようにカルボニル基の修飾段階が4種類あることがポリケチド化合物の多様性に大きく寄与している。

4-6 スピラマイシン ― 伸長ユニットの多様性 ―

　糸状菌とともに，放線菌も多種多様なポリケチドを生産する。スピラマイシンは放線菌 *Streptomyces ambofaciens* の生産する抗生物質で，大環状ラクトン構造を有することからマクロライドと総称される化合物の1つである。放線菌によって生産されるポリケチドの特徴は伸長ユニットとしてマロニル CoA のほかにメチルマロニル CoA やエチルマロニル CoA が取り込まれる点である（図4-10）。反応機構はメチルマロニル CoA やエチルマロニル CoA も，マロニル CoA と同様，脱炭酸を伴う α-炭素の求核置換反応であり，そのため，炭素鎖にメチル基やエチル基の側鎖が導入された生成物が得られる。

　スピラマイシンでは，ラクトン環形成後に，水酸基への糖の導入やエチル側鎖の酸化という修飾も起きている。

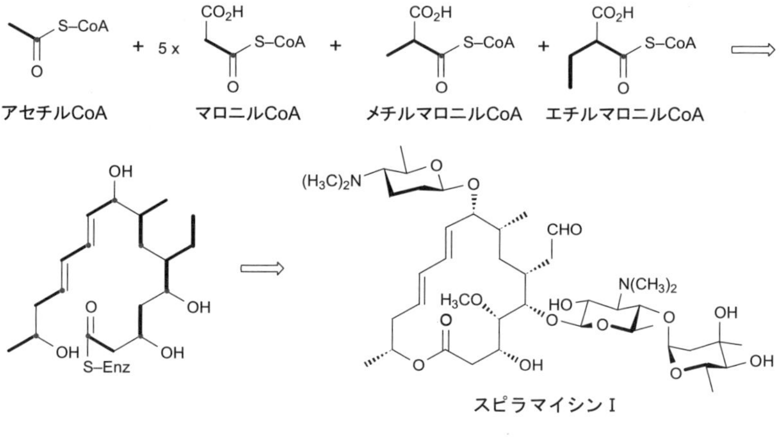

図4-10　スピラマイシンへの構成ユニットの取り込み

4-7　開始ユニットの多様性

　伸長ユニットの多様性は，スピラマイシンでみられたように，マロン酸の同族体である。一方，開始ユニットにはより大きな多様性がみられる。

　エリスロマイシンの開始ユニットはプロピオニル CoA である。また，伸長ユニットはメチルマロニル CoA で，炭素骨格すべてが C3 単位で構成されている（図4-11）。

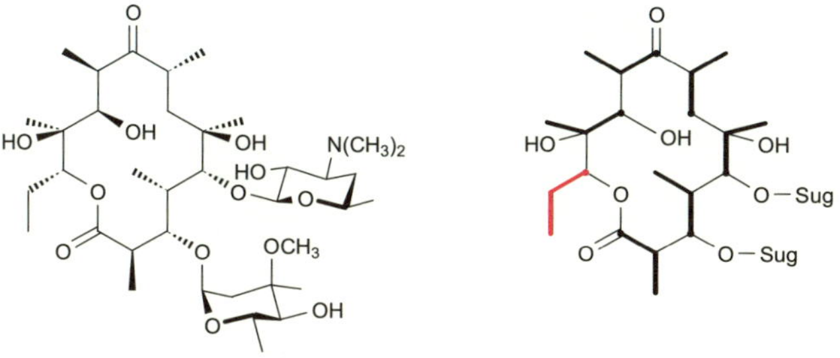

エリスロマイシンA

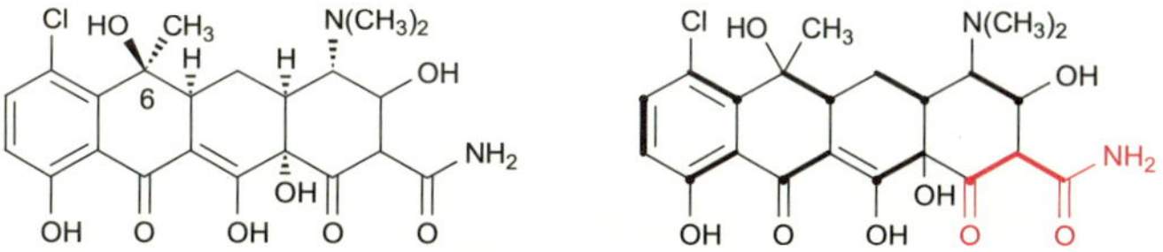

7-クロロテトラサイクリン

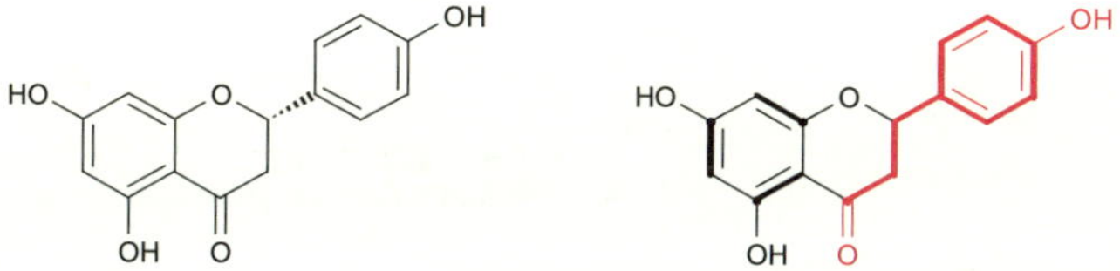

ナリンゲニン

図 4-11　開始ユニットの多様性

　7-クロロテトラサイクリンも放線菌の産生する抗生物質である。マロン酸アミド（$H_2NCOCH_2CO-SCoA$）が開始ユニットとして用いられ，マロニル CoA 8 分子が縮合して炭素骨格が形成されている。C-6 位のメチル基はメチルマロニル CoA の縮合で導入されるのではなく，ポリケチド鎖形成後に導入されることが明らかにされている。

　ナリンゲニンはフラボノイドの 1 種である。フラボノイドは植物に特徴的な化合物で，花の色素の成分や種子の発芽・生長を調節する物質として知られている。フラボノイドの開始ユニットはフェニルアラニンからフェニルプロパノイド経路（6 章）により合成される 4-ヒドロキシケイ皮酸で，それに 3 分子のマロニル CoA が縮合した後，環化して生合成される。

4-8 ミコフェノール酸 ― C- および O-アルキル化 ―

ミコフェノール酸は Penicillium 属糸状菌の代謝産物で，核酸の生合成阻害（IMP から XMP への変換）活性を有する．その生合成過程では 3 種類の C- お

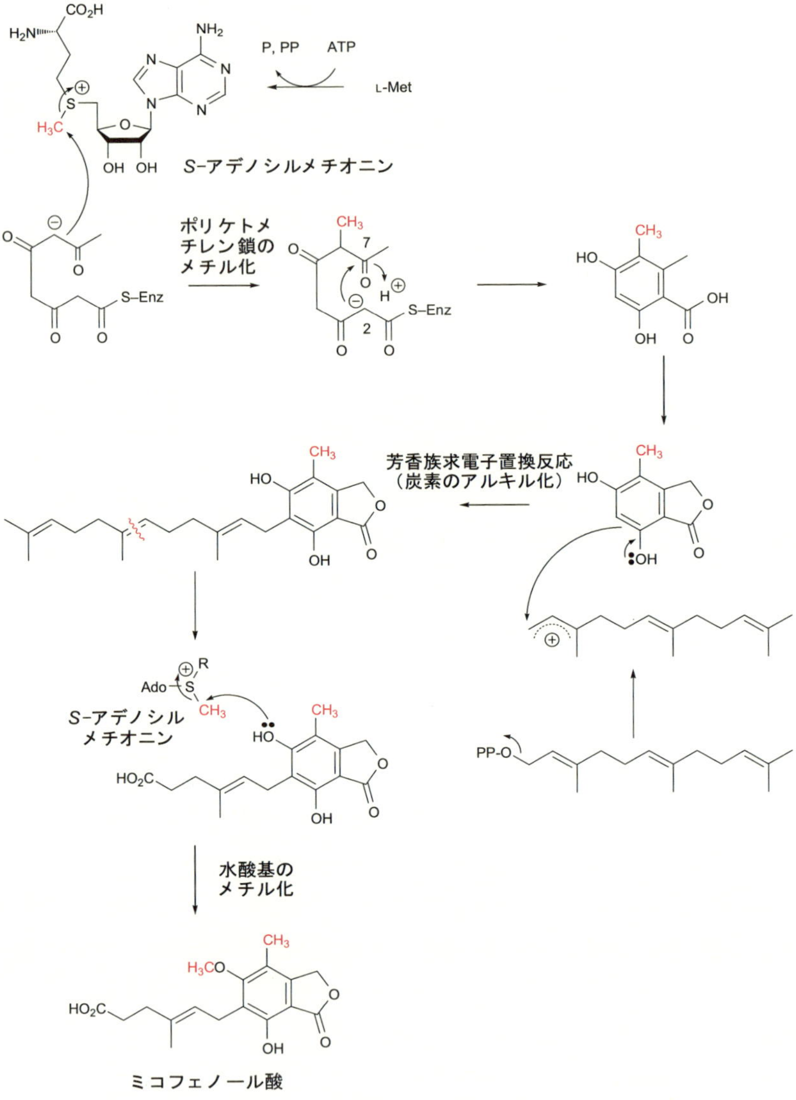

図 4-12 ミコフェノール酸の生合成における C- および O- アルキル化

および O-アルキル化反応が起こる（図 4-12）。最初はポリケトメチレン鎖のメチル化である。2 つのカルボニル基に挟まれた活性メチレンが，メチル基供与体である S-アデノシルメチオニン（SAM）に対して求核置換反応する。二番目は芳香族求電子置換反応によるベンゼン環のアルキル化である。ベンゼン環はフェノール性水酸基によって活性化されて電子供与性が高くなっており，ファルネシルピロリン酸から生ずるカルボカチオンと反応する。ファルネシル基はイソプレノイド経路（5 章）で生合成される。三番目の反応はフェノール性水酸基と S-アデノシルメチオニンとの間で起こる O-アルキル化反応である。

S-アデノシルメチオニンは L-メチオニンと ATP から生合成される化合物で，メチルスルホニウム結合（H_3C-S^+）は高エネルギー結合である。メチル基が求核置換反応を受けると残りの部分（アデノシルホモシステイン）は良い脱離基として働く。S-アデノシルメチオニンはポリケチドだけでなく，コリンや核酸のメチル化など多くの生体反応にメチル基供与体として関与している。

放線菌によって生産されるポリケチドのメチル側鎖は，メチルマロニル CoA に由来している例が多いことを 4-6 で述べたが，糸状菌の代謝産物では，このように，β-ポリケトンが合成された後にメチル基が導入される。

4-9 環化反応の多様性

ディールス-アルダー（Diels-Alder）反応はジエンとジエノフィルを加熱反応させてシクロヘキセン環を合成する有機化学的に重要な反応の 1 つである。この反応がロバスタチンの生合成でもみられる（図 4-13）。ノナケチドから導かれたトリエンがディールス-アルダー反応で環化し，デカリン環構造が一挙に構築される。ロバスタチンはイソプレノイド生合成（5 章）の鍵反応であるヒドロキシメチルグルタリル CoA（HMG-CoA）からメバロン酸への変換を触媒する HMG-CoA 還元酵素の阻害剤であり，この変換反応の中間体（メバロン酸ヘミチオアセタール）とロバスタチンのラクトン環部分が加水分解した構造とが似ているために阻害作用を示すと考えられる（図 4-14）。ロバスタチンは血中コレステロール濃度を低下させる医薬品やテルペノイド生合成の研究用の試薬として重要な化合物である。

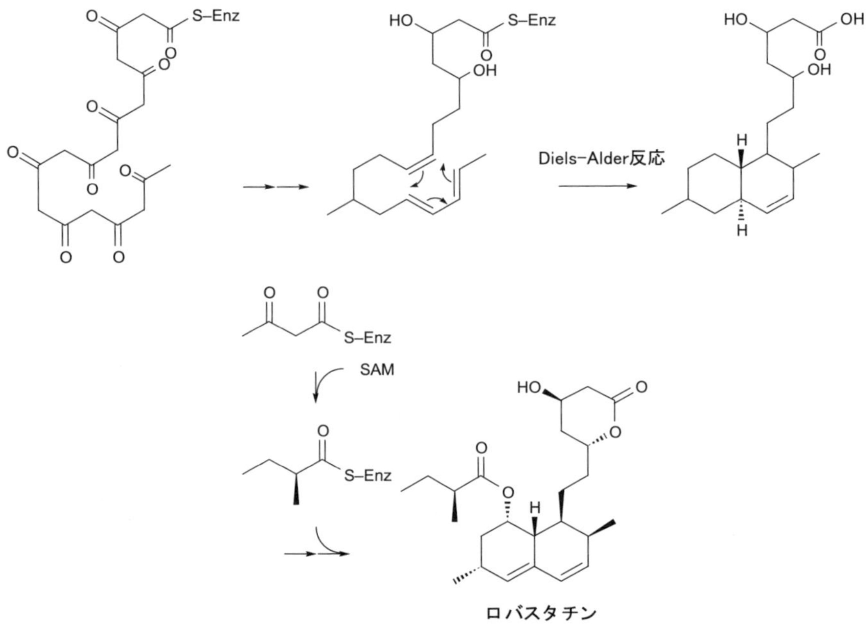

図4-13　ロバスタチンの生合成経路

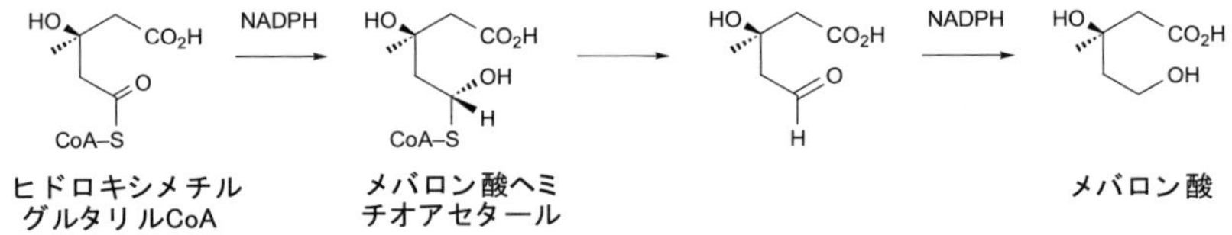

図4-14　メバロン酸の生合成経路

　ポリケチド経路で合成されたフェノールは酸化されてフェノキシラジカルを生ずると，カップリング反応を起こす．糸状菌 Penicillium griseofulvum が生産する抗カビ抗生物質，グリセオフルビンは β-ポリケトンがアルドール縮合およびクライゼン縮合して2つのフェノール環が形成され，酸化を受けてフェノキシラジカルになった後，その共鳴構造体の O- および C-ラジカルの間でカップリング反応が起きて環構造が構築される（図4-15）．同様な反応は C-ラジカル同士でも起こり，フェニルプロパノイド（6章）やアルカロイド（7章）の生合成においてよくみられる．

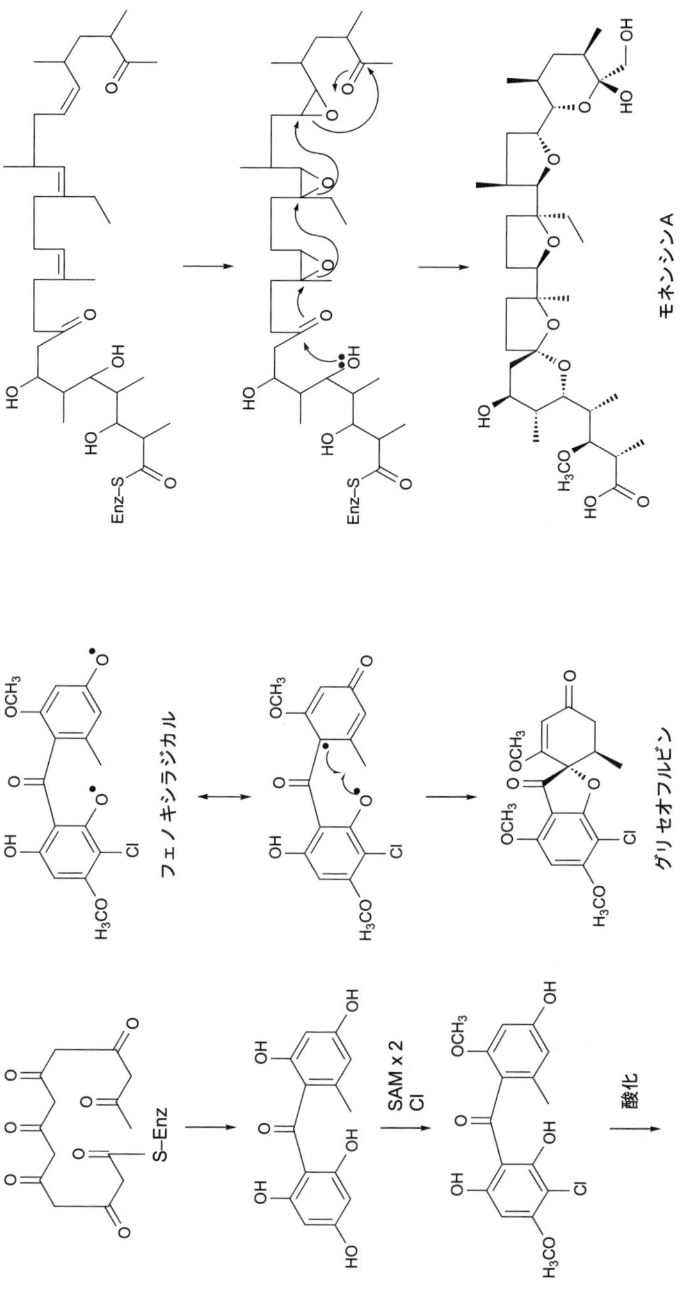

第4章 ポリケチド　101

図4-15　グリセオフルビンとモネンシンAの生合成経路

モネンシンAはマクロライドと並ぶもう1つの大きな化合物群であるポリエーテル系化合物に属し，*Streptomyces cinnamonensis* によって生産される抗生物質で，家畜のコクシジウム病薬や肥育効率の向上に用いられている。ポリエーテル系化合物の複数の環状エーテル構造は，二重結合の酸化により得られるポリエポキシド中間体の協奏的な環化反応により，一挙に構築されると考えられている（図4-15）。しかし，多くのポリケチドと同様に，生合成反応が酵素に結合した状態で進行し中間体が単離できないため，確実な証明はなされていない。

4-10 炭素骨格の変換

パツリンは6-メチルサリチル酸から，ペニシリン酸はオルセリン酸から生合成されるが，ポリケチド鎖が解裂した後別の位置でラクトン環やアセタール環が形成されているので，その構造からはポリケチドであることがすぐにはわからない（図4-16）。これらの生合成経路の解析には ^{13}C や ^{2}H などの安定同位体で標識された酢酸を微生物の培養時に添加し，得られる標識化合物をNMRで解析する手法が大変有効である。

アフラトキシンは糸状菌 *Aspergillus flavus* や *A. parasiticus* が生産するマイコトキシンで，微量で肝障害を引き起こし肝臓がんを誘発する。1960年にイギリスで，数万羽の七面鳥が死亡する事件が起きたが，その原因は飼料として与えたピーナッツがカビに汚染されていてアフラトキシンを含んでいたためであった。アフラトキシン B_1 はヘキサノイルCoAを開始ユニットとするポリケチド鎖から生合成され，環の形成，ポリケチド鎖の切断，炭素の欠落など多段階の修飾を受けている（図4-16）。

4-11 ポリケチド生合成酵素

脂肪酸の生合成酵素は生化学的(酵素化学的)手法により解明された。動物の脂肪酸合成酵素（FAS；fatty acid synthase）は1本のポリペプチド鎖に図4-3に示す反応を司る触媒部位がすべてのっている複合酵素（多機能酵素）で，アシルキャリヤータンパク質(ACP)というアシル基の運搬を担うユニットが共有結合している（Ⅰ型脂肪酸合成酵素）。これに対し，細菌や植物では，生合成経路は

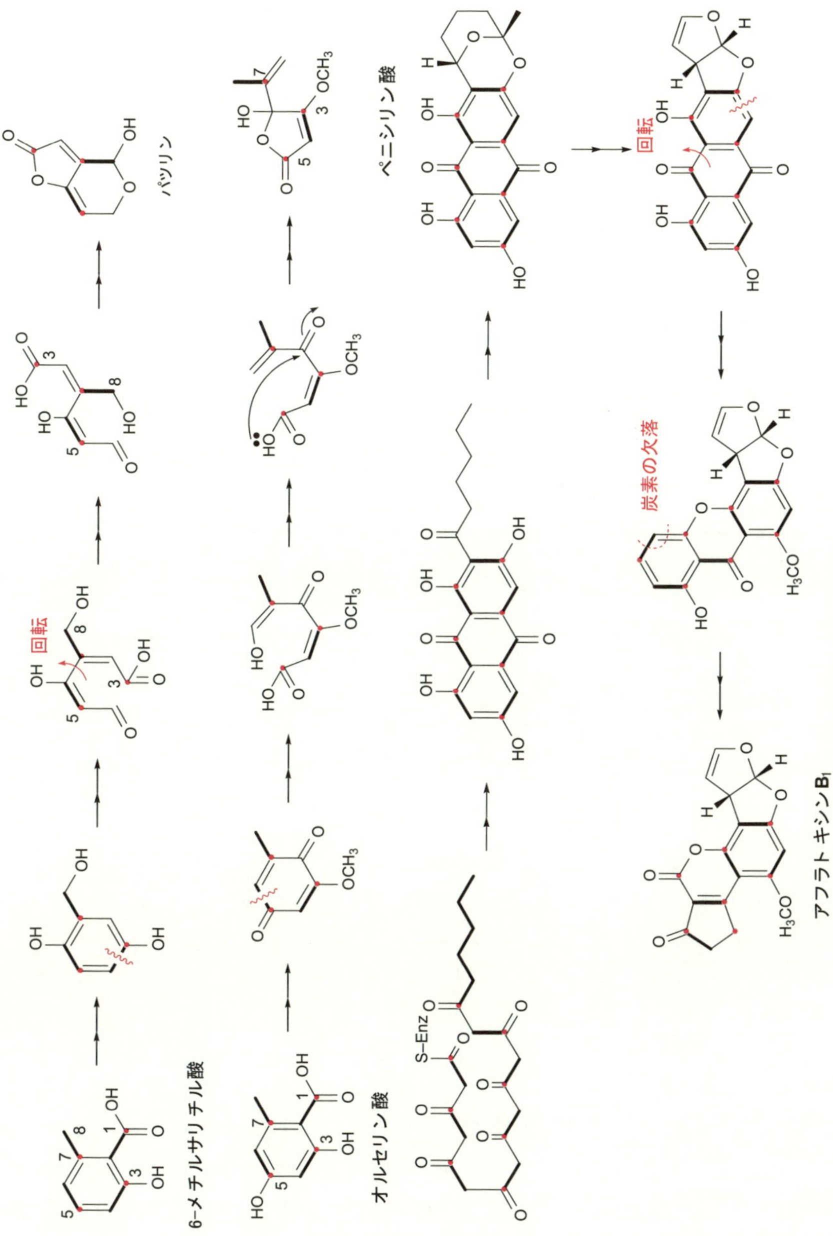

図4-16 炭素骨格の変換がみられるポリケチド

動物と同じであるが，各反応を触媒する酵素と ACP がばらばらに存在しており，II型脂肪酸合成酵素と呼ばれている。

ポリケチド生成合成酵素（PKS；PolyKetide Synthase）に関する研究は，*Penicillium patulum* の 6-メチルサリチル酸合成酵素の精製が最初であるが，その後の研究では遺伝子解析が大きな役割を果たした。放線菌の生産する芳香族ポリケチド，アクチノロジンは初めて全生合成遺伝子がクローニングされた化合物である。アクチノロジンの生合成遺伝子は，II型脂肪酸合成酵素と同様に，1つ1つの機能を担う酵素の遺伝子が独立に，しかし，クラスターを形成して存在している（図4-17）。β-ケトアシル ACP 合成酵素（KS），鎖長決定因子（CLF）とアシルキャリヤータンパク質（ACP）の3つが1つの遺伝子からつくられ（ポリケチドを生合成するのに最小限の構成であることから最小 PKS と呼ばれる），その近傍に β-ケトアシル ACP 還元酵素（KR），芳香化酵素（ARO），環

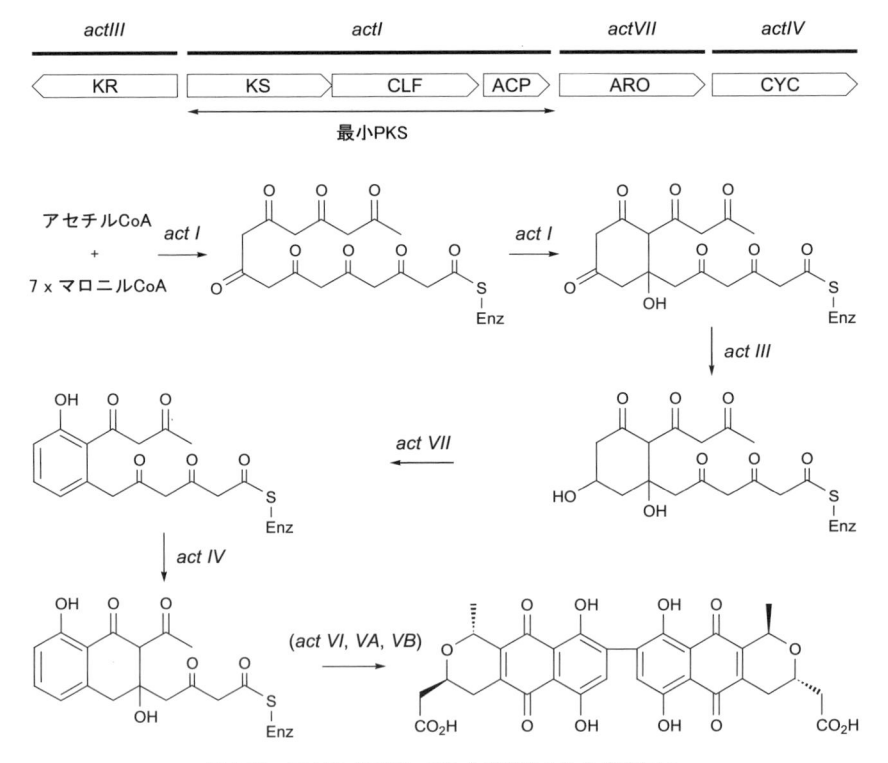

図 4-17　アクチノロジンの生合成経路と生合成遺伝子

第4章　ポリケチド

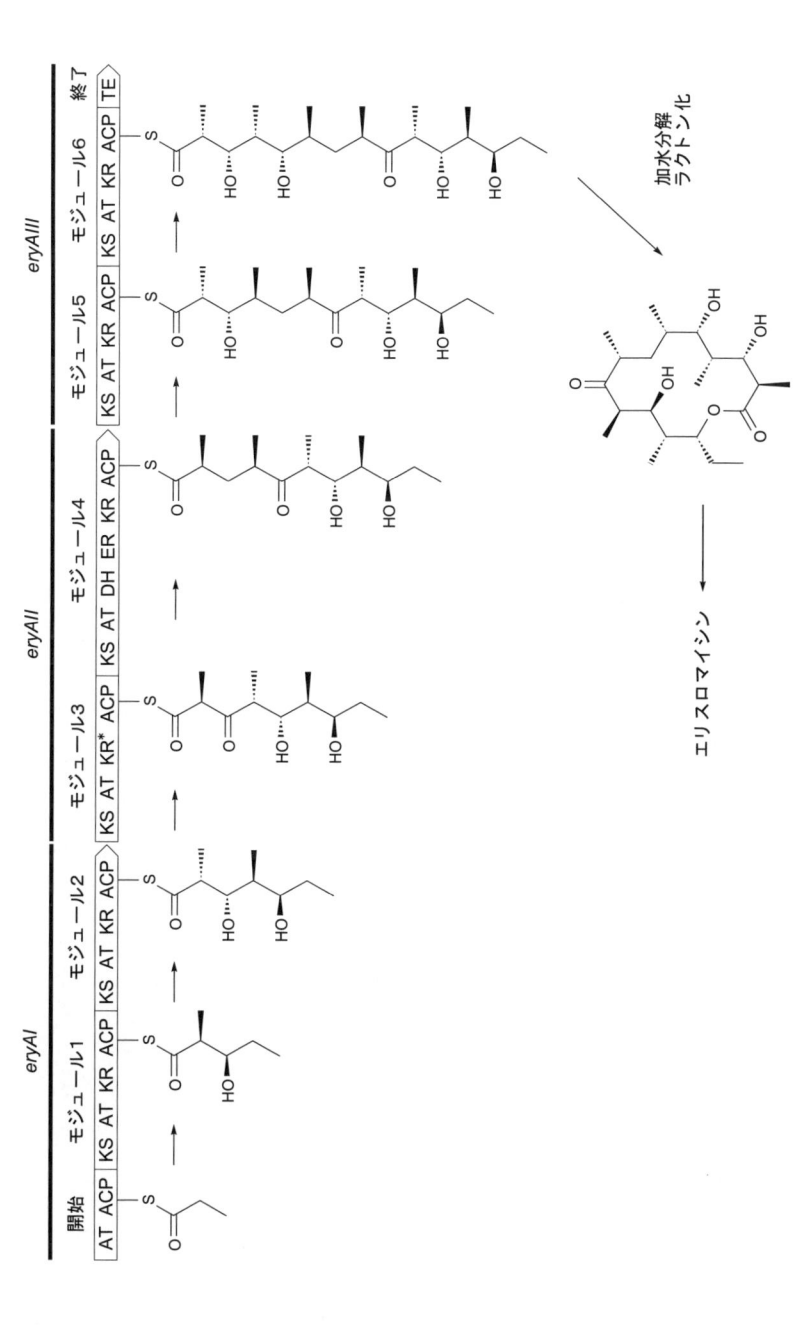

図4-18　エリスロマイシンの生合成経路と生合成遺伝子

化酵素（CYC）などの修飾反応に関わる酵素の遺伝子が存在している。β–ケトアシル ACP 合成酵素は複数回の炭素鎖縮合反応を触媒し，CLF という特徴的なユニットがその縮合回数を規定している。

一方，同じ放線菌でもマクロライドの合成酵素はＩ型ポリケチド合成酵素と呼ばれ，ポリケチド鎖伸長反応に関与するいくつかの反応ドメインが 1 本のポリペプチド鎖上に存在する多機能酵素である（図 4–18）。Ｉ型脂肪酸合成酵素との違いは，縮合回数分のモジュールと呼ばれるポリケチド鎖伸長単位が存在することである。基本単位は KS，アシル基転移酵素（AT）と ACP であり，生成したカルボニル基が，基本単位 +KR のモジュールでは水酸基に，基本単位 +KR+ 脱水酵素（DH）では二重結合に，基本単位 +KR+DH+ エノイル還元酵素（ER）ではメチレンに修飾される（図 4–19）。例えば，エリスロマイシンのアグリコン部分（6–デオキシエリスロノリド）はそれぞれ 2 つのモジュールを含む 3 個の多機能酵素により生合成される。モジュール 3 は基本単位だけで（KR 類似の配列は存在するが機能していない）β–ケトンは修飾されず，モジュール 1，2，5，6 は基本単位 +KR で β– ケトンはヒドロキシル基に還元され，モジュール 4 は基本単位 +KR+DH+ER なのでメチレンにまで還元される（図 4–18）。最近ではモジュールの入れ替え，他の抗生物質生合成遺伝子との組換えにより，非天然型のマクロライド化合物の人工的なデザインも成功している。

なお，糸状菌の PKS は多機能酵素であるが複数回の縮合反応を同一の活性中心が触媒していて，前述した放線菌の 2 種類のポリケチド生合成酵素の中間のような構造である。ロバスタチンの生合成酵素は KS–AT–DH–MT（メチルトランスレラーゼ：メチル側鎖の導入酵素）–ER–KR–ACP の順に活性中心が配置されたポリペプチド鎖であることが明らかにされている。

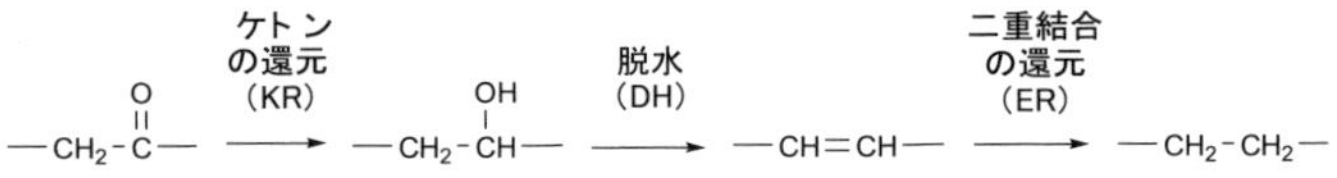

基本単位（KS + AT + ACP）→ ケトン

基本単位＋KR → アルコール

基本単位＋KR＋DH → 二重結合

基本単位＋KR＋DH＋ER → メチレン

図 4–19　ケトンの修飾と生合成遺伝子

■演習問題

問1 アルタナリオールは1本のポリケチド鎖から生合成される。その構造と，生合成経路を考えよ。

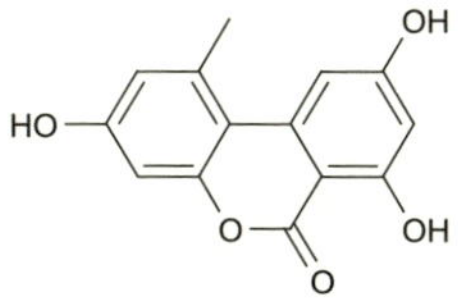

アルタナリオール

問2 アベルメクチンは放線菌によって生産される抗寄生虫活性を示す抗生物質である。アベルメクチンB_{1a}のアグリコンには構成ユニットがどのように取り込まれているかを示せ。

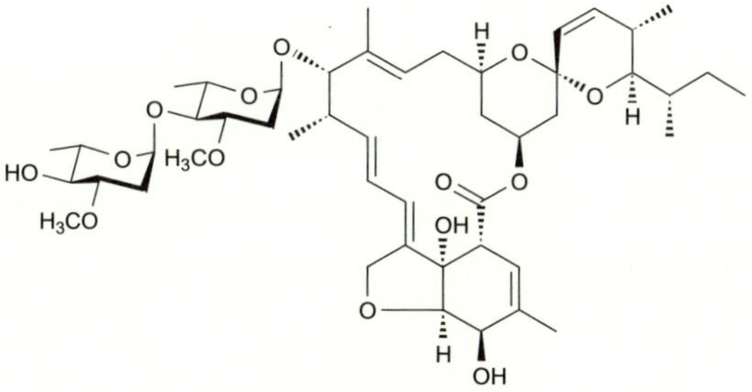

アベルメクチンB_{1a}

問3 6-デオキシエリスロノリド生合成遺伝子（図4-18）の一部を破壊すると，エリスロマイシンの類縁体を生産させることができる。
   1) モジュール4のERを破壊するとどのような生成物が得られるか。
   2) モジュール5のKRを破壊するとどのような生成物が得られるか。

第 5 章

イソプレノイド

　生きている微生物，植物および動物が産生する有機化合物，いわゆる天然物にはイソプレノイド系化合物に分類される物質群がある。その種類は非常に多くポリケチド群とならんで天然物の宝庫となっている。テルペン，ステロイドやカロテンなどがイソプレノイド系化合物の代表例である。生命維持に必須な一次代謝とも深く関わっており，また生理活性物質生産としての二次代謝とも関連しており，イソプレノイド系化合物の生理的意義は図り知れない。例えば，ステロールはカビや動物などの真核生物の膜の構成成分として必須であり，またホルモンとしての機能，ビタミンや生体の電子伝達系に関わるユビキノンの生合成などにみられるように生命現象に密接に関連している。一方，香料，医薬品や食品の色素素材として用いられているものもあり，非常に有用な化合物でもある。

　イソプレノイドは枝分かれした炭素数5個のイソプレン $CH_2=C(CH_3)-CH=CH_2$ がくり返し重合してできる物質群の総称である。このくり返し単位によってヘミテルペン（C_5），モノテルペン（C_{10}），セスキテルペン（C_{15}），ジテルペン（C_{20}），セスタテルペン（C_{25}），トリテルペン（C_{30}）およびテトラテルペン（C_{40}）に分類される（図5-1）。1950年代に多くの天然物がイソプレン単位により形成されるという「イソプレン則」が提唱された。生体内での重合反応は，イソプレンそのものが反応するのではなく，同じく C_5 のイソペンテニル二リン酸（IPP）が反応する。このIPPはメバロン酸中間体経由で生合成されること

各種テルペン化合物の基本単位

メバロン酸経路　非メバロン酸経路

DMAPP ⇌ IPP　　ヘミテルペン(C_5)

↓

C_{10}　　モノテルペン(C_{10})

IPP↓

C_{15}　　セスキテルペン(C_{15})

IPP↓

C_{20}　　ジテルペン(C_{20})

IPP↓

C_{25}　　セスタテルペン(C_{25})

×2 → C_{30}　　トリテルペン(C_{30})

×2 → C_{40}　　テトラテルペン(C_{40})

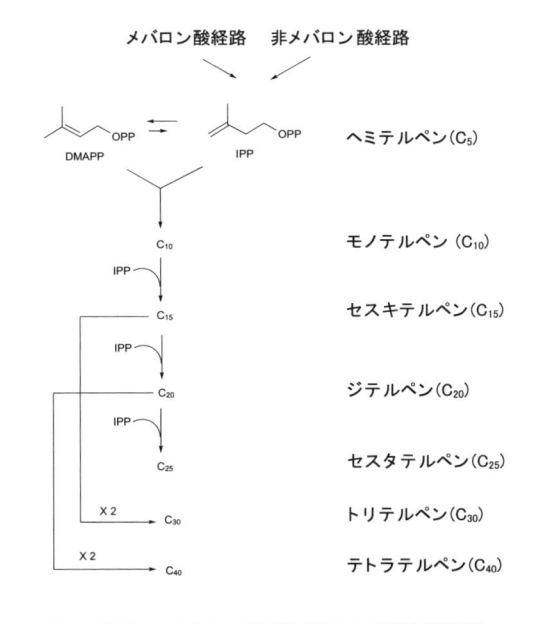

重合様式

head-to-tail　　ゲラニオール　(C_{10})

head-to-tail　　ファルネソール　(C_{15})

head-to-tail　　ゲラニルゲラニオール(C_{20})

tail-to-tail　　スクアレン(C_{30})

tail-to-tail　　フィトエン(C_{40})

図 5-1　各種テルペン化合物の基本単位と重合様式

から，メバロン酸経路と呼ばれ，イソプレノイド生合成経路が確立した。しかし，約10年前（1993年），メバロン酸を経ない新規な経路でIPPが生合成されることが発見された。この経路は「非メバロン酸経路」と呼ばれ，原核生物や植物の色素体で広く見い出されている。

従来の標識中間体の取り込み実験による生合成経路の解明が生合成研究の中心課題であった。最近イソプレノイド生合成に関わる酵素遺伝子が，次々とクローニングされてきている。分子生物学的手法により遺伝子組換え体を作成し，テルペン生合成酵素の触媒機能やメカニズムを解明する生合成研究が活発になってきている。

5-1　イソペンテニル二リン酸の生合成経路
5-1-1　メバロン酸経路

IPPがメバロン酸経由で合成される過程を図5-2に示す。2分子のアセチルCoAがクライゼン型縮合しアセトアセチルCoAがまず生成する。この反応の際求核置換反応が起き $^-$SCoAが脱離する。チオエステルがアルコールエステルよりも脱離基として優れている。チオールはアルコールよりも100万倍も強い酸であるから，その共役塩基 $^-$SRは $^-$ORよりも100万倍も弱い塩基であり，$^-$SRが $^-$ORより安定に多く存在することを意味している。したがって，求核置換反応ではチオエステルのSRがORよりもはるかに良好な脱離基として働くことができる。チオエステルは細胞液中で簡単に加水分解するほどではないが，単純なアルコールエステルよりもはるかに反応性に富んでいる。そのため生物がチオエステルを選択したと考えられる。アセトアセチルCoAにもう1分子のアセチルCoAがアルドール縮合した後，$^-$SCoAが脱離してHMG-CoAが生成する。このアルドール縮合は立体特異的に進行し水酸基の付け根の炭素は S-配置となる。その後，NADPH（化学合成で使用される $NaBH_4$ や $LiAlH_4$ に相当する）から発生するヒドリドイオンがチオエステルのカルボニル基の炭素へ求核攻撃し，$^-$SCoAの脱離を経てアルデヒド体（mevaldic acid）の生成後，さらにNADPHによる還元反応でアルコール体の（$3R$）-メバロン酸（MVA）となる。ATPによるリン酸化が2段階起き（2分子のATPを消費），5-ジホスホメバロ

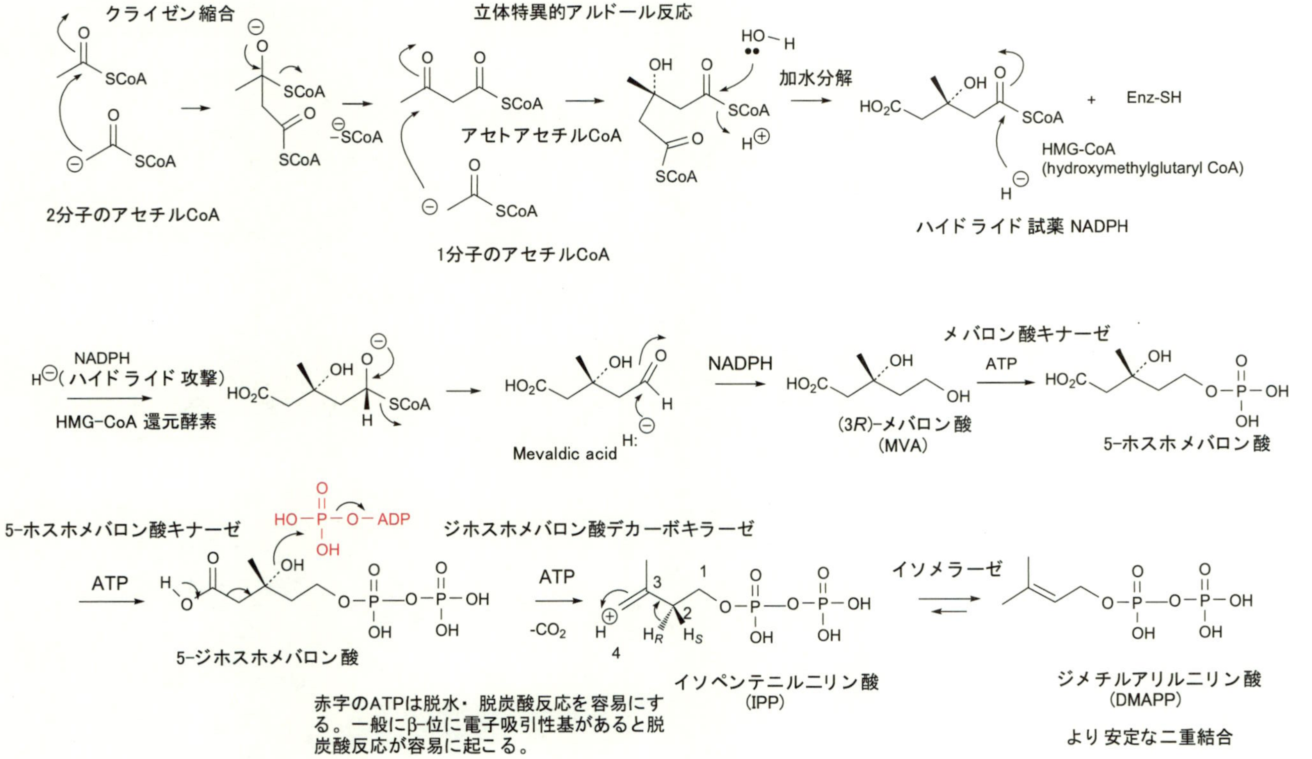

図 5-2 メバロン酸経路によるイソペンテニルニリン酸の生合成経路

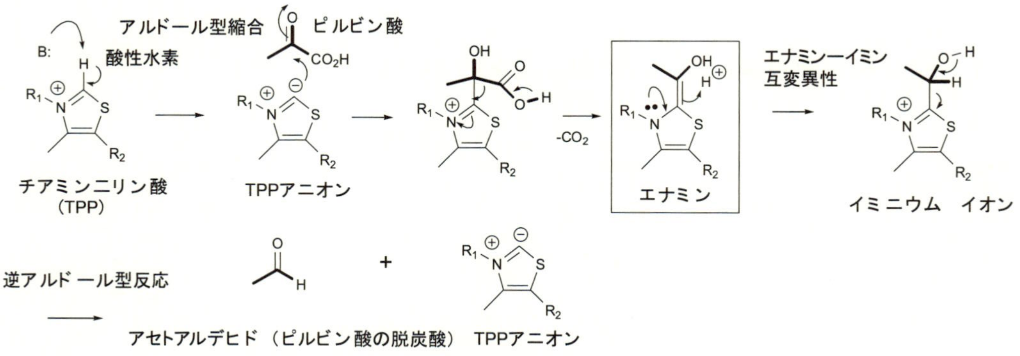

B:
酸性水素
アルドール型縮合
ピルビン酸
CO_2H
$-CO_2$
チアミン二リン酸
(TPP)
TPPアニオン
エナミン
エナミンーイミン
互変異性
イミニウム　イオン
逆アルドール型反応
アセトアルデヒド（ピルビン酸の脱炭酸）
TPPアニオン

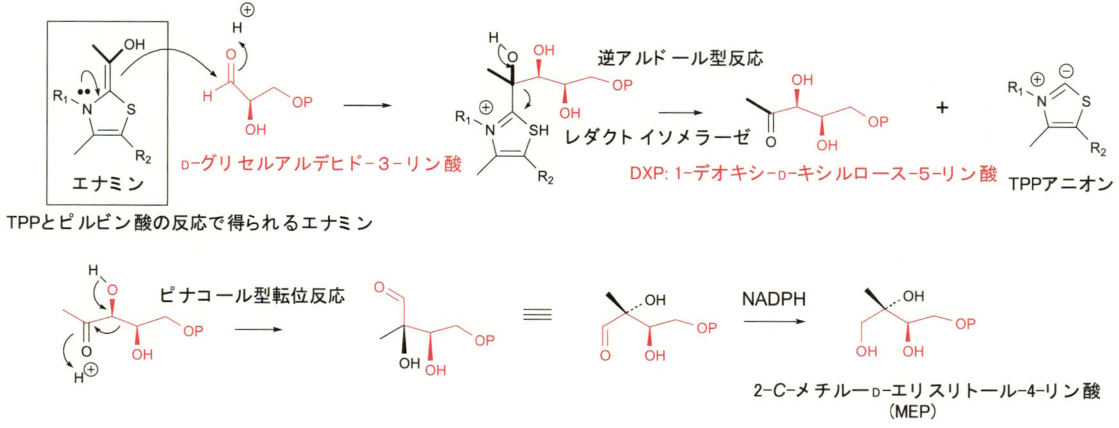

エナミン
TPPとピルビン酸の反応で得られるエナミン
D-グリセルアルデヒド-3-リン酸
逆アルドール型反応
レダクトイソメラーゼ
DXP: 1-デオキシ-D-キシルロース-5-リン酸
TPPアニオン
ピナコール型転位反応
NADPH
2-C-メチル-D-エリスリトール-4-リン酸
(MEP)

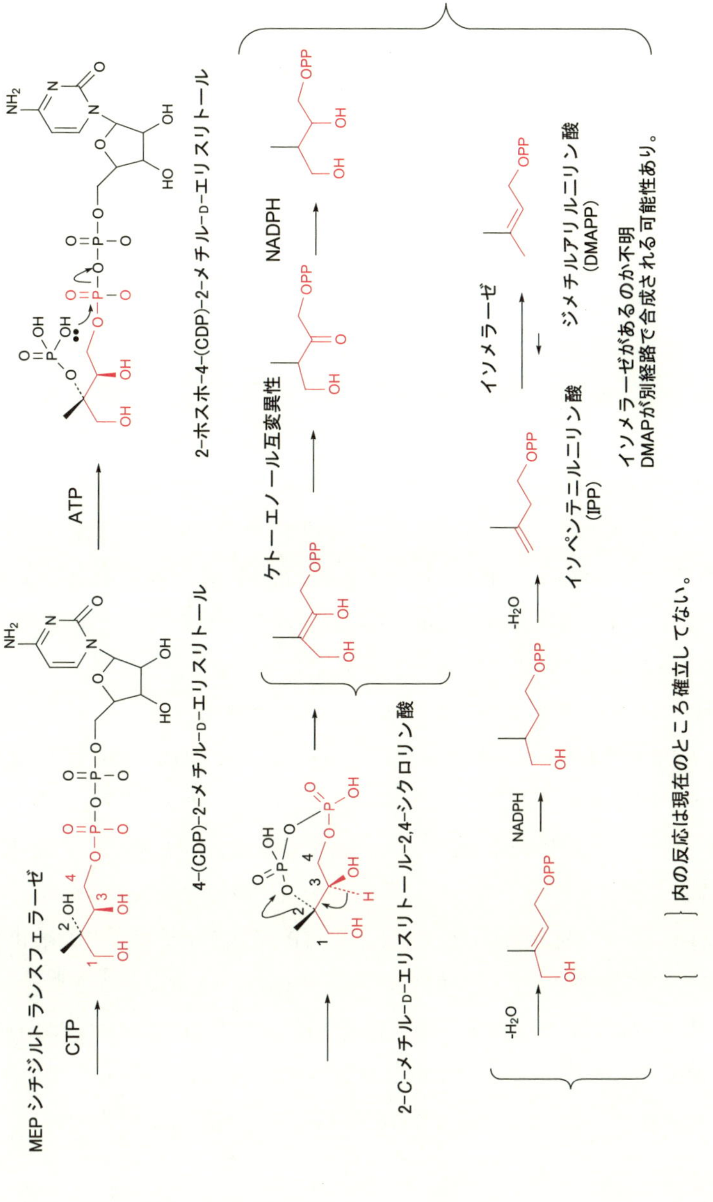

第5章　イソプレノイド　113

図5-3　非メバロン酸経路によるイソペンテニルニリン酸の生合成経路

{ } 内の反応は現在のところ確立してない。

イソメラーゼがあるのか不明
DMAPが別経路で合成される可能性あり。

ン酸が生成する。次に3級水酸基がATPの分極したP⊕-O⊖のP⊕に求核攻撃して水酸基の脱離と脱炭酸が容易に進行する。脱炭酸する炭素からみてβ-位に電子吸引性基があると一般に脱炭酸反応が容易に起こる（マロン酸エステル合成によくみられる）。最終的にはIPPが生成するが、イソメラーゼによって二重結合が移動し、ザイツェフ則に従って安定なジメチルアリル二リン酸（DMAPP）も形成される。その際プロキラルなC-2位のメチレン基の*pro-R*水素が脱離する。

5-1-2　非メバロン酸経路

　メバロン酸を経由せずにデオキシキシルロースリン酸を経由することから、別名デオキシキシルロースリン酸経路とも呼ばれる。図5-3に示したように、この経路はピルビン酸とD-グリセルアルデヒド-3-リン酸が補酵素チアミン二リン酸（TPP）を介して起こる反応である。チアミンは酸性水素をもつチアゾール環をもっているので、カルボアニオン（TPPアニオン）を形成することができる。TPPアニオンがα-ケト酸（ピルビン酸）のカルボニル基に求核攻撃した後、脱炭酸してエナミン(ene + amine)構造となる。TPPアニオンは、エナミン-イミニウム互変異性によりアセトアルデヒドの形成とともに再生される。生成したエナミンはD-グリセルアルデヒド-3-リン酸と反応後、逆アルドール型反応を受け、1-デオキシ-D-キシルロース-5-リン酸（DXP）を生成し、またTPPアニオンが再生される。このデオキシキシルロースリン酸は1, 2-ジオールなので、ピナコール型転位反応（反応機構の説明p.179参照）を受けた後、NADPH還元によりアルデヒドがアルコール体となり、2-*C*-メチル-D-エリスリトール-4-リン酸(MEP)となる。これがCTPによりシチジルリン酸化され、さらにATPによりC-2位がリン酸化される。このC-2位に付加したリン酸の水酸基が求核攻撃しシチジルリン酸が脱離し、環状リン酸無水物構造が形成される。その後のIPP生成までの経路は確定されてないようだが、{　}に示した経路が提案されている。C-3位の水素が脱離して二重結合が導入され、さらにいくつかのステップを経てIPPが生成される。シチジルリン酸の付加が起きることは予想もされなかったことから、生合成反応としては興味がもたれる。非

メバロン酸経路の確定と分子生物学的手法を取り組んだ酵素学的研究は今ホットな話題であり，今後の研究が期待されている。また，非メバロン酸経路はヒトには存在しないことから，この経路の酵素阻害剤はヒトに無害な抗菌剤，除草剤や抗マラリア剤となる可能性を秘めている。

5-2　鎖長伸長反応

図5-1にIPPが漸次縮合して炭素数が5個ずつ伸長することを示した。この伸長反応の機構としてhead-to-tailとtail-to-tailの2種類存在する。

5-2-1　head-to-tailの伸長反応

鎖状のモノテルペン，セスキテルペンおよびジテルペンのゲラニオール（C_{10}），ファルネソール（C_{15}）およびゲラニルゲラニオール（C_{20}）はプレニルトランスフェラーゼによりhead-to-tailの反応様式で生成する（図5-4 a）。DMAPPから二リン酸（OPP）が脱離して生成したカチオンへIPPの二重結合のπ電子が求核攻撃し炭素-炭素結合が構築され，安定な3級カチオンが形成される。その後 pro-R 水素が立体特異的に脱離し二重結合が導入されてモノテルペンのゲラニル二リン酸（GPP）が生合成される。pro-R 水素の脱離は図5-2に示したIPPからDMAPP生成のイソメラーゼ反応と類似している。GPPからOPPが脱離して生成したカチオンへIPPが求核付加反応し，pro-R 水素が立体特異的に脱離し二重結合が導入されてセスキテルペンのファルネシル二リン酸（FPP）が生成する。同じメカニズムでFPPからOPPの脱離によって生成したカチオンへIPPが付加してカチオンが生じる。隣接するメチレン水素から pro-R 水素が脱離して C_{20} のゲラニルゲラニル二リン酸（GGPP）が生合成される。

5-2-2　tail-to-tailの伸長反応

C_{30} のスクアレンは，図5-4bに示したtail-to-tailの縮合様式で C_{15} のFPPが2分子縮合してできる。C_{40} のフィトエンも同様に C_{20} のGGPPが2分子結合して合成される。それぞれスクアレン合成酵素，フィトエン合成酵素と呼ばれる。前者はNADPHによる還元反応が必要であり，後者は必要としない。これらの反

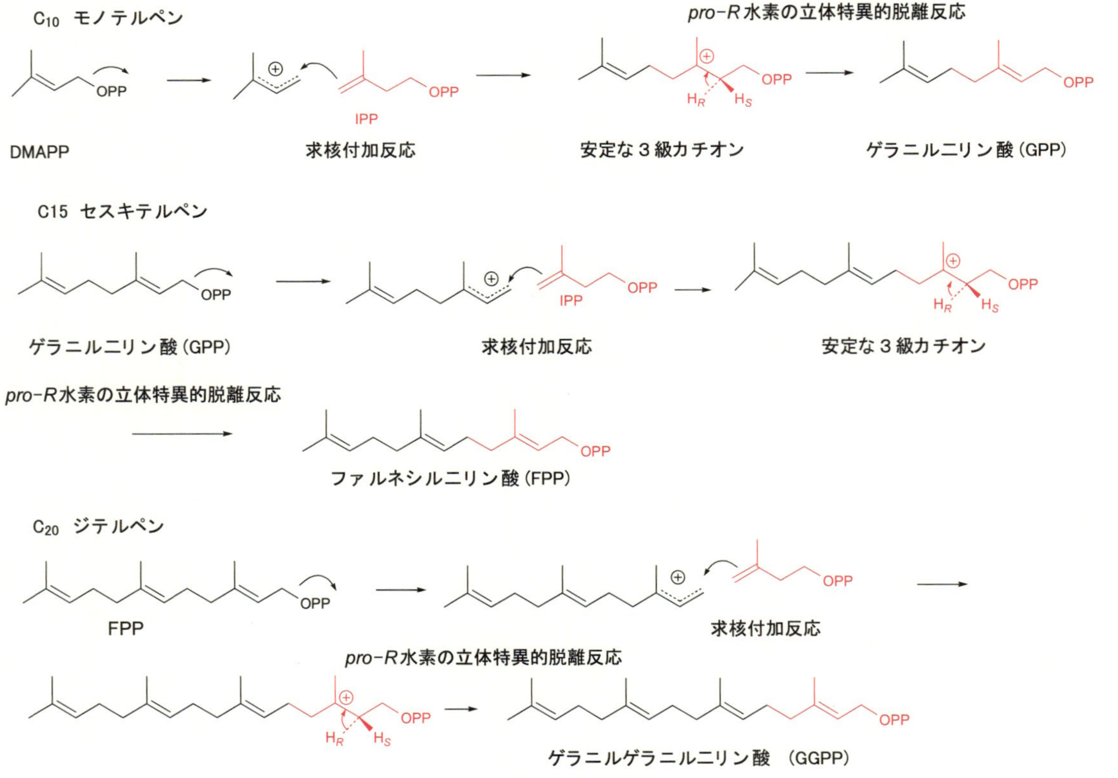

図 5-4 a　head-to-tail の縮合様式による鎖長伸長反応のメカニズム

応メカニズムは上記の head-to-tail の伸長反応と比較してかなり複雑である。反応過程で2回シクロプロパン環（3員環）を形成することは共通している。FPP（黒線）の PP 脱離によって生成したカチオンに，もう1分子の FPP（赤線）の tail 側の二重結合が求核付加して3級カチオンが生成する。そのカチオンの *pro–S* 水素が酵素のアミノ酸により引き抜かれてシクロプロパン環がいったん生成する。実際に，シクロプロパン環をもつプレスクアレン二リン酸が単離され，反応中間体であることが証明されている。シクロプロパン環形成に必須なプロトンの引き抜きに関与するアミノ酸残基として，スクアレン合成酵素中のチロシン残基がイオン化したフェノキシドアニオンが推定されている。その後 OPP 脱離して一級カチオンが生成し転位反応を経て安定な3級カチオンをもつシクロプロパン環へと反応が進行する。その3級カチオンを中和するためにさらに転位反応が起き，2級カチオンが生成する。スクアレン合成の場合は NADPH のヒドリドイオンがそのカチオンを攻撃し反応が終結する。フィトエン合成は，スクアレン合成の場合とまったく同じメカニズムで進行する。すなわち C_{20} の GGPP が基質となりシクロプロパン環形成を経て進行するが，NADPH がないために最終的なカチオンをヒドリドイオン付加反応で終結できないため，プロトンが脱離して，二重結合が導入されフィトエンが合成される。中央部の二重結合の異性化（$Z \to E$）により，オールトランス型のリコペンが生成する（5-10節 参照）。

5-3　ヘミテルペン

代表的なヘミテルペンのひとつイソプレンは，天然ゴムの乾留で得られ，合成ゴムの原料でもある。イソバレルアルデヒドはオレンジなどの柑橘類に含まれる香気成分，イソバレリアン酸はホップやタバコの葉に含まれる。チグリン酸とアンゲリカ酸は幾可異性体であり，アンゲリカ酸はキク科の植物カミツレに含まれており，薬用に供されている。これらの化合物を図 5-5 に示す。生合成経路は上記した IPP 経由で起きる。

C₃₀ トリテルペン：NADPH依存型ヒドリド還元反応

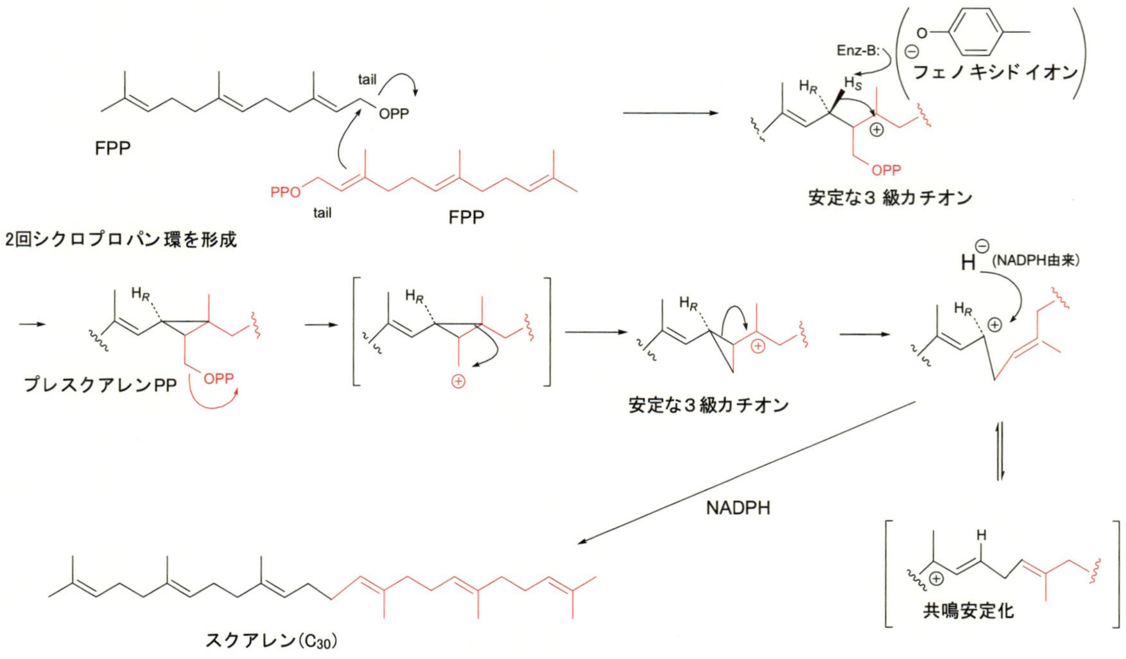

2回シクロプロパン環を形成

FPP

プレスクアレンPP

安定な3級カチオン

フェノキシドイオン

安定な3級カチオン

H⁻ (NADPH由来)

共鳴安定化

NADPH

スクアレン(C₃₀)

第5章 イソプレノイド

C_{40} テトラテルペン：NADPH非依存型による脱プロトン反応

3級カチオン

GGPP

スクアレン合成と同じメカニズムで進行する

3級カチオン
プレフィトエンPP

NADPHがないためヒドリド還元ができなく、脱プロトンにより二重結合形成

Z-フィトエン

脱水素反応により4個の二重結合が増える。また基質中央部の二重結合の異性化が起こる。

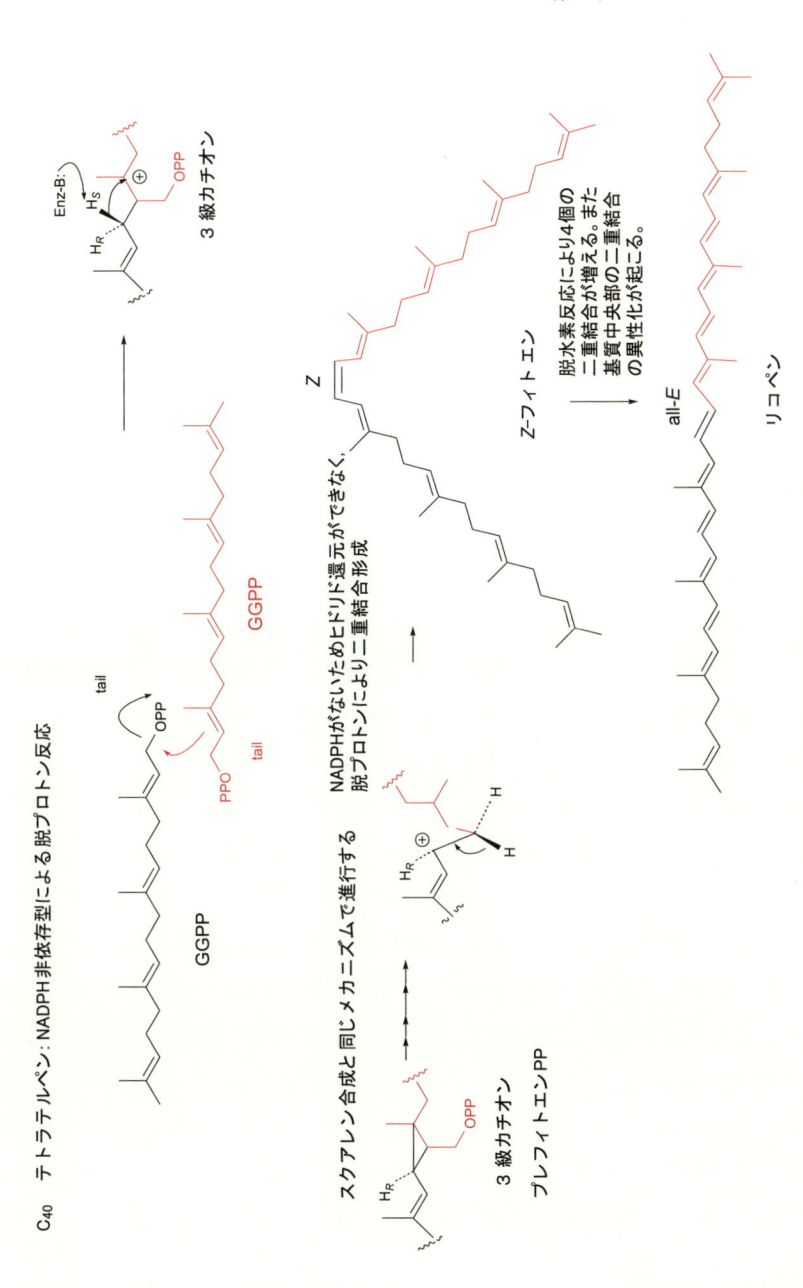

all-E

リコペン

図5-4 b tail-to-tail の縮合様式による鎖長伸長反応

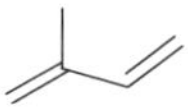

イソプレン 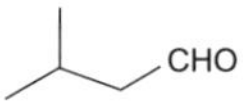　イソバレルアルデヒド 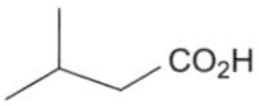　イソバレリアン酸

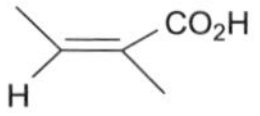

アンゲリカ酸
(angelic acid,
(Z)-2-methyl-2-
butenoic acid)

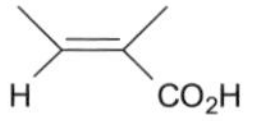

チグリン酸
(tiglic acid,
(E)-2-methyl-2-
butenoic acid)

図 5-5　代表的なヘミテルペン（C_5）の構造

5-4　モノテルペン

　モノテルペンは植物の香気成分として独特の香りをもつものが多い。芳香のある植物を水蒸気蒸留すると水に不溶の精油が得られる。ハッカソウやクスノキを水蒸気蒸留して得られる精油（ハッカ油，ショウノウ油）を冷却するとメントールやショウノウの結晶が析出する。テレビン油はマツの樹幹を傷つけると分泌されるマツヤニ（テルペンチン）を水蒸気蒸留すると得られ，主成分はピネンである。モノテルペンは鎖状，単環性および 2 環性のものが知られている（図 5-6）。鎖状モノテルペンのゲラニオールやシトネロールは鎖状の GPP から生成されることが容易に推定できる。しかし，二重結合の位置がゲラニオールと異なるリナロールやミルセンはどのようにして生合成されるのか？また，GPP の 2 位は E-配置であるのにネロールやネラールは Z-配置であり，どのようにして異性化が起きるのか？生体内では GPP（E）の OPP が脱離しアリルカチオンとして 1 級カチオンと 3 級カチオンが混在するゲラニルカチオンが生成する。脱離した OPP がその 3 級カチオンに付加しリナリル二リン酸（LPP）となり二重結合が移動することになる。LPP から OPP が脱離して同様なアリルカチオンが生成し，1 級カチオンへ再度付加することによって Z 配置の二重結合をもつネリル二リン酸（NPP）を生成する。これらの相互関係を図 5-7 に示した。すなわち GPP $\rightleftarrows$ LPP $\rightleftarrows$ NPP の平衡反応が起きて，二重結合の移動と異性化反応が生じ，鎖状モノテルペンが生合成されることになる。

　単環性および 2 環性モノテルペンはどのようにして生合成されるのか？鎖状のモノテルペンが基質となって環状化合物をつくる酵素（環化酵素と呼ばれる）

が存在する。単環性化合物生成メカニズムとして典型的な例を図 5-8 に示す。環状化する際，LPP が最もよい基質と考えられる。LPP から安定な⁻OPP アニオンが容易に脱離し，共鳴安定化したカチオンが生成する。このカチオンに隣接したイソプロピリデン残基の二重結合の π 電子が攻撃し，環化することになる。生成した単環性のメンチルカチオンは，マルコフニコフ則に従った安定な 3 級カチオンであり容易に形成する。環状テルペン化合物の生合成には必ず反応過程においてカルボカチオンを生成する。このカチオンを消去する方法としていくつかのタイプ分けができる。(1) プロトン脱離によって二重結合が導入される。(2) カチオンに求核試薬の水分子が攻撃して水酸基が導入される例。(3) そのカチオンをさらに他の炭素へ移動（転位）させる。この場合は，水素（アニオンとしてのヒドリドイオン）の転位やアルキル基の転位反応（Wagner-Meerwein 転位：1, 2-シフト）を伴う。この例はトリテルペンの生合成反応でもよく見い出される（5-9 節 参照）。(1) と (2) の例を図 5-8 に示した。反応経路 a でプロトン脱離しリモネンを生成する。経路 b で水分子が付加し α-テルピネオールを生成する。

2 環性化合物としてピネンやカンファーなどの生合成過程を図 5-9 に示した。メンチルカチオンの環内の二重結合がイソプロピル基のカチオンへ攻撃し架橋型の二環性化合物を生成し，新たな二種類のカチオン（3 級と 2 級カチオン）が生成する。安定な 3 級カチオンをもつピニルカチオンからプロトン脱離様式（経路 a, b）の違いで α- および β- ピネンが生成する。一方，2 級カチオンをもつ 2 環性ボルニルカチオンに水分子が付加してボルネオール (アルコール体) が生成後，酸化されてカルボニル基をもつカンファーとなる。これらの例は上記した反応の (1) と (2) のタイプに分類されるが，(3) のタイプのアルキル基の Wagner-Meerwein 転位を伴う例もみられる。例えば，2 環性モノテルペンのフェンコールは，ピニルカチオンがいったん生成したのち，その 3 級カチオンを消去するためにアルキル基の 1, 2-シフトが起きてフェンチルカチオンが生成する（図 5-9，経路 c）。

柑橘系天然リモネンはオレンジやみかんのジュースを絞った後の皮から精製したオレンジオイルである。アロマテラピーに使われるほど良い香りがする。

鎖状化合物

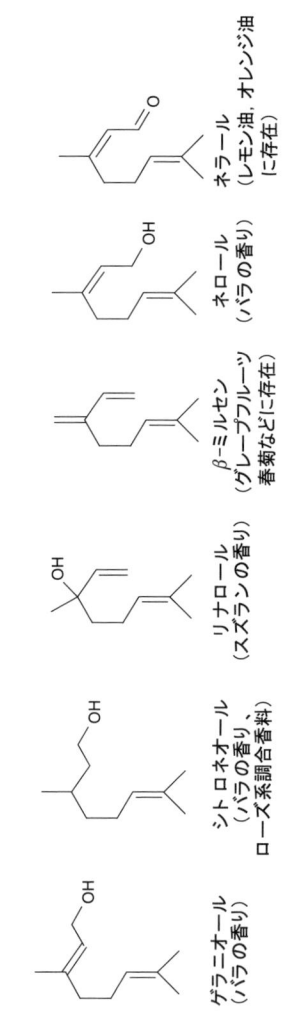

- ゲラニオール（バラの香り）
- シトロネオール（バラの香り、ローズ系調合香料）
- リナロール（スズランの香り）
- β-ミルセン（グレープフルーツ、春菊など香調に存在）
- ネロール（バラの香り）
- ネラール（レモン油、オレンジ油に存在）

単環性化合物

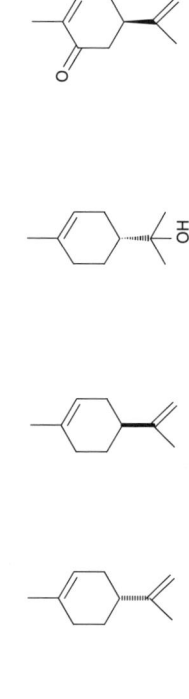

- (+)-(R)-リモネン（柑橘類果皮油の主成分）
- (−)-(S)-リモネン
- α-テルピネオール（ライラック様香気）
- (−)-カルボン（スペアミント油の主成分）
- (−)-メントール（ハッカ精油の主成分）

第5章 イソプレノイド 123

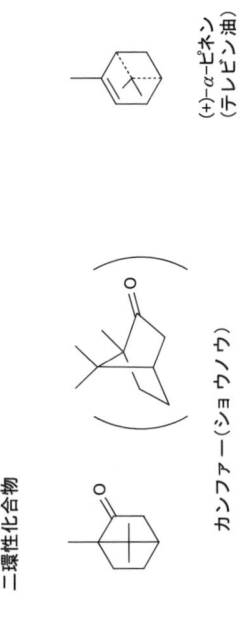

二環性化合物

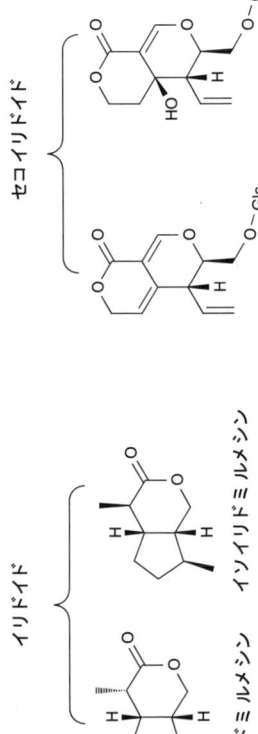

カンファー(ショウノウ)　(+)-α-ピネン (テレピン油)　(-)-α-ピネン

変形モノテルペン

イリドイド

イリドミルメシン　イソイリドミルメシン
(両者合わせてマタタビラクトンと呼びネコ属に強い興奮作用を示す)

セコイリドイド

ゲンチオピクロシド (苦味健胃薬、整腸薬)　スウエルチアマリン (センブリに含まれる苦味健胃薬)

図5-6　代表的なモノテルペン(C_{10})の構造および変形モノテルペンの構造

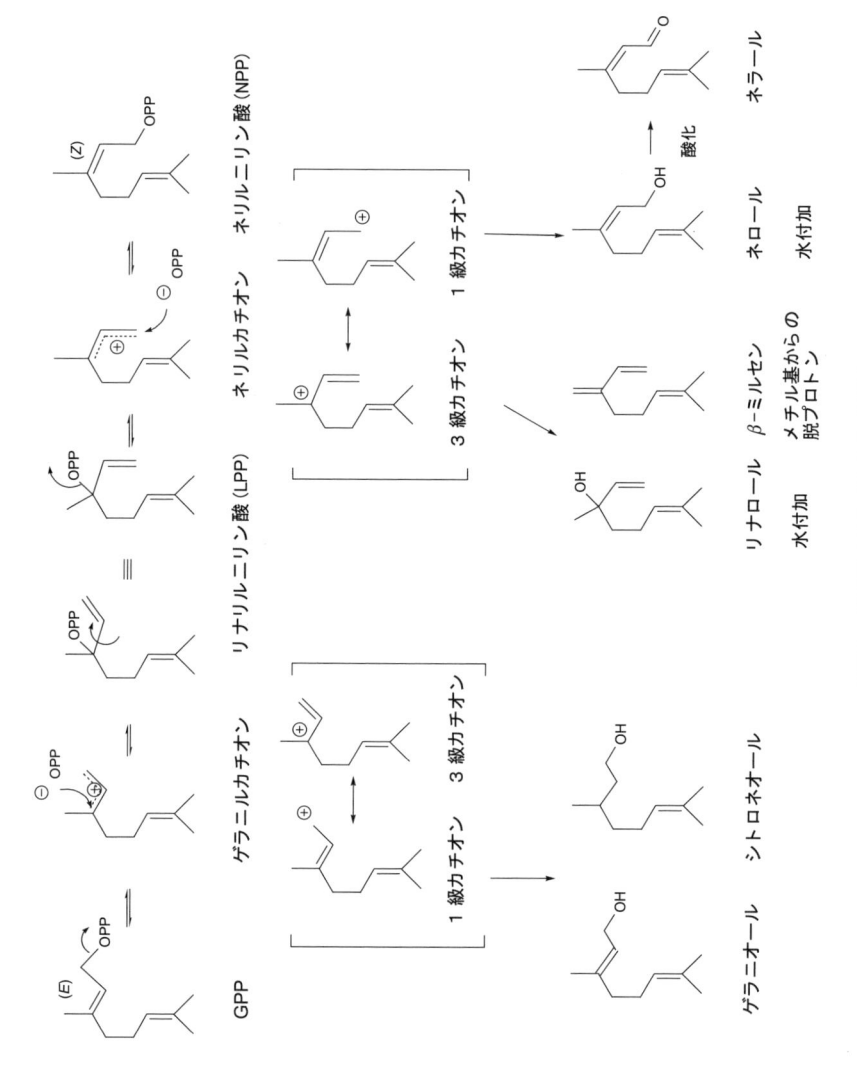

図5-7 鎖状モノテルペンの生成機構

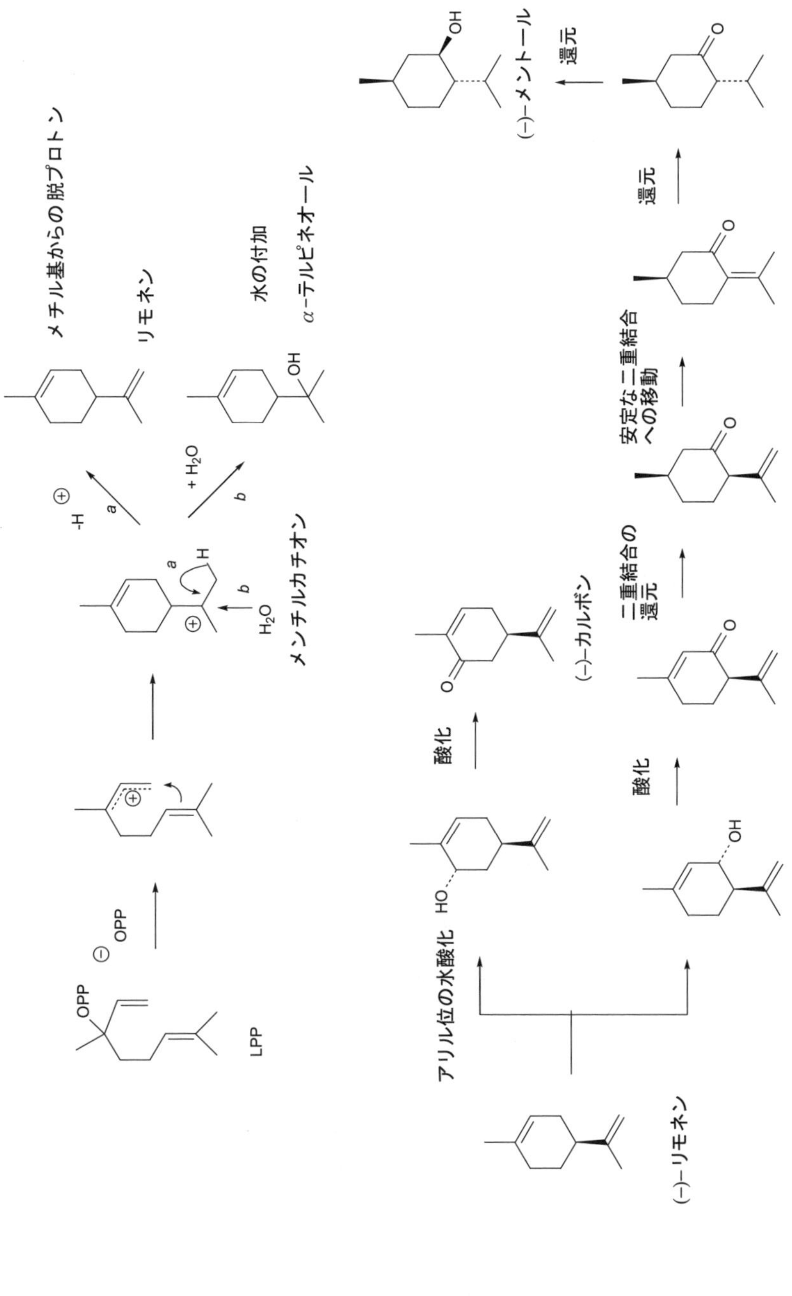

図 5-8 単環性モノテルペンの生成機構

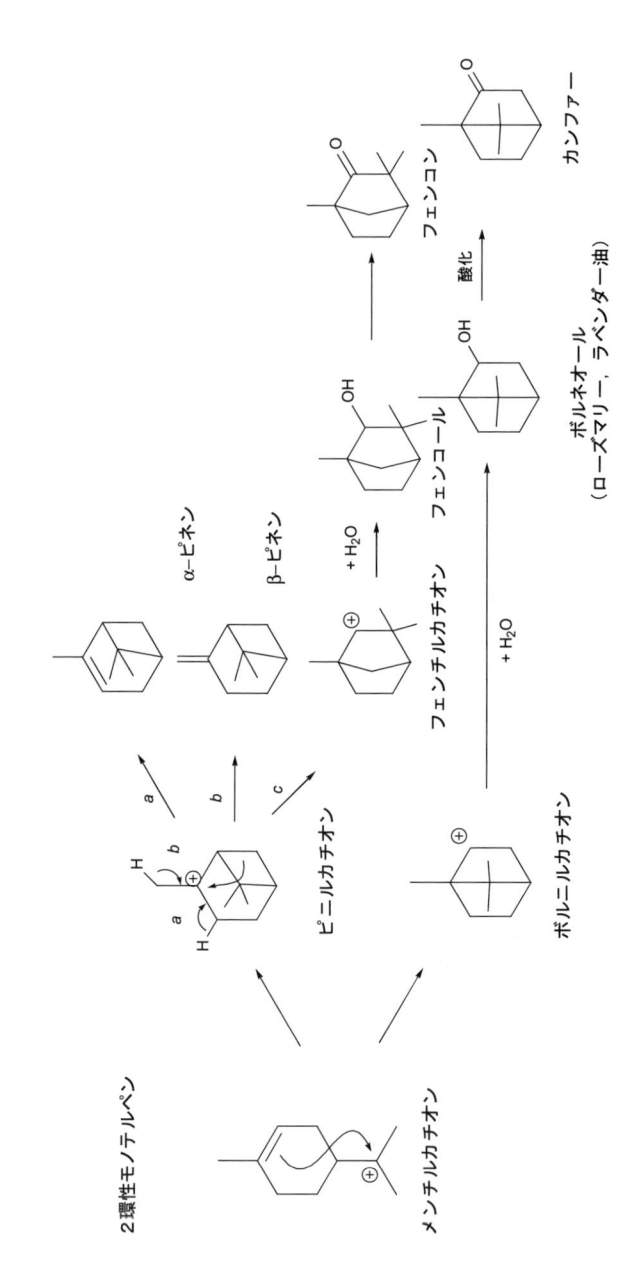

図5-9 2環性モノテルペンの生成機構

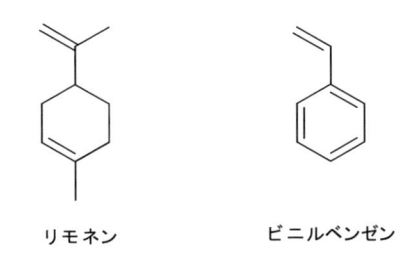

figure 5-10 リモネンとビニルベンゼンの化学構造の類似性

また，みかんの皮の絞り汁で発泡スチロールが溶けるのも，柑橘類の外皮に0.5％含まれているリモネンの働きによる。発砲スチロールというポリマーはビニルベンゼンの重合体であり，ビニルベンゼンがリモネンの化学構造とよく類似しているため発砲スチロールを溶かす（図 5-10）。資源回収の観点から溶剤としても使用されている。(+)−リモネンと (−)−リモネンとでは若干香りが異なり，それぞれオレンジやレモンの香りがする。しかし，両鏡像異性体は同じ植物のペパーミントに含まれている。(−)−リモネンからよく知られているモノテルペンのカルボンやメントールが生合成される。その経路を図 5-8 の下段に示す。種々の酸化還元反応を受けて生成される。(+)−カルボンはウイキョウの実中に存在し，(−)−カルボンはスペアミント中に存在する。それぞれ香りも異なる。メントールも2つの鏡像異性体，(−)−メントールと (+)−メントールをもつ。(−)−メントールのみが清涼感をもち，(+)−メントールはほこりっぽく，消毒薬臭いといわれている。このように生物学的性質が異なる光学異性体を生物がどのように作り分けしているのか？ 基質の GPP が酵素（環化酵素）のなかで折り畳まれる形（コンホメーションあるいはフォールデングとも呼ばれる）が異なっていることがわかってきた（図 5-25 のジテルペンの GGPP の例を参照）。ノーベル賞受賞者野依良治教授の開発した不斉合成法が，(−)−メントールの工業的な製造法として用いられている（コラム）。

上記したように，モノテルペンの環状化反応は，OPP 脱離で開始される例が多い。しかし，それとは異なる機構で環化する例もみられる（図 5-11）。例えば，ニチニチソウに含まれる抗高血圧作用物質アジュマリシンは，ゲラニオールから生合成されるセコロガニンとトリプタミンとの縮合反応で生成する（図

128

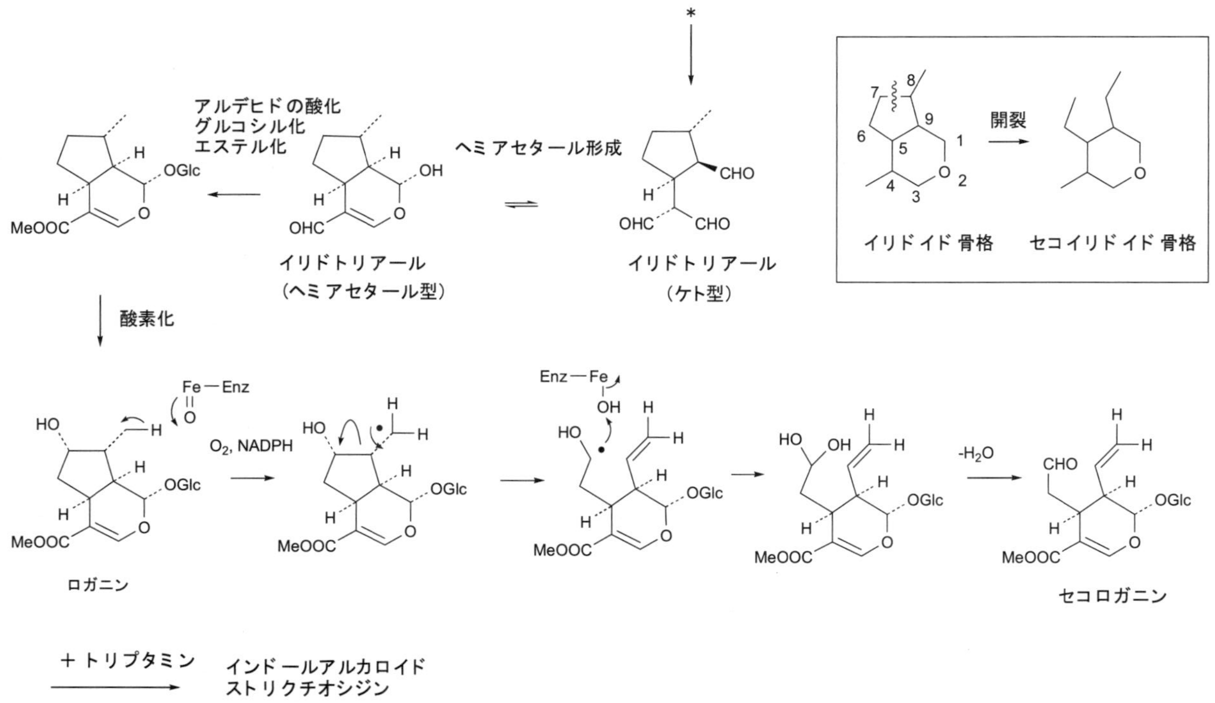

第5章 イソプレノイド 129

図5-11 アジュマリシン（アルカロイド）の構成成分セコロガニン（モノテルペン）の生合成経路

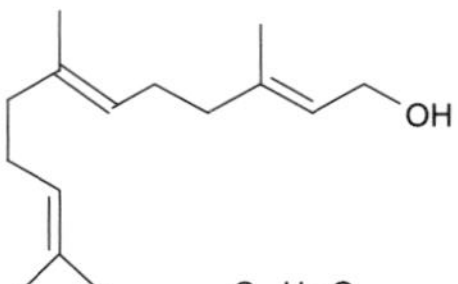

ファルネソール
(ローズ油、シトロネラ油などの精油成分。スズランの香)

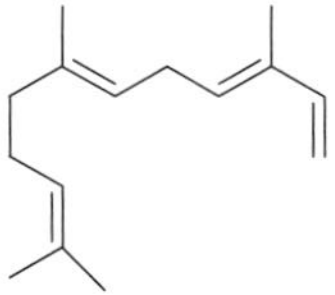

$C_{15}H_{26}O$

β-ファルネセン
(カミツレの精油成分)

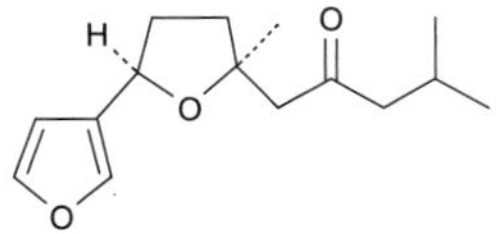

イポメアマロン
(サツマイモのファイトアレキシン)

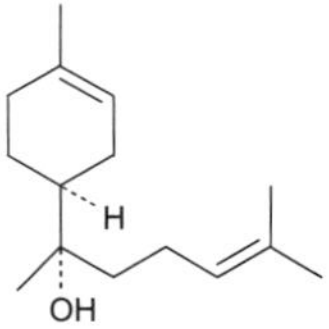

α-ビサボロール

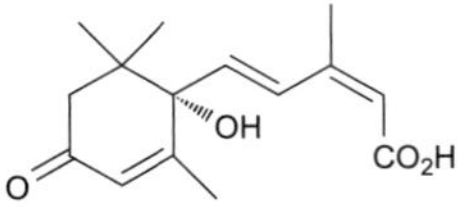

(+)-アブシジン酸
(成長抑制、休眠作用、葉の気孔を閉じさせる作用)

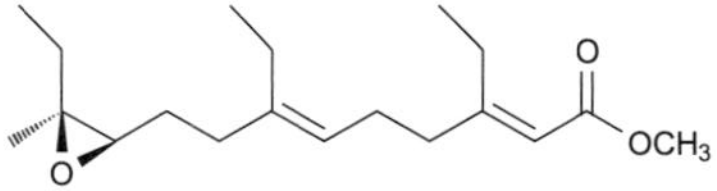

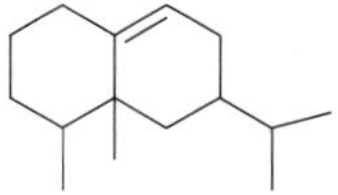

アリストロチェン

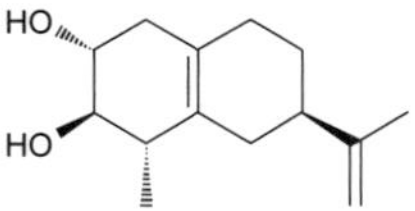

リシチン (ノルセスキ、C14) のファイトアレキシン、馬鈴薯

JH-0

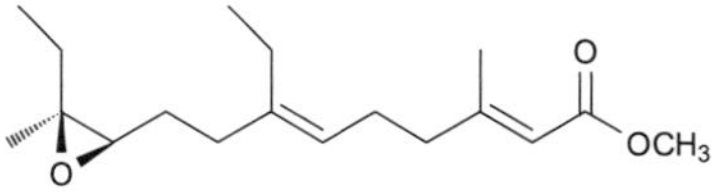

JH-I

幼若ホルモン (Juvenile hormone: セスキテルペン)

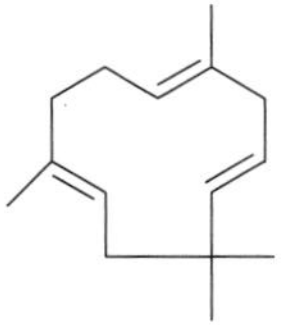

フムレン
(ホップの精油)

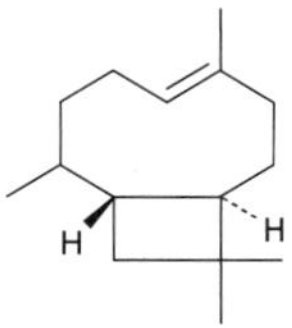

β-カリオフィレン
(ワタミゾウムシの誘引物質)

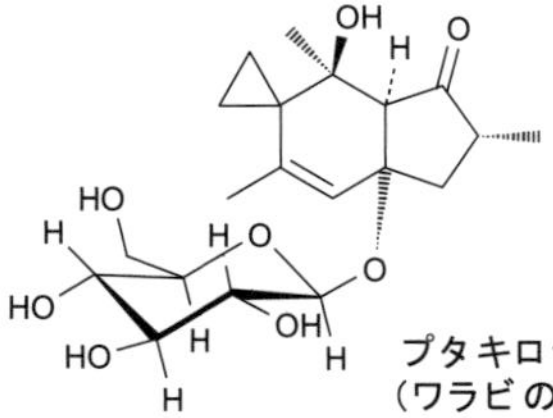

プタキロシド
(ワラビの発がん物質)

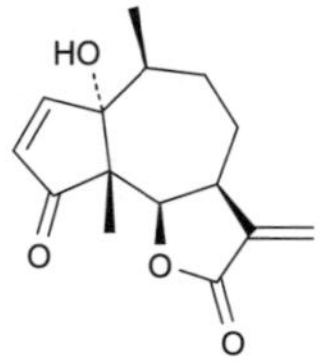

第5章 イソプレノイド 131

図5-12 代表的なセスキテルペン(C_{15}) の構造

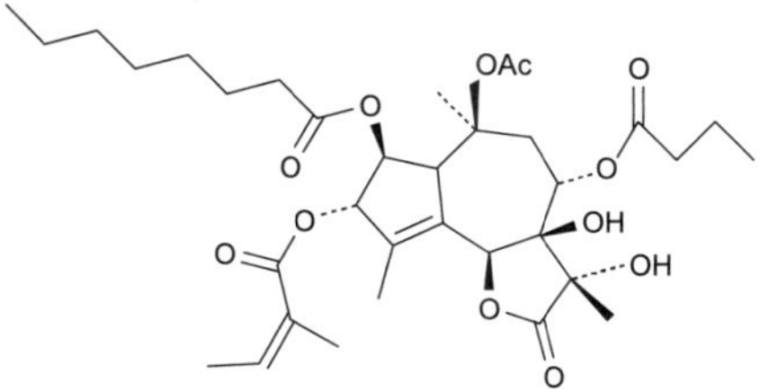

タプシガルギン（発がんプロモーター）
アルテミシニン（抗マラリア活性）
(−)−ゴシポール（精子の成熟阻害）
パルテノライド（生体内酵素とマイケル付加型反応）
α-サントニン（回虫駆虫薬）
デオキシニバレノール（毒素）
パルテニン（細胞毒性物質）
マトリシン
トリコジエン

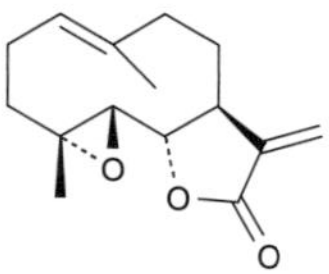

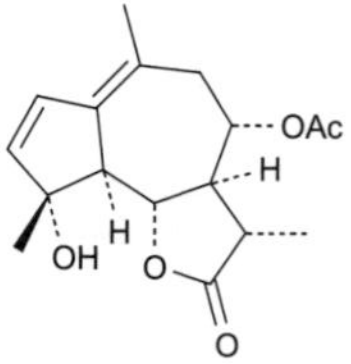

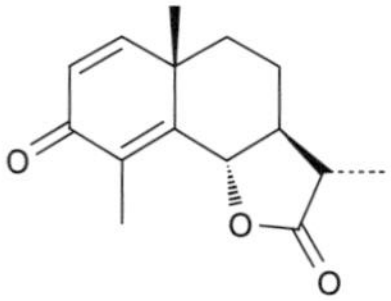

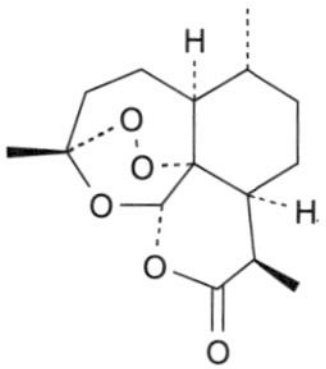

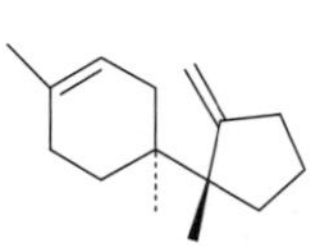

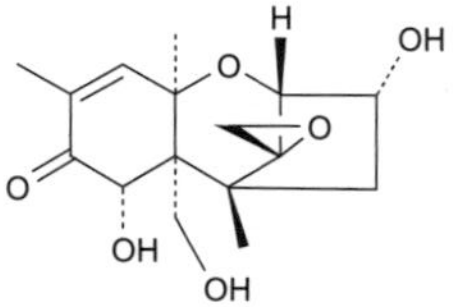

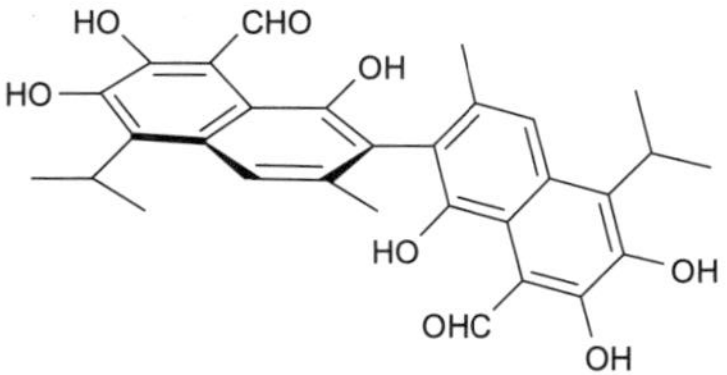

5-11 上段)。セコロガニンの詳細な生合成経路を図 5-11 の下段に示した。セコロガニンの生合成中間体イリドイド骨格は，5 員環のシクロペンタン環をもつのを特徴としている。ゲラニオールの末端メチル基が酸化されアルデヒドとなる。この α,β-不飽和アルデヒドの δ^+ の炭素に二重結合の π 電子が求核攻撃し，5 員環シクロペンタン環が形成される。この際生成するカチオンを消去するために，NADPH から由来するヒドリドイオンが攻撃する。アルデヒド官能基が 2 個存在することになるが，1 個は互変異性体のエノール型となる。このアルコールとアルデヒドとでヘミアセタールを形成する。シクロペンタン環（イリドイド骨格の C-7-C-8 結合）が開裂したもの（図 5-11 下段 参照）をセコイリドイドと呼んでいる。これらは，変形モノテルペンとして分類され，炭素数 9〜10 からなるエノール-ヘミアセタール構造をもつのを特徴としている。いくつかの例を図 5-6 に示した。中には，ネコに強い興奮作用を引き起こさせる興味深いイリドイド化合物があり，マタタビから分離されたので，マタタビラクトンと称される。

5-5　セスキテルペン

　イソプレンの鎖長が長くなると，環化様式が劇的に増加し，また，環化後の二次修飾の多様性が増すことから，非常に多くのテルペンが生合成されるようになる。実際，数多くのセスキテルペンやジテルペンが自然界から見い出されている。セスキテルペンでは，1,000 種以上の化合物が知られている。代表的なセスキテルペンの例を図 5-12 に示す。ファルネソールやファルネセンは直鎖状のテルペンである。同じく鎖状の化合物で，昆虫の幼若ホルモン（ジュビナイルホルモン）もセスキテルペンに分類されるが，炭素数が多い。これは酢酸より炭素数が 1 個多いプロピオン酸から生成するホモメバロン酸から生合成されるためである。「ホモ」は炭素数が 1 個多いことを表す。フラン環をもつセスキテルペンのイポメアマロンは抗微生物活性をもつファイトアレキシンであり，サツマイモが植物病原菌に罹病したときに誘導される。

　単環性のビサボロールは抗炎症作用や抗菌活性をもっており，また，フムレンも単環性であるが，生合成経路は異なる。モノテルペンのミルセンとともに

ホップの主要な精油成分であり，ビールに風味や香りを際立たせる．

　(+)-アブシジン酸（ABA）は成長抑制，休眠作用，葉の気孔を閉じさせる作用をもつ植物ホルモンである．2環性のセスキテルペンとして，リシチンやプタキロシドは興味深い生物活性をもっており，それぞれ馬鈴薯のファイトアレキシンおよびワラビの発がん物質である．これは，1個炭素数が少ないノルセスキテルペン（C-14）で，生合成される過程で炭素1個を失う．「ノル」とは炭素数が1個少ないことを意味する．

　カリオフィレンも2環性テルペンで，もともとチョウジ（*Eugenia caryophyllata, Syzygium aromaticum*）のつぼみや花の精油から単離された成分である．ワタのつぼみの精油中に含まれ，ワタミゾウムシの誘引物質である．カリオフィレンは植物中にイソカリオフィレン（*isocaryophyllene*）との混合物として存在している．

　3環性化合物もよく見い出されるが，5員環ラクトン構造をもっている例が多く，セスキテルペン・ラクトンと総称される．例えば，パルテニンもα,β-不飽和ラクトン構造をもっており，生体内酵素のSH基とマイケル型付加反応を起こす（図5-13）．パルテノライドも同様な機構で，細胞内酵素のチオール基と反応してアルキル化されるが，欧米で関節炎や片頭痛の予防に繁用されるハーブのフィーバーフュー（夏白菊）の活性成分でもある．パルテノライドの「ライド」はラクトン環を表す接尾語である．タプシガルギンは発がんプロモーターとして作用する．同じく3環性化合物のα-サントニンは駆虫薬である．英名カモミールの花を乾燥したものは，カミツレと称され，ヨーロッパの代表的な民間薬で健康茶，風邪薬，胃腸薬，浴用剤などとして，よく家庭で利用される．成分としては，テルペン類，クマリン類，フラボノイド類などが知られている．その中のテルペン成分であるマトリシンは胃潰瘍などに効くカマズレ

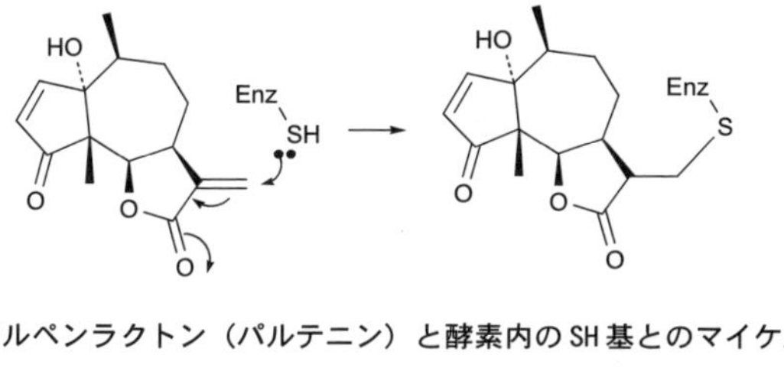

図5-13　セスキテルペンラクトン（パルテニン）と酵素内のSH基とのマイケル型付加反応

ン（図5-16）に変化する。ニバレノールは，タンパク合成阻害や白血球減少を引き起こす。これはトリコジエンを経由して生合成され，トリコテセン系マイコトキシン（trichothecene mycotoxins）と呼ばれる。マイコトキシン（mycotoxin）の myco は，ギリシア語でキノコ（mushroom）を意味する mykes に由来し，カビを表す。toxin は毒素という意味なので，マイコトキシン（mycotoxin）はカビの作る毒素ということになる。また，アルテミシニンはキニーネとともにマラリア治療薬として使われる。

セスキテルペン生合成の基質となるファルネシル二リン酸は，二重結合の異性化や OPP の結合位置が異なって，E, E-ファルネシル二リン酸，ネロリジル二リン酸及び E, Z-ファルネシル2リン酸と3種の構造変化が起こる（図5-14）。この反応は，図5-7で示したゲラニル二リン酸の例と類似している。

多様な環状セスキテルペン骨格形成は，一般に OPP の脱離反応によって開始される。E, E-ファルネシル二リン酸の OPP が脱離して生成する E, E-ファルネシルカチオンは，酵素上で図5-15に示したようなコンホメーションをと

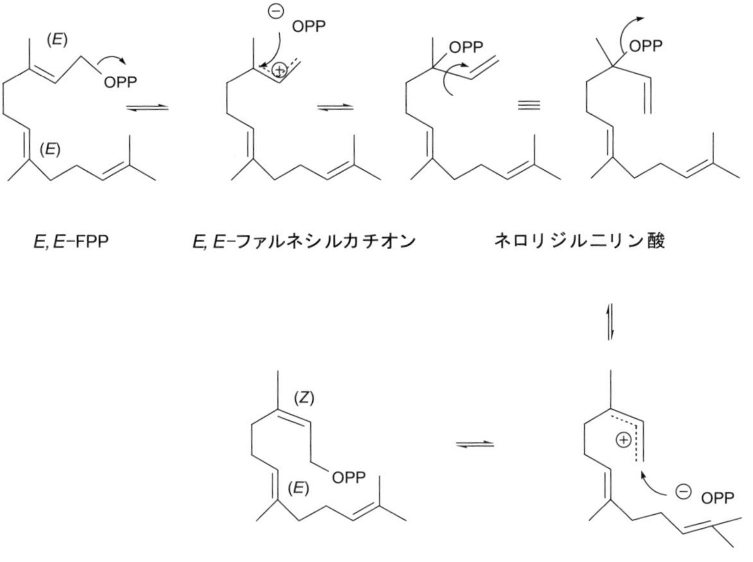

E, E-FPP　　　E, E-ファルネシルカチオン　　　ネロリジル二リン酸

E, Z-FPP　　　ネロリジルカチオン

図5-14　ファルネシル二リン酸の構造変化

コラム
メントールの話し

メントールは菓子, タバコ, 飲料, 香料, 化粧品などに多用されており, その使用量は年間 4,500 トンといわれている。

メントールは 2 つの鏡像異性体, (−)−メントールと (+)−メントールをもつ。この 2 つのうち (−)−メントールのみが清涼感をもち, (+)−メントールはほこりっぽく, 消毒薬臭いといわれている。(−)−メントールの機能としては, 清涼作用, 鎮静作用, 止痒作用, 抗菌作用がある。なかでも抗菌においてはペパーミントから抽出した状態の精油で,「培地」100 ml 当たり 5 〜 80 mg の濃度で, 病原菌の増殖を完全に抑えたという報告がある。抗菌スペクトルは非常に広くクラリスロマイシン耐性ピロリ菌やメチシリン耐性黄色ブドウ球菌（MRSA）に対しても同程度の濃度で十分な効果を発揮した。ガムを 5 分間かんだときに, だ液中に出てくるミント精油の濃度は, ピロリ菌やサルモネラ菌, 黄色ブドウ球菌などを殺菌できる濃度と同程度か, それ以上だったことからメントール入りのガムがこれらの菌による感染症の予防に役立つのではないかともいわれている。

(−)−メントールの工業的生産

かつてはペパーミントなどの草木から直接抽出されていたが, 現在では高砂香料工業の合成プラントで世界の生産量の 3 分の 1 が生産されている。(−)−メントールの生産には大きな問題があった。いかにして (−)−メントールのみを生産するかということである。この問題を解決したのが, ノーベル化学賞受賞者・野依良治教授であった。

鏡像体である 2 つの化合物は沸点, 融点, 密度などの物理的数値は完全に同一である。よってこれらを区別することは困難であるが, 先に (−), (+)−メントールの機能の違いについて述べたとおり, 生体にとってこれらはまったく別の化合物である。医薬品や食品, 香料などの場合, 一方の鏡像体だけが必要でもう一方は不要であるとか, あるいは片方だけが薬として働き, もう片方は毒であるというようなケースも発生する。しかし人工的に一方だけを作るのは難しく, かつては「生物の力に頼らなくては不斉合成は不可能」と思われていた。

この問題の解決の最初の糸口はシクロプロパン化という反応を不斉化することであった。ただし, このときの左右の比率は 55 : 45 以下という低いものであった。最初に実用的な成果を挙げたのはフランスの Kagan 教授で, 彼らのグループは 1971 年, DIOP という配位子を使い, 86 : 14 という比率で右手型のアミノ酸を優先的に作り出すことに成功した。翌 72 年にはモンサント社の Knowles 博士のグループが DIPAMP という配位子を用いて 97 : 3 という高い比率での不斉水素化に成功し, これを用いてパーキンソン病の特効薬である L-DOPA を工業生産するところまでこぎつけた。これが認められ, Knowles 博士は野依・Sharpless 両教授とともにノーベル賞を共同受賞した。

こうして一部の化合物はかなり高い比率で片方だけを作り出すことがで

きるようになったが，結局「基質特異性」という問題が残った。つまり，ある触媒はAという化合物を作るだけなら優秀でも，そこからちょっとでも違う化合物Bを作ろうとするとまったくダメになってしまう，という相性の問題である。

そこに登場したのが野依教授の開発した不斉触媒「BINAP」である。BINAPは下に示すような構造をもっており，基質を選ばず様々な二重結合をもつ化合物を高い選択性で水素化することができ，この世界の常識をくつがえした。

(S)-(−)-BINAP   (R)-(+)-BINAP

N,N-ジエチルゲラニルアミン →(ロジウム-(S)-BINAP錯体)→ (R)-エナミン ⇒ (−)-メントール

BINAPは金属に光学活性な配位子を結合させたものである。すなわち，光学活性な配位子を結合させた金属は，配位子の光学活性なかたちに起因したユニークな空間的ポケットをその金属のまわりにもっており，アキラルな分子がこの金属上で反応する際，その分子のかたちが区別されて反応が進行する。多くの場合，アキラルな分子の平面的な形状の「表と裏」を区別し，一方の面でのみ反応が進む。その結果，キラルな分子の一方が優先的に生成する。(生成物は光学活性)。

このBINAPを用いて(−)-メントールの不斉合成が行われている。本合成では，N,N-ジエチルゲラニルアミン(アキラル)の二重結合のひとつを隣へ移動させてエナミンへと変換する不斉異性化反応が鍵段階になっている。ここでは，ロジウムに(S)-BINAPという光学活性なリン化合物((S)-BINAPと(R)-BINAPとは鏡像体の関係)を配位させた有機金属化合物を反応触媒として用いており，これによって光学活性な(R)-エナミンのみがほぼ純粋に(光学純度97%)得られる。続いて(R)-エナミンから数段階の化学変換により光学活性な(−)-メントールが合成され，(S)-エナミンからは(+)-メントールができる。

「有機化学美術館」ホームページ http://www1.accsnet.ne.jp/~kentaro/yuuki/yuuki.html
ノーベル化学賞・野依良治教授の業績 より引用

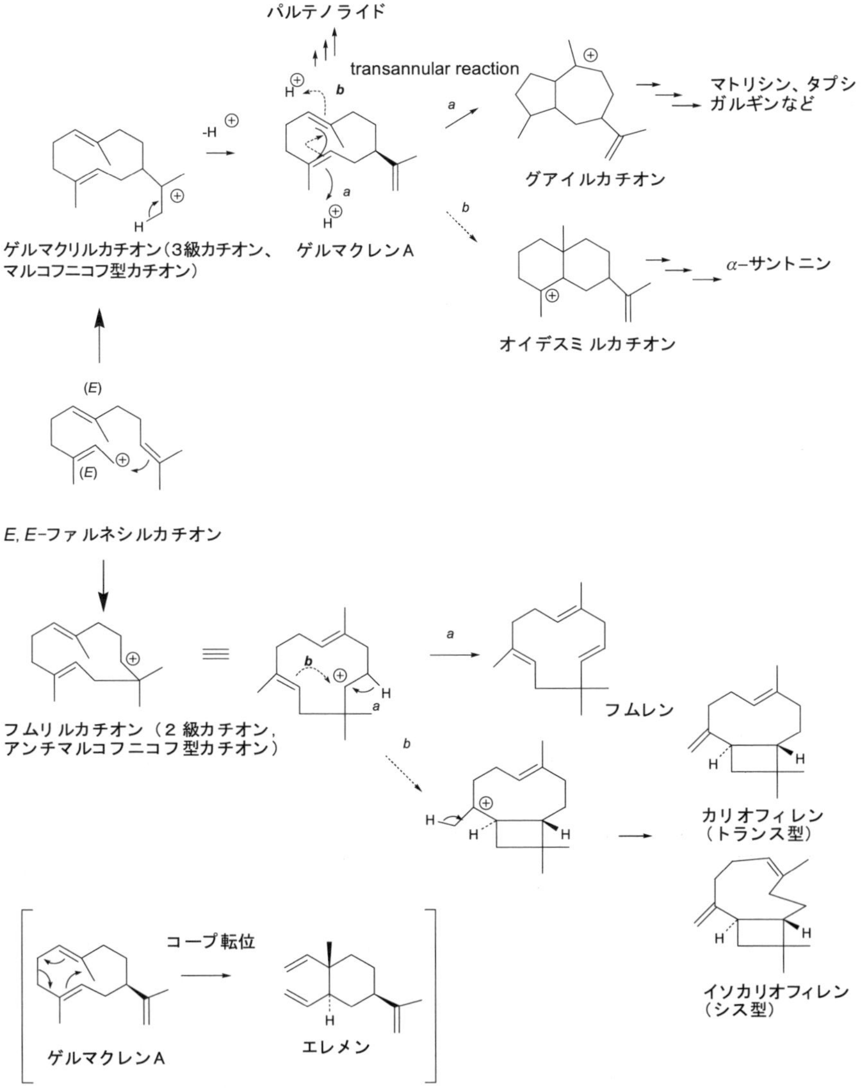

第5章 イソプレノイド　137

パルテノライド

transannular reaction

ゲルマクリルカチオン（3級カチオン、マルコフニコフ型カチオン）　ゲルマクレンA

グアイルカチオン → マトリシン、タプシガルギンなど

オイデスミルカチオン → α-サントニン

E,E-ファルネシルカチオン

フムリルカチオン（2級カチオン，アンチマルコフニコフ型カチオン）

フムレン

カリオフィレン（トランス型）

イソカリオフィレン（シス型）

［ゲルマクレンA　—コープ転位→　エレメン］

図5-15　E,E-ファルネシルカチオンからの環化様式

り，二重結合のπ電子がそのカチオンへ求核攻撃して，マルコフニコフ型3級カチオンのゲルマクリルカチオンおよびアンチマルコフニコフ型2級カチオンのフムリルカチオンを生じる。ゲルマクリルカチオンのイソプロピル基からプロトンが脱離してゲルマクレンAが生成する。その側鎖が酸化をうけてラクトン環となったものが，天然物としてよく見い出される（パルテノライドなど）。ゲルマクレン類は10員環構造をもつので，固定された配座をもつ縮環系の化合物と異なり，フレキシブルな分子のため環越え閉環反応（transannular cyclization）が起きやすい。一般に，8〜11員環のような中員環化合物では向かい合った置換基同士が接近し，トランスアニュラー反応が起きやすく，それによって5〜7員環を生成する。例えば，ゲルマクレンAの二重結合にプロトンが付加することにより，このトランスアニュラー環化反応がおき，5員環と7員環が縮環したグアイルカチオン（5員環/7員環系）と6員環と6員環が縮環したオイデスミルカチオン（6員環/6員環系）の環状化合物ができる。したがって，ゲルマクレンAはFPPと種々の環状骨格セスキテルペンとをつなぐ生合成中間体として重要な位置を占めている。これらの縮環したセスキテルペンは，さらに酸素化などの修飾を受けてマトリシンやタプシガルギンなどが生合成される。また，ゲルマクレンAはジエン構造を持っているので，コープ転位を受けやすくエレマン型セスキテルペンにもなる（図5-15下段の［　］で示した）。フムリルカチオンから脱プロトン化するとフムレンが生成し，（経路a）二重結合がそのカチオンへ攻撃すると4員環と9員環がトランスに縮環したカリオフィレン骨格が生成する（経路b）。9員環の環内の二重結合がトランス型かシス型かによってカリオフィレンかイソカリオフィレンに分類される。精油から得られるものは，これら幾何異性体の混合物である。マトリシンは，加熱処理により酢酸の脱離および脱水反応が起き青色のアズレン骨格となり，さらに脱炭酸してカマズレンとなる（図5-16）。これは，カミツレの花を水蒸気蒸留することによって精油が青くなることと関連しており，カマズレンの生成は生体触媒によって合成されるのではなく，熱処理という化学的な分解過程によって生成する。

　E, Z-ファルネシル二リン酸のOPPの脱離によって環化が開始されると，ビ

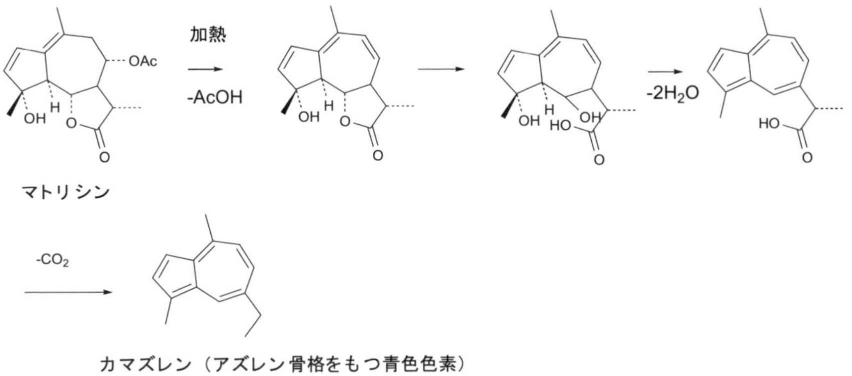

図5-16 マトリシンからカマズレンへの変化の過程

サボリルカチオンとシス-ゲルマクリルカチオン生合成経路に分岐される（図5-17）。ビサボリルカチオンに水が付加してビサボロールが生成し（経路a），脱プロトンによりα, β-ビサボレンが生成する（経路b, c）。ビサボリルカチオンの水素が1, 3-シフトし（経路d），酸素化などの代謝をうけ，アルテミシン酸となり，その後抗マラリア薬として著明なアルテミシニンとなる。

一方，シス-ゲルマクリルカチオンは，環化してカジニルカチオンへと代謝されプロトン脱離してそのカチオンを消去し，α-, δ-カジネンを生成する。中国のある地方で食用のコットン油を常用していた。不妊が多く，原因を調べたところ，コットンに含まれるゴシポールが受精能力の低下（精子の成熟阻害）を引き起こしていることがわかった。ゴシポールの化学構造は芳香族化合物であることを表しているが，図5-18で示したようにセスキテルペンのδ-カジネンが酸素化され，ラジカル重合により2量体となる。ゴシポールの例にみられるように，イソプレノイドにも芳香環をもつものがあるが，多くの場合，芳香族化合物はポリケチドやシキミ酸経由で生合成される（第4章および6章 参照）。ゴシポールは軸性キラリティーを示す化合物である（p.14 参照）。

トリコジエンは，縮環してない5員環と6員環をもつ2環性のセスキテルペンであり，ニバレノール（マイコトキシン）の生合成中間体である。図5-19に生合成経路を示す。トリコジエンはネロリジル二リン酸からOPPが脱離し，E, Z-ファルネシルカチオン経由でビサボリルカチオンを形成し，その後末端二重

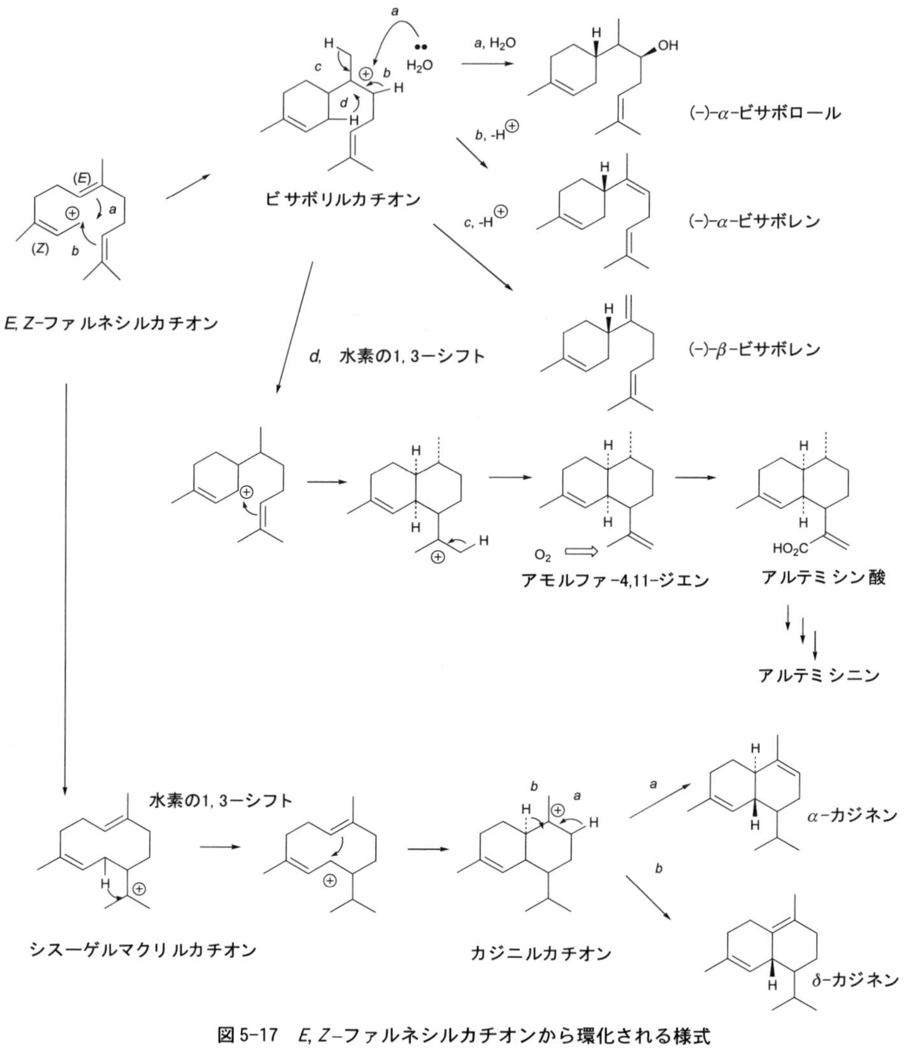

図 5-17　*E, Z*-ファルネシルカチオンから環化される様式

結合がそのカチオンを攻撃し，縮環してない6員環＋5員環構造が構築される．その後，水素がヒドリドイオンとして1,4-転位し，メチル基の転位が2回起き，転位しないメチル基からプロトンが脱離しメチリデン残基が導入され反応が完結する．トリコジエンはさまざまな酸素化をうけデオキシニバレノールへと生合成される．最近テルペンの環化酵素のクローニングが盛んに行われ

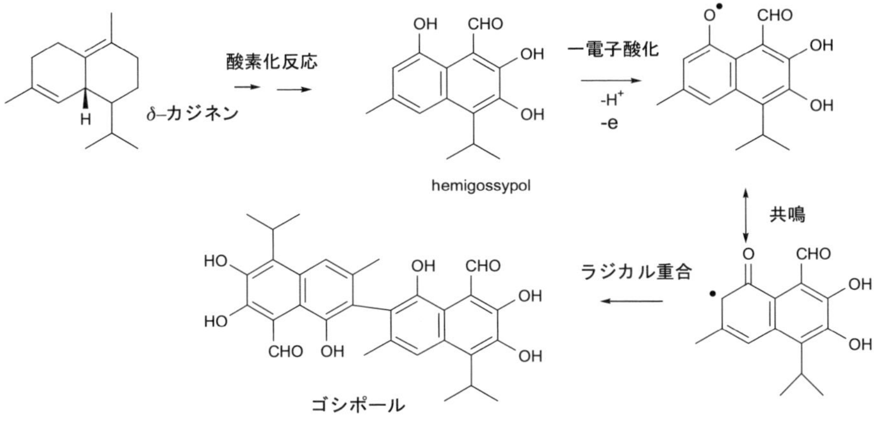

図5-18 ゴシポールの生合成機構

ている。トリコジエン合成酵素もその1つで，*Fusarium sporotrichioides* 由来の酵素の機能解析が進んでいる。酸性アミノ酸のアスパラギン酸をグルタミン酸へ置換して変異酵素を作成してFPPと反応を行ったところ，本来トリコジエンのみを合成する（化合物 **1** → **2** を触媒）はずなのに，ファルネセン，ビサボレン，クプレネン，カミグレンと種々のセスキテルペンを生産した。また，未だ天然物として見い出されていない新しいセスキテルペン（イソカミグレンと命名された）も見い出された（図 5-20）。このようにタンパク質をコードする遺伝子を変えることによって，種々のアミノ酸へと置換し，新規な天然物（非天然型天然物）を作る研究が盛んになってきている。

植物 *Nicotiana tabacum* とカビ *Penicillium roqueforti* はセスキテルペンとして，それぞれ 5-*epi*-アリストロチェンとアリストロチェンを生産する。これらの環状骨格は同一であるが，立体化学が異なっている。酵素上でのFPPの折り畳まれる形が図 5-21 に示したように両者で異なる。これらの酵素遺伝子のクローニングが達成された。両者のタンパク質のサイズが大きく異なっている。前者は550個のアミノ酸残基からなるが，後者は342個のアミノ酸と小さい。また両者間のホモロジーがかなり低い。このことは，植物のテルペン環化酵素が，進化の早い時期に分化した原遺伝子から変異が起き多様化してきたことを示唆している。

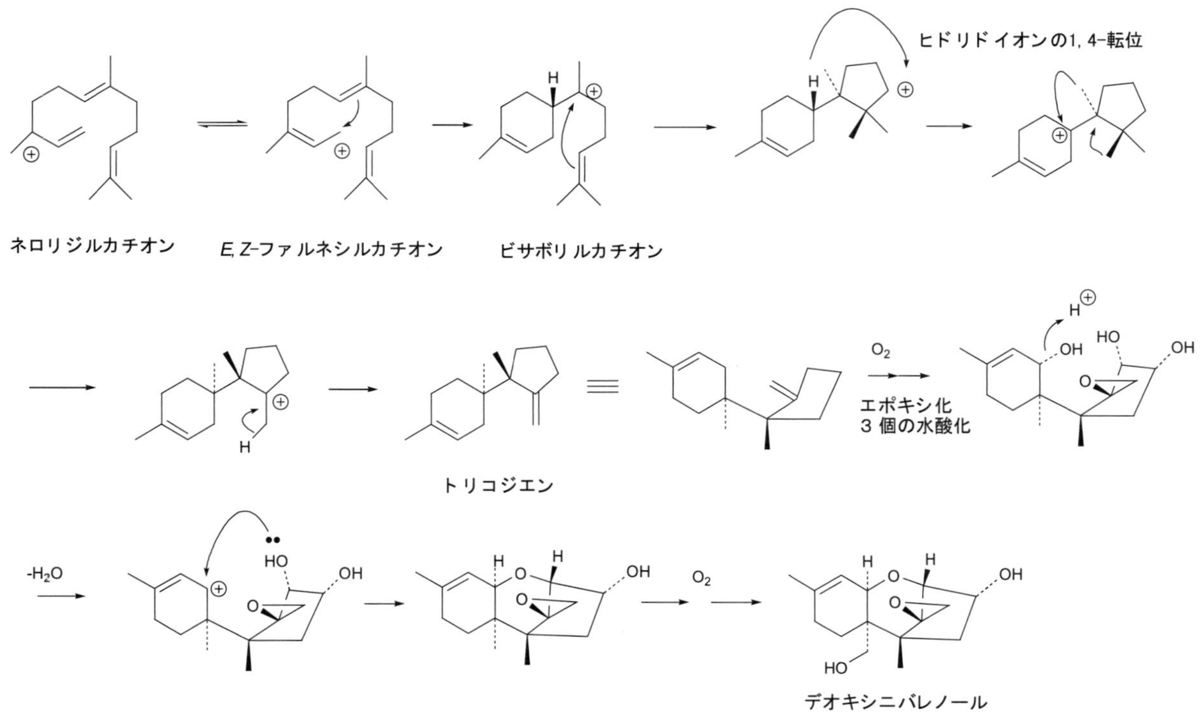

142

図5-19 トリコジエンとトリコテセン毒素の生合成経路

図5-20 遺伝子操作によるトリコジエン合成酵素の改変による非天然型セスキテルペンの創出

　アブシジン酸（ABA, C_{15}）の植物での生合成は，炭素数が40個のテトラテルペンであるビオラキサンチンやネオキサンチンのC11-C12結合が二酸素添加酵素により酸化開裂して，C_{15}とC_{25}のアルデヒドになり，C_{15}アルデヒドからABAへと生合成されると考えられている（図5-22）。この開裂酵素が最近トウモロコシからクローニングされた。ただし，ビオラキサンチンやネオキサンチンのC-9位の二重結合はトランス型ではなく，シス型のみに酵素活性を示す。

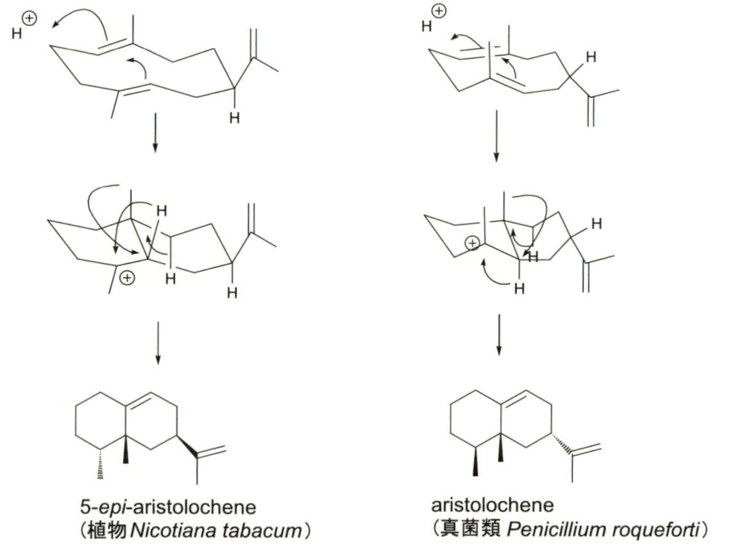

5-*epi*-aristolochene
（植物 Nicotiana tabacum）

aristolochene
（真菌類 Penicillium roqueforti）

図5-21 アリストロチェン生合成経路
植物とカビでは異なるコンフォメイションで折り畳まれる。

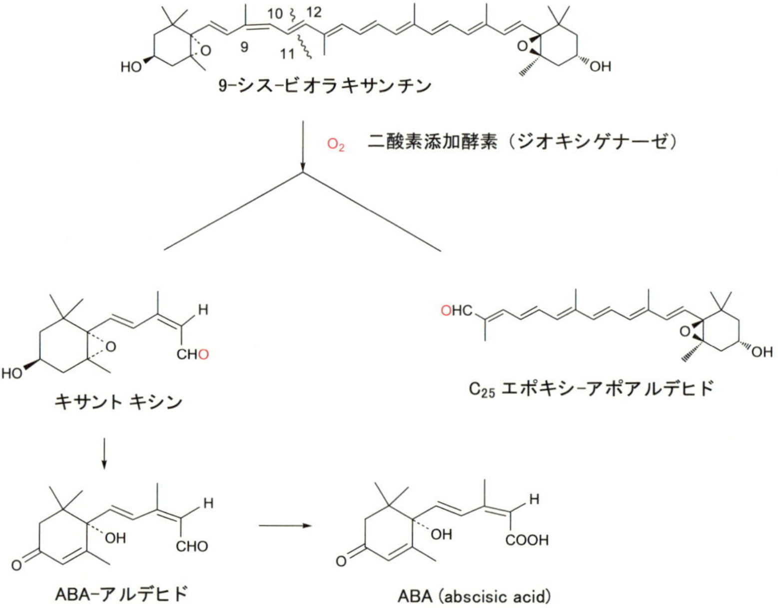

9-シス-ビオラキサンチン

O₂ 二酸素添加酵素（ジオキシゲナーゼ）

キサントキシン

C_{25} エポキシ-アポアルデヒド

ABA-アルデヒド

ABA (abscisic acid)

図5-22 アブシジン酸生合成経路
C_{40} のテトラテルペンが酸化開裂する。

5-6 ジテルペン

ジテルペンの代表例を図 5-23 に示した。生理活性物質として重要なものが多い。これらの多くは，GGPP が基質となって環状化され，その後酸素化などの修飾を受けて生合成される。

鎖状ジテルペンとしてゲラニルゲラニオールやクロロフィルに含まれるフィトールの例がよく知られている。フィトール部分は GGPP が直接使われてエステル化し，その後二重結合の還元が 3 回起こって生成する。また，電子伝達系に重要な役割を担うビタミン K_1（キノン系）や抗酸化作用を示すビタミン E（トコフェロール類）も同じくフィチル残基をもっている。

ジテルペンには 3～4 環性の化合物が多い。環化反応が起きる際，(1) OPP の脱離が引き金になる場合，(2) 末端二重結合にプロトンが付加し漸次環化する場合の 2 通りがある。(2) の場合において環化した後，OPP の脱離を伴ってさらに環化が進行する例が多い。

まず，(1) の例としてカスベンとタキソールの生合成を述べる（図 5-24）。2 環性のカスベンはトウゴマのファイトアレキシンとして知られ，タキソールは有名な抗がん剤で乳がんや卵巣がん等の治療に広く使用されている。GGPP はフレキシブルな分子であり，酵素上でさまざまなコンホメーションをとることが可能であり，その折り畳まれ方によって数多くのジテルペン骨格が構築できる。例えば，図 5-24 a と図 5-24 b で示した GGPP は，異なった折り畳まれ方をしている。カスベン生合成経路をみてみると，GGPP が図 5-24 a に示したコンホメーションをとった後，OPP が脱離して形成したカルボカチオンに末端の二重結合の π 電子が求核攻撃し，安定な 3 級カチオンが生成する。そのカチオンを消去するために，プロトンが脱離して 3 員環のシクロプロパン環を形成することによりカスベンとなる。この環化酵素遺伝子はクローニングされている。一方，タキソールは非常に長い行程を経て生合成される。その一部を図 5-24 b に示した。環化は OPP の脱離によって生成したカチオンへ末端の二重結合が攻撃し，イソプロピルカチオンが生成する。また，そのカチオンに二重結合が攻撃し 6 員環と 12 員環が縮環した 2 環性カチオンが形成する。プロトン脱離により二重結合が導入され，2 環性のバーテシレンが生成する。その後，二重結

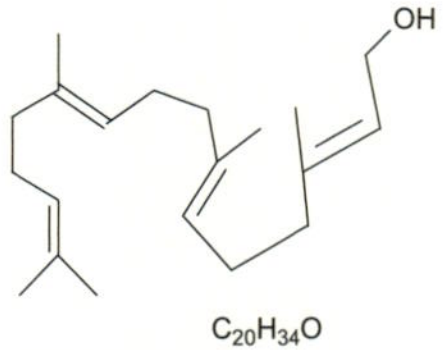

ビタミンK₁

フィチル残基

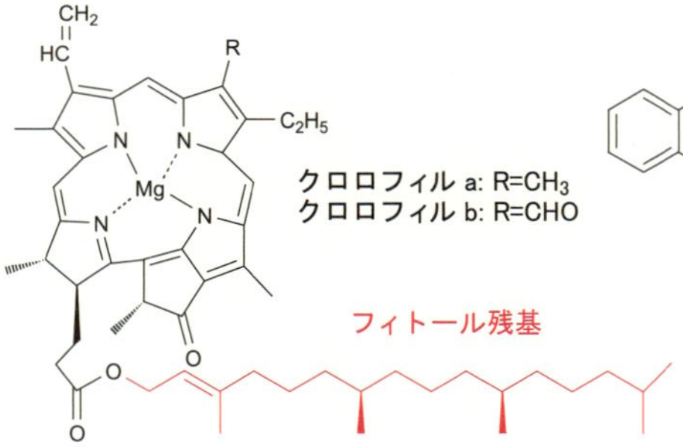

クロロフィル a: R=CH₃
クロロフィル b: R=CHO

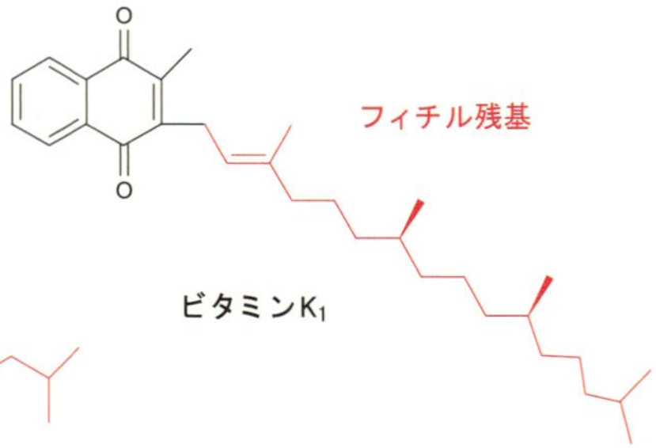

フィトール残基

ゲラニルゲラニオール C₂₀H₃₄O

アビエチン酸

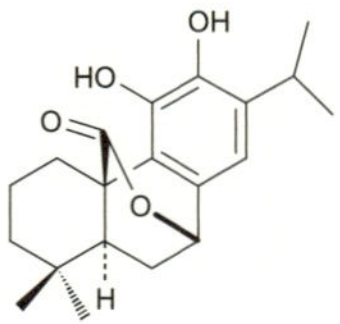

カルノソール
(セージに含まれ強い抗酸化作用を示す)

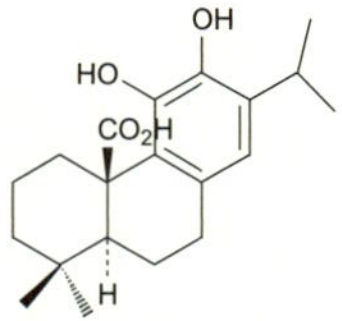

カルノシン酸
(セージに含まれ強い抗酸化作用を示す)

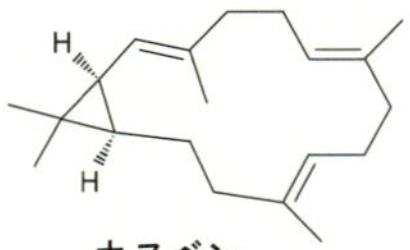

カスベン
(トウゴマのファイトアレキシン、クローニング済み)

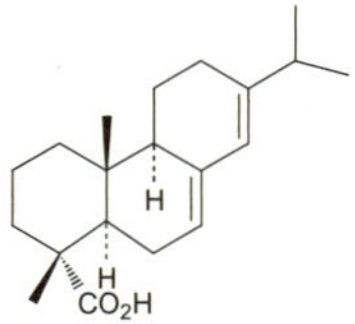

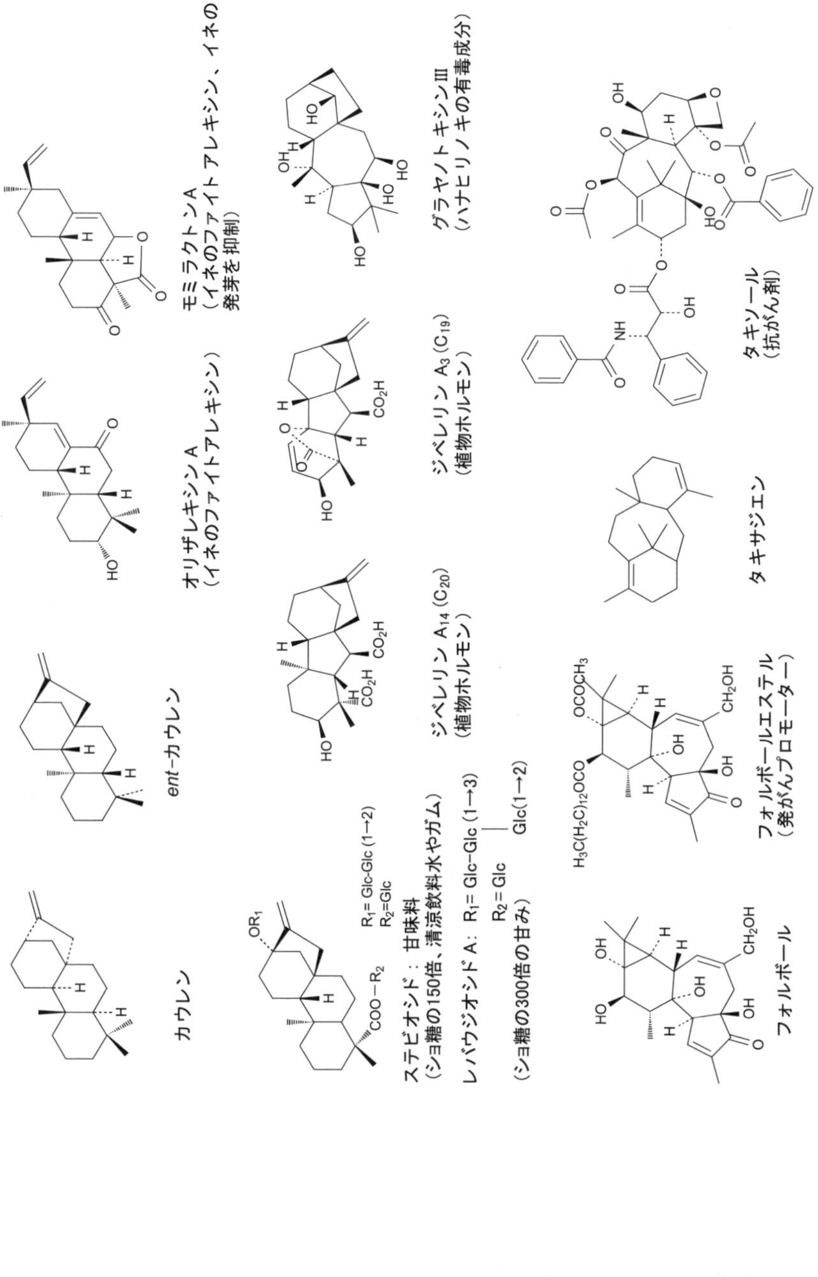

第5章 イソプレノイド 147

図5-23 代表的なジテルペン (C_{20}) の構造

- カウレン
- ent-カウレン
- オリザレキシンA（イネのファイトアレキシン）
- モミラクトンA（イネのファイトアレキシン、イネの発芽を抑制）
- グラヤノトキシンIII（ハナヒリノキの有毒成分）
- ステビオシド：甘味料（ショ糖の150倍、清涼飲料水やガム） R₁ = Glc-Glc (1→2), R₂ = Glc
- レバウジオシドA： R₁ = Glc-Glc (1→3) | Glc(1→2), R₂ = Glc（ショ糖の300倍の甘み）
- ジベレリン A_{14} (C_{20})（植物ホルモン）
- ジベレリン A_3 (C_{19})（植物ホルモン）
- タキソール（抗がん剤）
- タキサジエン
- フォルボール
- フォルボールエステル（発がんプロモーター）

a) カスベンの生合成経路

b) タキソールの生合成経路

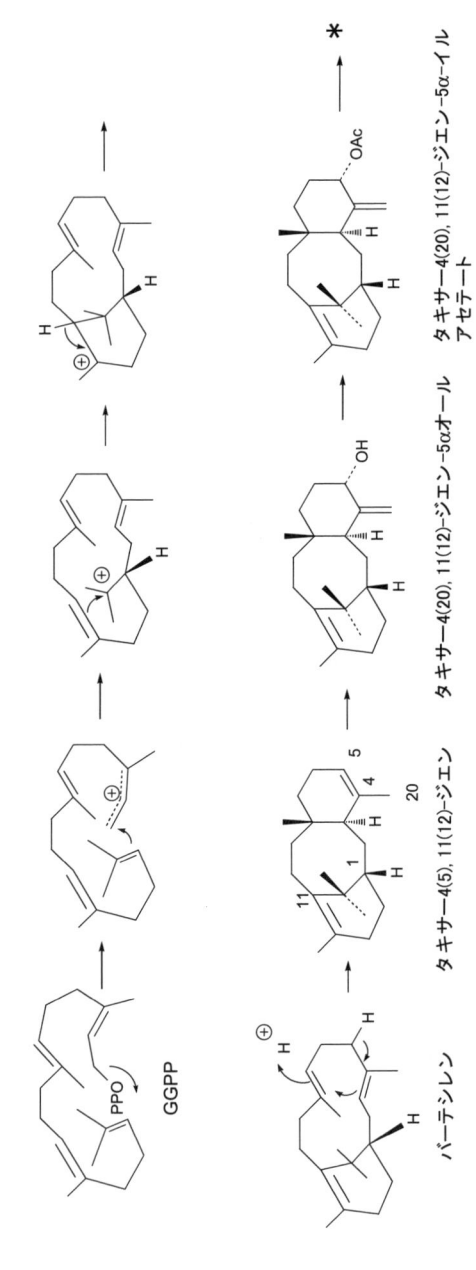

タキサ-4(5), 11(12)-ジエン　　タキサ-4(20), 11(12)-ジエン-5α-オール　　タキサ-4(20), 11(12)-ジエン-5α-イルアセテート

バーデシレン

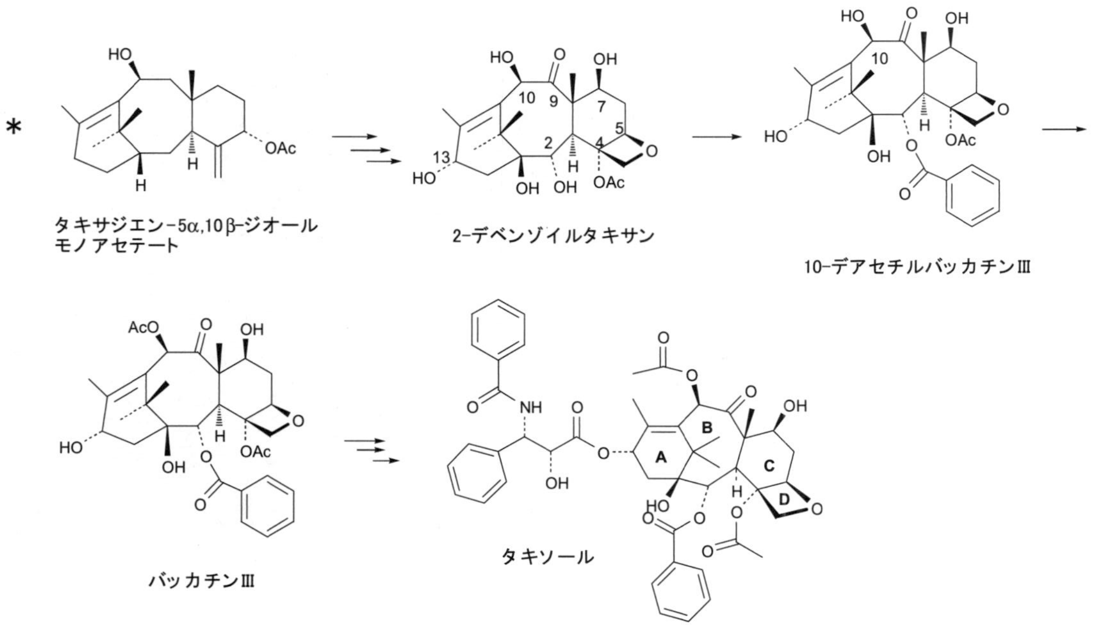

第5章 イソプレノイド 149

10-デアセチルバッカチンIII

2-デベンゾイルタキサン

タキサジエン-5α,10β-ジオール モノアセテート
*

タキソール

バッカチンIII

図 5-24 OPP の脱離が環化反応の引き金になる場合

合へのプロトン付加反応が起き，環化反応がさらに進行してタキサジエン骨格が構築される。GGPP からタキサジエンへまでの反応は 1 つの酵素（タキサジエン合成酵素）によって触媒される。その後，さまざまな修飾を受けタキソールへと導かれる。経路上のいくつかの酵素遺伝子がクローニングされている。現在，タキソールの安定供給のため，植物組織培養による製造が検討されている（コラム）。グラヤノトキシン III はハナヒリノキの有毒成分である。フォルボールは，ハズの種子油（クロトン油）中に各種脂肪酸エステルとして存在し，発がんプロモーターとして作用する。これらの生合成の環化開始反応も OPP 脱離反応が引き金となる。

OPP 脱離と異なり，(2)のプロトン付加型で環化反応が開始される例も多くみられる。図 5-25 a に示したようなコンホメーションで，GGPP が酵素上で折り畳まれ，末端二重結合にプロトンが付加して椅子型の 6 員環を形成する。生成した 6 員環の 3 級カチオンへ二重結合のパイ電子が攻撃して，6 員環と 6 員環（すべて椅子型）が縮環した化合物になる。この 6 員環/6 員環系化合物に新たな 3 級カチオンが生成する。その後，メチル基から脱プロトンしてエキソメチレン基（エキソ：外の意味，この場合は環の外）が導入されてラブダジエ

> **コラム**
> タキソールの話
> ―植物組織培養による有用物質の生産―
>
> タキソールは商品名であり，パクリタキセルが化合物の正式名である。パクリタキセルおよびドセタキセル（商品名：タキソテール）は，イチイ属（*Taxus*）植物由来の抗悪性腫瘍薬である。日本では 1997 年に認可され，2001 年には胃がんへの適用も承認され広く使われるようになった。当初はイチイ属植物の樹皮から抽出されていた。しかし，生育が遅く，またタキソイド含量も微量なことから，大量伐採は資源の問題を引き起こす。そのため，多くの研究者が化学的な手段による全合成を試みた。Holton や Nicolaou らの著名な有機合成化学屋が全合成を達成している。しかし，タキソールの構造（図 5-23）をみてもわかるように非常に多くの不斉炭素を含んでおり，化学合成のみで安定かつ安価に供給するのは困難である。そこで，実際に医療現場には半合成ルートによって供給されている。すなわち，10-デアセチルバッカチン（図 5-24）を植物組織培養により製造し，その後化学合成で必要な部分構造を導入してタキソールを得ている。10-デアセチルバッカチンを大量に得るために，タキソイド含量が多いイチイがスクリーニングされ，それらの培養カルスから，さらに高含量の株が選抜されている。このように有用物質を得るために，生物がもつ生合成能力が広く使われている。この意味でも天然資源の生合成研究は非常に大切である。

ニル二リン酸（別名：(+)-コパリル二リン酸）が形成される。他方，同じように椅子型のコンホメーションで折り畳まれるにもかかわらず，図 5-25 b に示したようなフォールデングが酵素上で起こるとラブダジエニル二リン酸（すべて R- 配置）の鏡像異性体（エナンチオマー）である (-)-コパリル二リン酸（すべて S- 配置）が生成する。(-)-コパリル二リン酸は ent- ラブダジエニル二リン酸（ent-labdadienyl diphosphate）とも呼ばれる。「ent」は enantiomeric を意味する。GGPP のフォールデング様式の違いにより，図 5-25 に示した 4 種類の立体異性体が形成される可能性がある。混乱を防ぐため，4 種ともコパリル二リン酸（CDP）と呼び，ent-, syn- および syn-ent- の言葉を付して，それぞれの立体異性体を区別することもある。

　マツヤニから多量に得られる 3 環性アビエチン酸は，2 環性のラブダジエニル二リン酸から合成される。2 環性から 3 環性へと環の数が一個増えるためには，OPP が脱離しさらにカチオンが生成される必要がある。図 5-26 a に示したように，OPP が脱離して生成したカチオンをエキソメチレン基のパイ電子が求核攻撃し，3 環性化合物サンダラコピマレニルカチオンとなり，脱プロトン後サンダラコピマラジエンとなる。そのエチリデン残基にプロトンが付加してカチオンが生成するが，そのカチオンに隣接したメチル基が 1, 2-転位してアビエテニルカチオンを生成する。その後，脱プロトンを経てアビエタジエンとなる。メチル基の 1 つが酸素化され，$-CH_2OH \rightarrow -CHO \rightarrow -CO_2H$ と変化しアビエチン酸が生合成される。セージ（地中海沿岸に野生する多年草）は優れた抗酸化作用をもっている。セージの抗酸化効果を有するのは，カルノシン酸やカルノソールといわれており，同じくアビエタン骨格をもっている（図 5-23）。中国ではイチョウ（Ginkgo bioloba）の木の抽出物が医薬品として珍重されてきた。最近では，ヨーロッパでも使われている。イチョウの葉の抽出物が老人ぼけや循環器の故障の治療に有効であるといわれている。ギンコリドがその活性成分の 1 つとしてあげられ，その化学構造は高度に酸素化されている。また，イチョウは 2 億年以上も前から生きてきた植物で，中国では 3000 年以上も前に植えられた木が今も生きているそうである。なぜ，こんなに長生きなのか？ その理由としてこの木が害虫などの外敵を防ぐ機構をもっていると想定され，実際ギ

a) chair–chair conformation 例：アビエチン酸、カルノシン酸、カルシノール、カウレン、ギンコライド

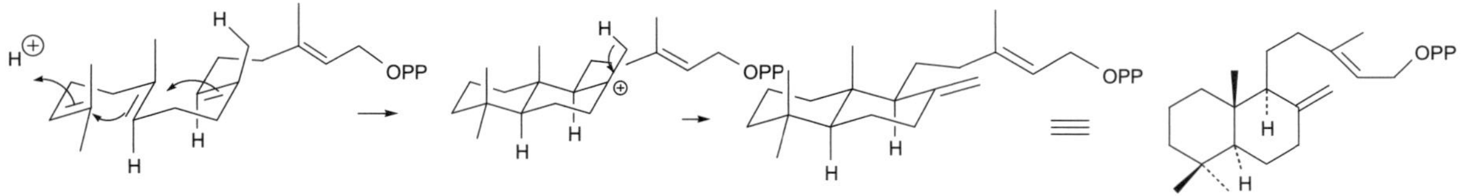

chair–chair conformation

ラブダジエニルニリン酸
＝(+)-コパリルニリン酸
CDP

b) chair–chair（CDPの鏡像異性体） 例：オリザレキシン、ステビオシド、ent-カウレン、ジベレリン

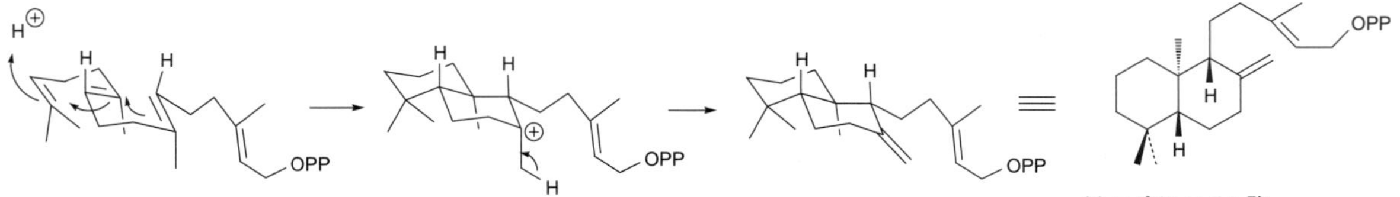

(−)-コパリルニリン酸
別名：ent-ラブダジエニルニリン酸
ent-CDP

c) chair–boat conformation 例：モミラクトン

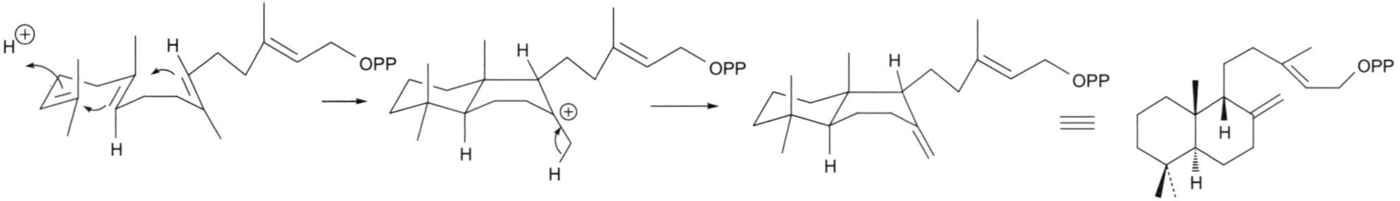

syn-CDP

第5章 イソプレノイド

d) chair-boat conformation (*syn*-CDPの鏡像異性体)

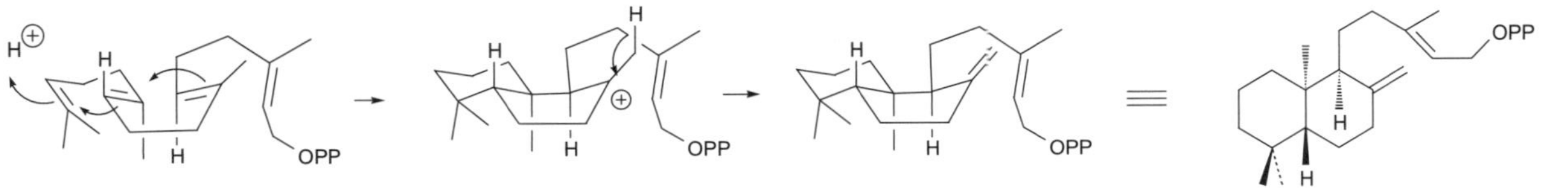

syn-ent-CDP

ラブダジエニルニリン酸
=(+)-コパリルニリン酸

CDP

鏡

ent-CDP

(−)-コパリルニリン酸

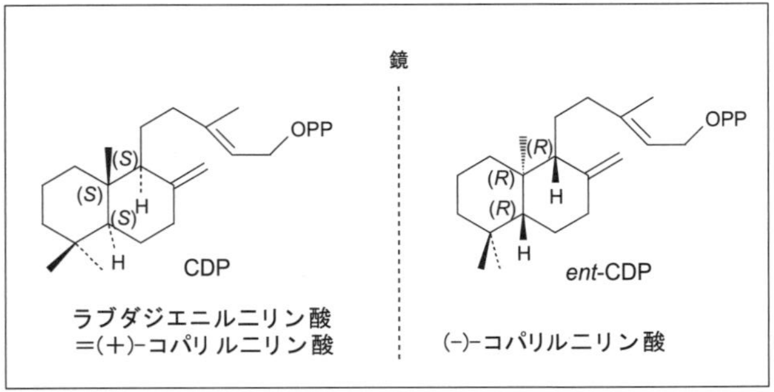

図5-25　4種のコパロール立体異性体とその折り畳まれ（フォールディング）様式
ent-CDPはCDPの鏡像異性体，*syn-ent*-CDPは*syn*-CDPの鏡像異性体。ジアステレオマーには幾つかの組み合わせが存在する。例えば，CDPと*syn*-CDPはジアステレオマーどうしである。

a アビエチン酸の生合成経路

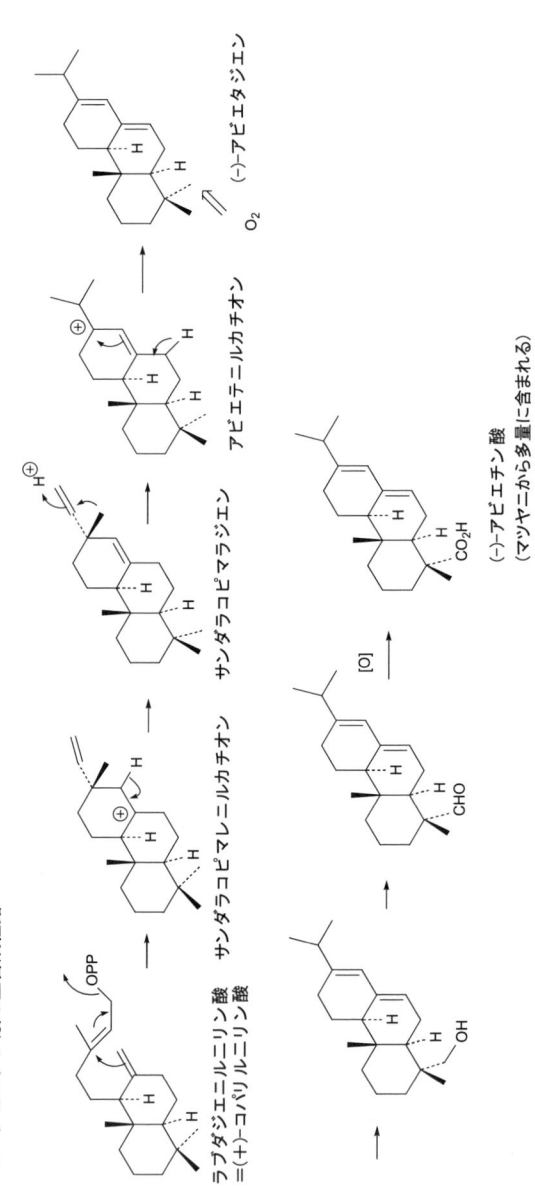

ラブダジエニルニリン酸 サンダラコピマレニルカチオン サンダラコピマラジエン アビエテニルカチオン (-)-アビエタジエン
=(+)-コパリルニリン酸

(-)-アビエチン酸
(マツヤニから多量に含まれる)

b ギンコリドの生合成経路

1,2-シフト

1,2-シフト

デヒドロアビエタン

酸化

レボピマラジエン

アビエチニルカチオン

ラクトン環形成

ヘミアセタール形成

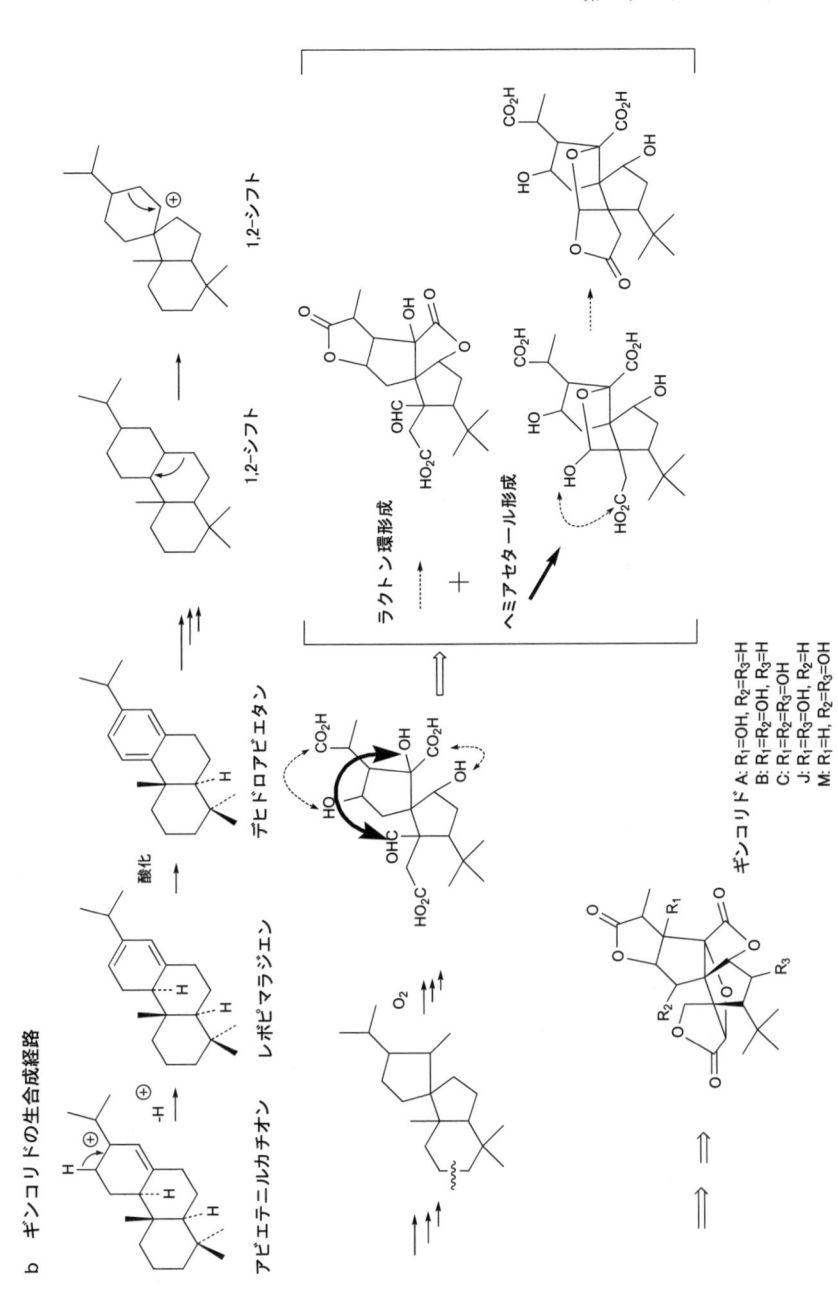

O_2

ギンコリド A: R_1=OH, R_2=R_3=H
B: R_1=R_2=OH, R_3=H
C: R_1=R_2=R_3=OH
J: R_1=R_3=OH, R_2=H
M: R_1=H, R_2=R_3=OH

図5-26 ラブダジエニールリン酸（((+)-コパリルニリン酸）を経由するジテルペンの生合成経路

ンコリド A が昆虫の摂食阻害作用も示すことがわかった。また，ギンコリド B は血小板活性化因子に対して強力な拮抗作用をもつことが知られている。構造を図 5-26 b の下段に示した。生合成経路の詳細は不明である。GGPP からアビエテニルカチオンを経由してレボピマラジエン（アビエタジエンの二重結合の位置異性体）が中間体となる。このレボピマラジエン合成酵素が最近クローニングされた。これが脱水素（酸化）されてデヒドロアビエタンとなり，その後，炭素原子の転位や炭素-炭素結合の切断を受ける。さまざまな位置に酸素が導入される。図 5-26 b に示したようにラクトン環形成，ヘミアセタール形成，その後再度ラクトン環形成が起きてギンコリドが生成するといわれている。

　(−)-コパリル二リン酸（ent-ラブダジエニル二リン酸）から生合成される例を図 5-27 に示した。ラブダジエニル二リン酸と同様に OPP が脱離し，3 環性の ent-ピマレニルカチオンが生成する。生成したエチリデン残基が C-8 位のカチオンへ求核攻撃し，さらに環の数が増しシクロペンタン構造をもつ 4 環性中間体が生成する。そのシクロペンタン環カチオンを消去するために，アルキル基の 1, 2-転位を受け，さらにメチル基からプロトンが脱離し反応が終結する。生成した ent-カウレンは，ステビオシドやジベレリンの生合成中間体である。ステビオシドは砂糖の 150 倍の甘味をもち，天然甘味料として清涼飲料水やガムに使用されている。ジベレリンは植物ホルモンとして有名で，茎や葉の伸長成長や休眠打破，単為結果を促す。ブドウの"デラウェア"は人為的にジベレリンを処理することによって単為結果し，種なしブドウとして広く食用されている。単為結果とは，受精をしなくても子房が発達して果実が形成される現象をさし，単為結果でできた果実は通常種子を含まない．ステビオシドは ent-カウレンの C-19 位のメチル基が酸化されカルボン酸になり，また，C-13 位が NADPH 依存型のモノオキシゲナーゼにより水酸基が導入される。その後，UDPG によるグルコース転移酵素により糖が付加され，ステビオシドが生合成される。一方，ジベレリンは，ent-カウレンの C-7 位および C-19 位が酸素化されて 7α, 19α-ジオールが形成される。その後環縮小反応を受けて 6 員環/5 員環/6 員環/5 員環をもつ 4 環性のジベレリンアルデヒドを生成する。C-20 位のメチル基が酸化され，ラクトン環を形成した後，C-13 位がヒドロキシル化さ

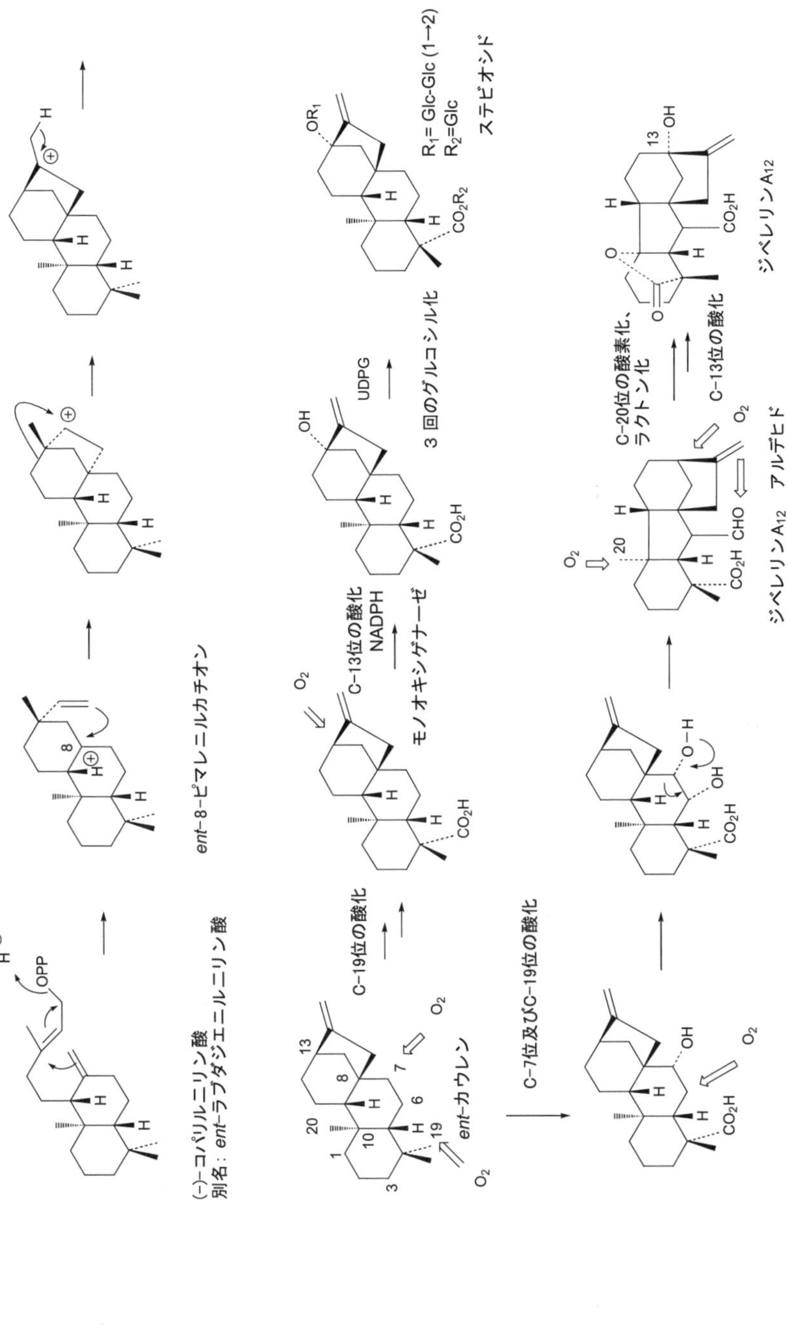

図 5-27 ent-ラブダジエニールリン酸（(-)-コパリルルニリン酸）を経由するジテルペンの生合成経路

れる。

　モミラクトンはイネのもみに含まれ，イネの発芽を抑制する作用をもつ。UV照射や病原菌の感染によって誘導されるファイトアレキシンである。図5-25 cで示したコンホメーション（chair-boat）で進行した syn-CDP から脱リン酸化して3環性化合物となり，その後酸素化の反応を受けてラクトン環を形成すると考えられる。同じくイネのファイトアレキシンであるオリザレキシン A は，ジベレリンと同様 ent-CDP（ent-ラブダジエニル二リン酸）から生成すると考えられる。図5-25 d で示した syn-ent-CDP に由来する天然物は見い出されていないようである。

5-7　セスタテルペン

　ゲラニルファルネシル二リン酸が環化して生成するセスタテルペンの例は多くはない。植物病原菌から単離されたオフィオボリンAや海綿から得られたスカラリンが知られている。図5-28 に示したように，両者の生合成経路は異なっている。前者は OPP 脱離が環化反応の引き金であり，後者は末端二重結合へのプロトン付加により環化が開始し，その反応過程で漸次カルボカチオンが生成し，ラクトン環を含めて5環性化合物となる。後者は5-8節で示すトリテルペンの生合成にみられる反応経路と類似している。スカラリン類似物質のヘテロネミンは結核病原菌に抗菌作用を示すことが報告された。

5-8　トリテルペン

　鎖状のスクアレン（C_{30}）が環化されて，非常に多くのトリテルペン骨格が形成される（100種類以上もあるといわれている）。代表的なトリテルペンの例を図5-29 に示す。中には配糖体としてグリチルリチンやモグロシドは甘味物質として使用されているものもある。カビや植物，動物といった真核生物は，モノオキシゲナーゼ（スクアレンエポキシダーゼと呼ばれる）による触媒作用により，スクアレンに分子状酸素が付加して生成する$3S$-2, 3-オキシドスクアレンを基質とする。これが環化して酵母，カビや動物ではラノステロールを，植物ではシクロアルテノール，$α$-，$β$-アミリンやルペオールや他のさまざまな骨

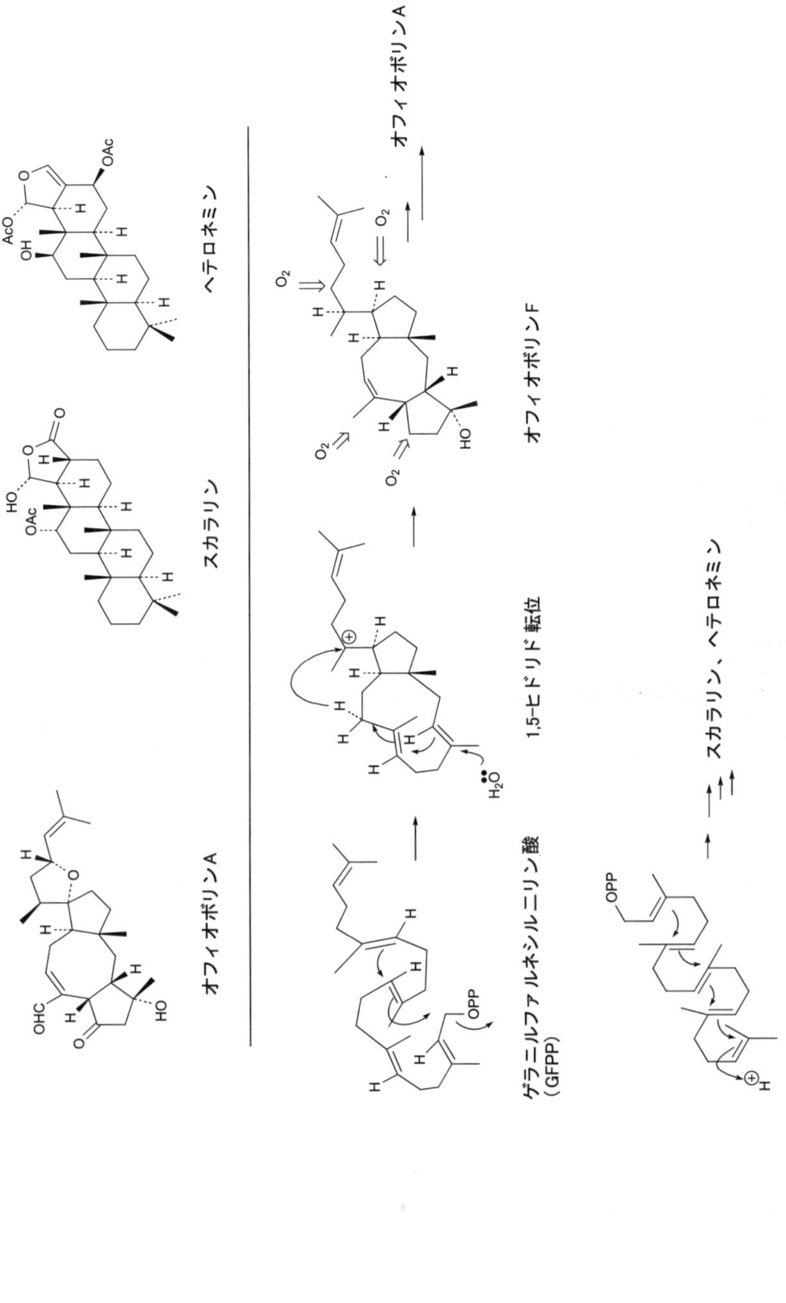

図 5-28 セスタテルペンの構造と生合成経路

格を形成する。さまざまな骨格転位反応（Wagner-Meerwein シフト）を伴うので，非常に多くのトリテルペン骨格が構築される。特殊な原核生物(例えば，酢酸菌，好熱好酸性菌の *Alicyclobacillus acidocaldarius*，エタノール生産菌など)や原生動物のテトラヒメナでもトリテルペンを生産する。細菌はホペンやホパノール（別名ジプロプテロール）を，テトラヒメナはテトラヒマノールの 5 環性トリテルペンを合成する。環の数が 4～5 個のポリサイクリック化合物は，どのような環化機構（生合成経路）で生成するのか？その酵素産物は多くのキラルセンターをもち，理論上数多くの立体異性体が生じるはずであるが，天然物として 1 個のみが産生される。例えば，ホペンには不斉炭素が 9 個存在するので，$2^9 = 512$ 個の立体異性体が理論上酵素産物として可能である（キラルセンターを図中に＊印で表記）。しかし，酵素反応産物として得られるのは図 5-29 で示した構造のみである。また，ラノステロールは 6 個の不斉炭素をもっているので，$2^6 = 64$ 個の立体異性体が存在するにも拘わらず，1 個の立体異性体の生成物（図 5-29）のみを与える。また，位置特異的に炭素-炭素結合が形成される。このような多段階の反応が立体化学を厳密に制御しながら，かつ位置特異的に一挙に進行する例はあまり見当たらない。そのため，ノーベル賞受賞者を含む著明な化学者達が，その全容を解明すべく長年取り組んできた歴史的経緯がある。

　酵素学的研究では，細菌由来の 5 環性トリテルペンのホペン合成酵素が最も進んでいる。この酵素遺伝子が大腸菌でクローニングされ，また，酵素の大量発現と可溶化に成功したのがきっかけとなった。ラノステロール合成酵素は，大腸菌での大量発現は封入体形成を起こし不溶化してしまうため，酵素化学的な知見は多く得られてない。ホペン合成酵素は個々のアミノ酸の機能解析まで進んでいる。反応機構（環化機構）を図 5-30 に示した。このシクラーゼ（環化酵素）は，スクアレンを環化して 5 環性のホパニルカチオンを生成し，一方の末端メチル基（*Z*-メチル基）から脱プロトンして二重結合が導入されるか，または水分子が付加するかによって反応終結の仕方が分かれ，それぞれホペンとホパノールを生成する。生成量比は 5：1 とホペンが多い。この環化機構について，Ourisson らは図 5-30 の上段に示したメカニズムを提案していた。ス

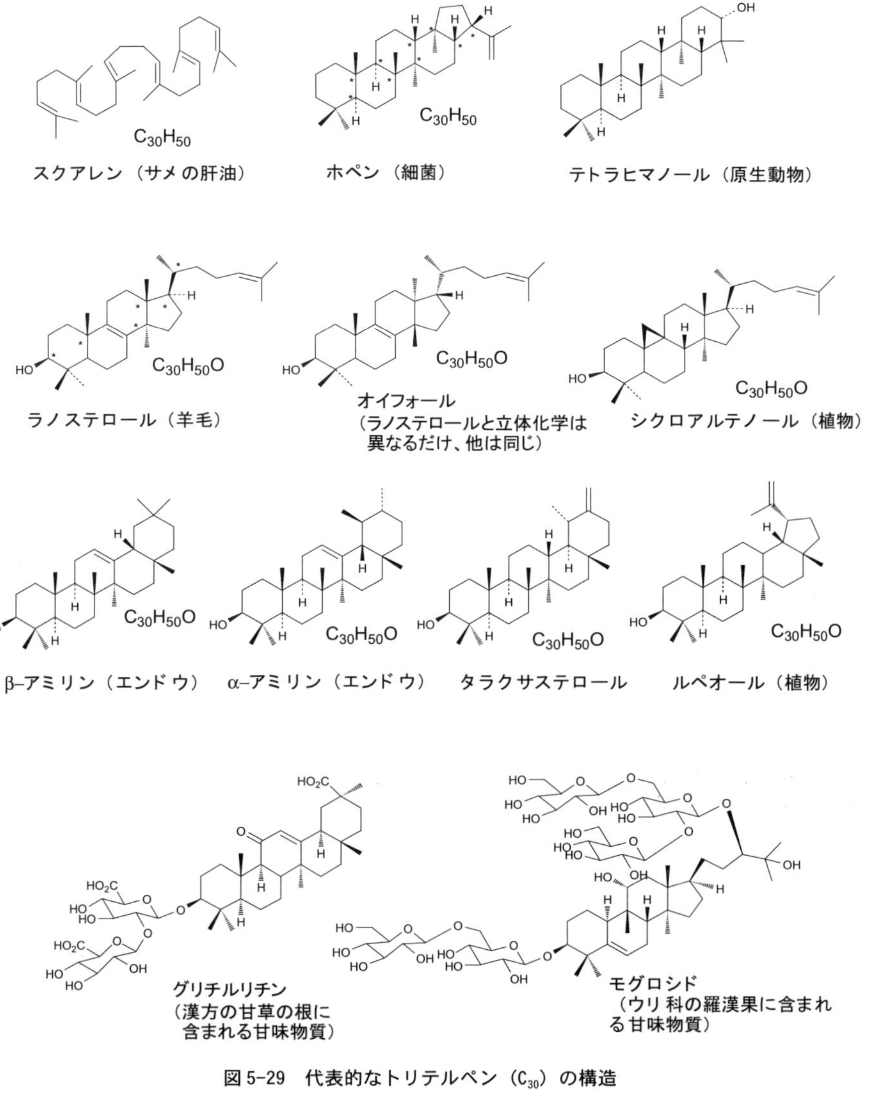

スクアレン（サメの肝油） $C_{30}H_{50}$

ホペン（細菌） $C_{30}H_{50}$

テトラヒマノール（原生動物）

ラノステロール（羊毛） $C_{30}H_{50}O$

オイフォール $C_{30}H_{50}O$
（ラノステロールと立体化学は異なるだけ、他は同じ）

シクロアルテノール（植物） $C_{30}H_{50}O$

β-アミリン（エンドウ） $C_{30}H_{50}O$

α-アミリン（エンドウ） $C_{30}H_{50}O$

タラクサステロール $C_{30}H_{50}O$

ルペオール（植物） $C_{30}H_{50}O$

グリチルリチン
（漢方の甘草の根に
含まれる甘味物質）

モグロシド
（ウリ科の羅漢果に含まれる甘味物質）

図 5-29　代表的なトリテルペン（C_{30}）の構造

クアレン基質が酵素上ですべて椅子型に折り畳まれて進行するが，その反応機構の説明ではアンチマルコフニコフ型の付加反応（⇨で示した）が 2 個所起こることになり，有機化学的に矛盾があった。最近この環化機構の詳細がわかってきた。まず，椅子型 6 員環の単環性（A 環），2 環性（A/B 環）へと安定な 3

Ourissonらが提唱した環化モデル

スクアレン
⇨アンチマルコフニコフ付加

ホペン

ホパノール

スクアレン →

1回目の環拡張反応 →

17-epi-ダンマレニルカチオン

2回目の環拡張反応 →

プロホパニルカチオン

ホパニルカチオン

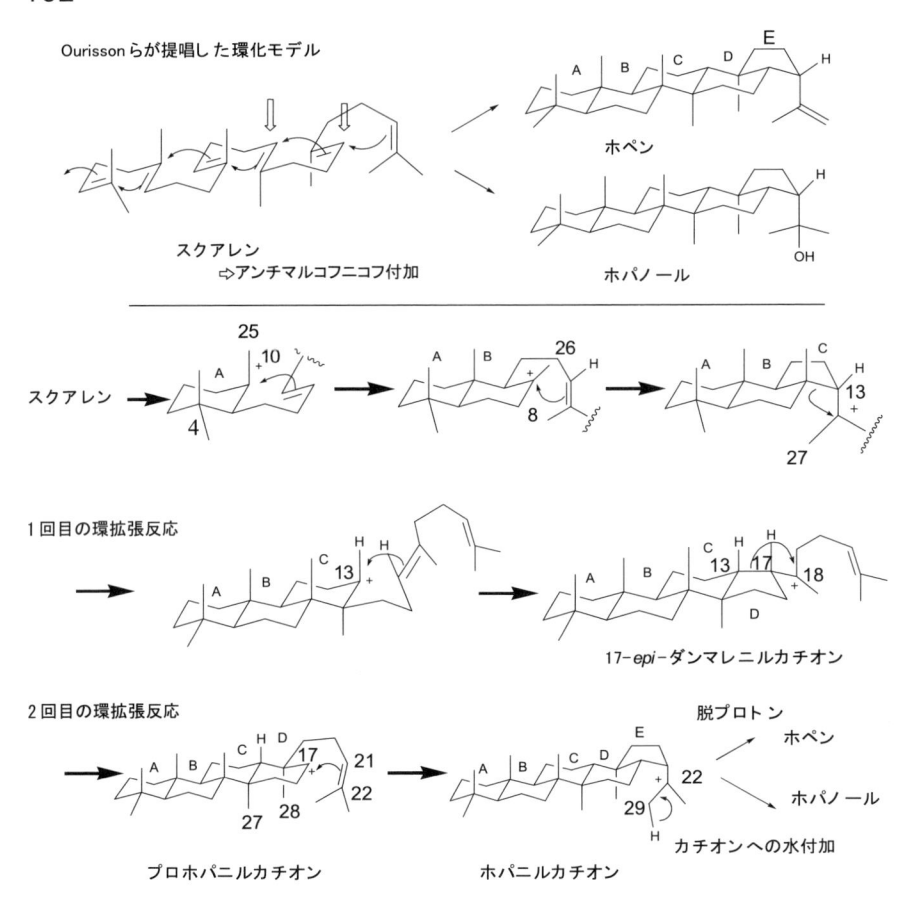

脱プロトン → ホペン
→ ホパノール
カチオンへの水付加

図5-30 原核生物の産生するホペンの生合成経路

級マルコフニコフカチオンを生成しながら6員環/6員環系骨格と縮環し，次に6/6/5-環系の3環性カチオン（A/B/C環）を生成する。このカチオンも3級カチオンで安定に形成される。その後，5員環から6員環へと環拡張し，A/B/C環が3環性の6/6/6-環系骨格の不安定な2級カチオン（アンチマルコフニコフ型付加）を形成する。その2級カチオンへ隣接する二重結合のパイ電子が求核攻撃し，A/B/C/D環が4環性の6/6/6/5-環系骨格をもった安定な3級カチオン中間体となる。その後，2回目の5員環から6員環へと環拡張して2級カチオンを生じる。その2級カチオンへ残った二重結合が付加し，安定な3級カチ

オンのホパニルカチオンを生成する。結果的には，2回の環拡張反応を起こすことが最近明らかにされた。現在では，この多環形成反応は協奏的にワンステップで進行するのではなく，上記したように漸次カチオンを生成しながら，環形成が各ステップごとに進行すると考えられている。

　ラノステロール生合成経路を図5-31に示す。ラノステロールも同様にC環は5員環から6員環へと環拡張反応を経て生成することが明らかとなった。すなわち，いったんマルコフニコフ則に従って安定な3級カチオンを形成するために5員環となる。その後，6員環へと環拡張する。順を追って環化反応を下

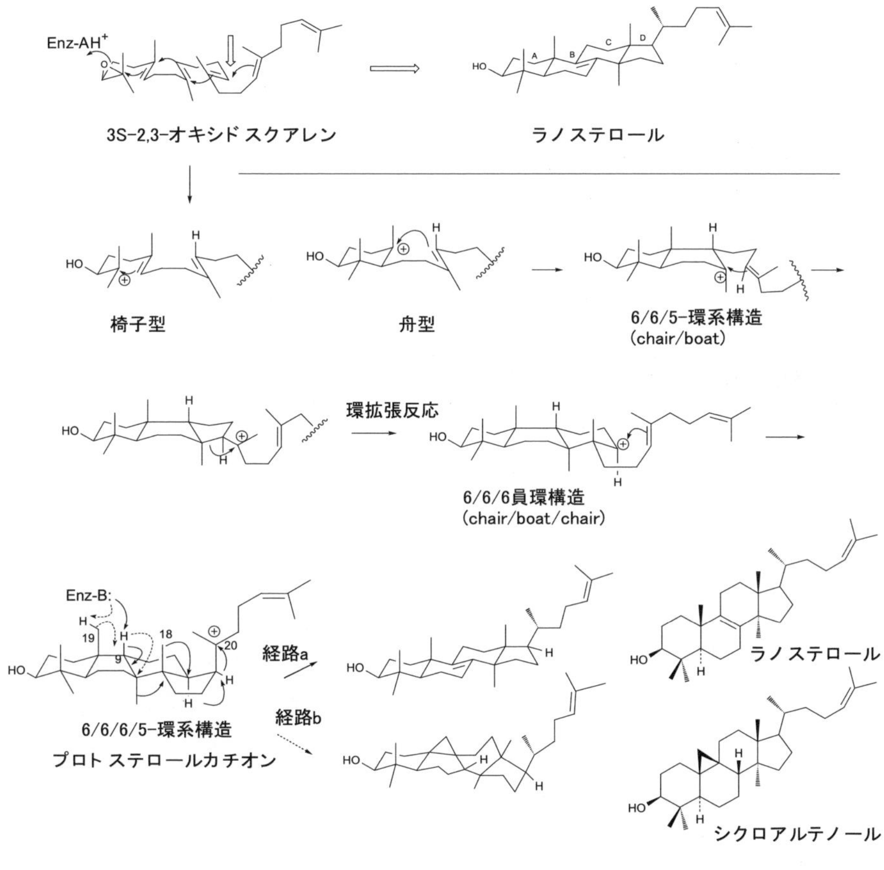

図5-31　ラノステロールおよびシクロアルテノールの生合成経路

記に説明する。まず，酵素の酸性アミノ酸が末端に位置するエポキシドにプロトン付加（求電子攻撃）することにより，エポキシド環が開裂してカチオンが生成する。そのカチオンへ隣接した二重結合が攻撃することにより，椅子型の単環性カチオン中間体が形成される。次に舟型に折り畳まれ，隣接した二重結合はその単環性カチオンを攻撃し，舟型の B 環になる。図 5-31 に示したようなコンホメーションをとり 5 員環構造の C 環が生成する。その際形成されるカチオンは，マルコフニコフ則に従った 3 級カチオンである。このカチオンの寿命は長い。その後，6 員環へと拡張し 3 環性の椅子型／舟型／椅子型の 2 級カチオンが生成する。直ちにそのカチオンを攻撃し，5 員環構造が形成され，6/6/6/5- 環系の縮環した 4 環性中間体のプロトステロールカチオンに導かれる。その後，骨格転位と称されるヒドリドの 1,2-転位，メチル基の 1,2-転位（Wagner-Meerwein shift）がそれぞれ 2 回ずつ起き，最終的には C-9 位の水素の脱離により，二重結合が導入されラノステロールが合成される。この骨格転位は，E2 脱離反応でみられるアンチ近平面（anti-periplanar geometry）の様式で起こる（経路 a）。19 位メチル基からのプロトン脱離により，3 員環のシクロプロパン骨格が構築され，シクロアルテノールが合成される（経路 b）。シクロアルテノールは植物成分である。しかし，酵母，カビ，動物成分のラノステロールとほぼ同じ機構で生合成されることを考えると分子進化的に興味深い。

　植物に含まれる代表的なトリテルペンの生合成機構を図 5-32 に示した。椅子型のコンホメーションで進行する。3S-オキシドスクアレンを共通の基質として環化し，ダンマレニルカチオンの生成，環拡張反応を経てバッカレニルカチオンの生成，次にその 2 級カチオンを末端二重結合が求核攻撃し，安定な 5 環性の 6/6/6/6/5- 環系構造の 3 級カチオンであるルペニルカチオンを形成する。イソプロピル基から脱プロトンすればルペオールが合成される。一方，5 員環から 6 員環へと再度環拡張して 6/6/6/6/6- 環系の縮環構造の 5 環性 2 級カチオンのオレアニルカチオンを生成する。C-18 位の水素がヒドリドとして C-19 位のカチオンへ転位し，また C-13 位の水素もヒドリドとして転位すると C-13 位がカチオンとなる。C-12 位の水素が脱プロトン化し，C-12 位と C-13 位の間に二重結合が導入されて β-アミリンとなる。これらの反応は，アンチの関係

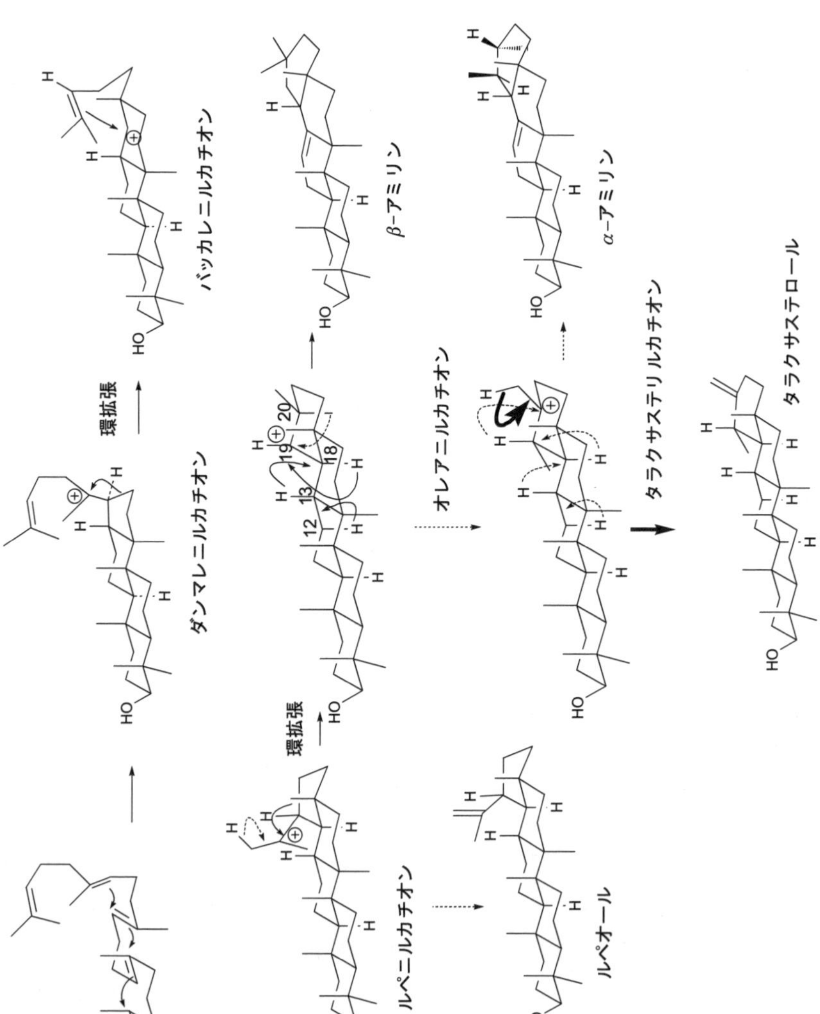

図 5-32 植物トリテルペンの生合成経路

にある水素同士で起きる。他方，オレアニルカチオンのアキシアル配置のC-20位メチル基がC-19位のカチオンへ転位すると，タラクサステリルカチオンが形成される。そのカチオンを消去するために，β-アミリン生合成経路にみられるヒドリド転位と二重結合の導入により，α-アミリンが合成される。タラクサステリルカチオンのメチル基から脱プロトンすれば，タラクサステロールとなる。

5-9 ステロイド

ステロイドは，シクロペンタノパーヒドロフェナントレン（cyclopentanoperhydrophenanthrene）を基本骨格とする化合物群，ならびにこれから派生する化合物群の総称である（図5-33）。天然ステロイドのA/B/C環は*trans-anti-trans*（5α-ステロイド），または*cis-anti-trans*（5β-ステロイド）の椅子型をとる。いくつかの例を図5-33に示した。動物ステロールとしてコレステロール，植物のステロール類，植物ホルモン，副腎皮質ホルモン，胆汁酸，昆虫の変態ホルモンや防御物質など，生物の生理作用に重要な関わりをもっている。

コレステロールはラノステロールから生合成される。その経路を図5-34に示した。ラノステロールから，ナンバリング28，29および30のメチル基，すなわちC-4位およびC-14位上のメチル基計3個が消失する過程を含み，かつラノステロールのC-8，C-9位の二重結合がC-5，C-6-位に移動する。また，C-24，C-25位の二重結合が還元される。まず，14α-デメチラーゼでラノステロールのC-14位のメチル基(28-メチル基)が消失する。分子状酸素とNADPHにより，メチル基がアルコール（ヒドロキシメチル）体，次にアルデヒド体へと酸化される。シトクロムP-450による（酵素-Fe-OOH）がアルデヒドのカルボニル基へ求核攻撃し，ホモリテックな開裂を受けてギ酸を放出する。ギ酸放出に伴い生成される二重結合はNADPHのハイドライドにより還元される。A環のC-4位にあるメチル基（29-メチル基）が同じように酸化されカルボキシル基となる。C-3位の水酸基がNAD$^+$により酸化されてカルボニル基となる。A環はβ位に電子吸引性をもつカルボニル基が存在するため，C-4位のカルボキシル基の脱炭酸が容易なβ-ケト酸構造となっている。脱炭酸後，生成したエ

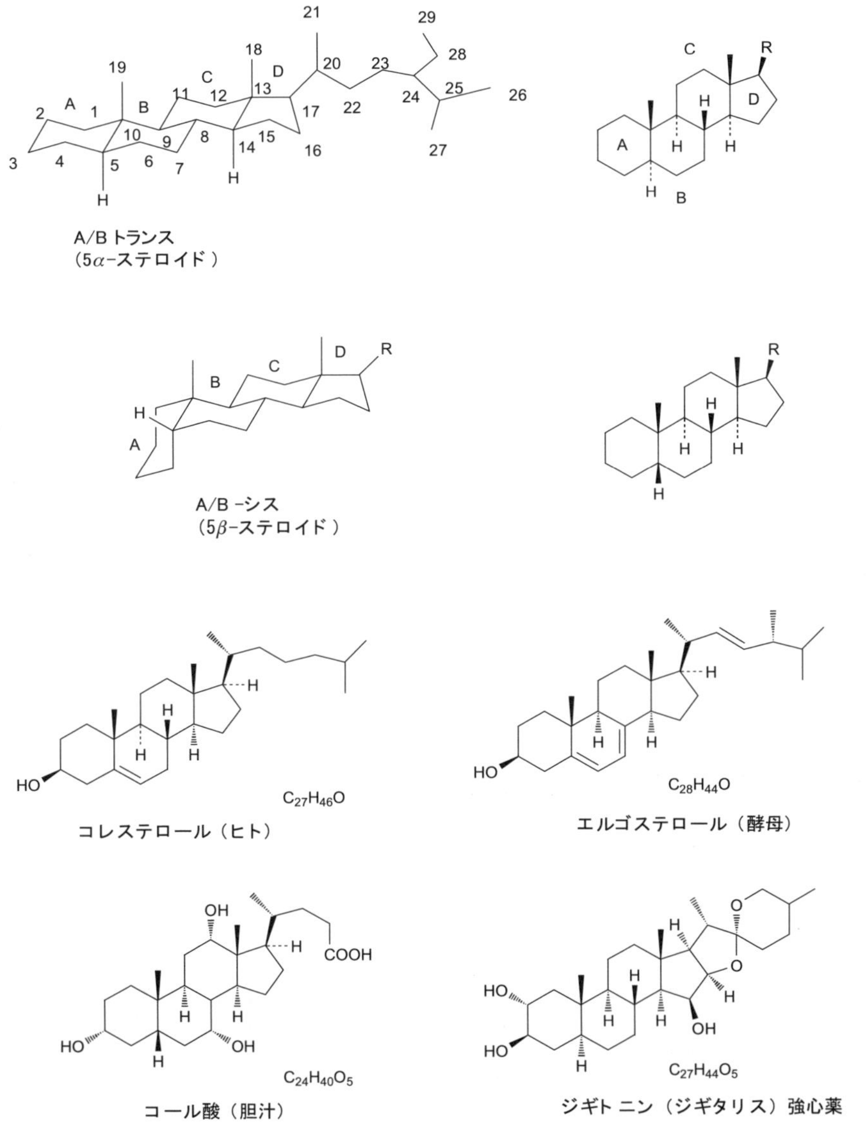

A/B トランス
（5α-ステロイド）

A/B -シス
（5β-ステロイド）

コレステロール（ヒト）　$C_{27}H_{46}O$

エルゴステロール（酵母）　$C_{28}H_{44}O$

コール酸（胆汁）　$C_{24}H_{40}O_5$

ジギトニン（ジギタリス）強心薬　$C_{27}H_{44}O_5$

図 5-33　ステロイドの構造

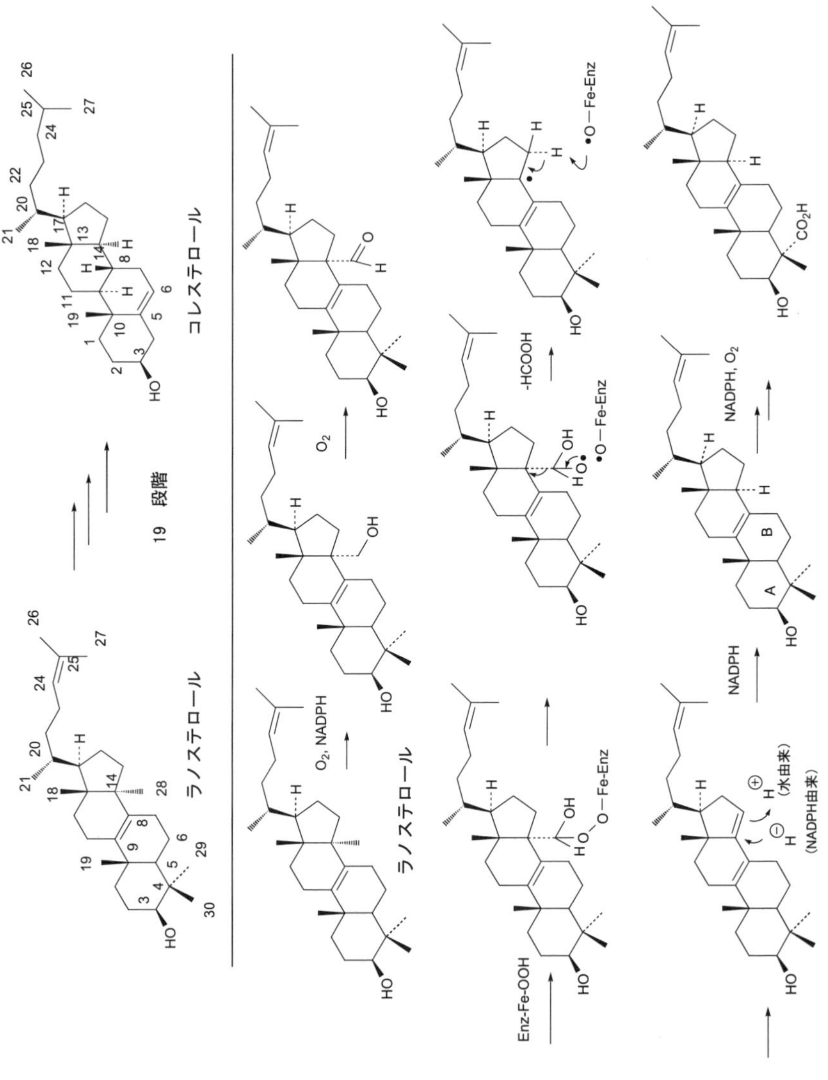

コレステロール

19 段階

ラノステロール

O₂

O₂, NADPH

ラノステロール

-HCOOH

Enz-Fe-OOH

NADPH, O₂

NADPH

H⁺ (水由来)
H⁻ (NADPH由来)

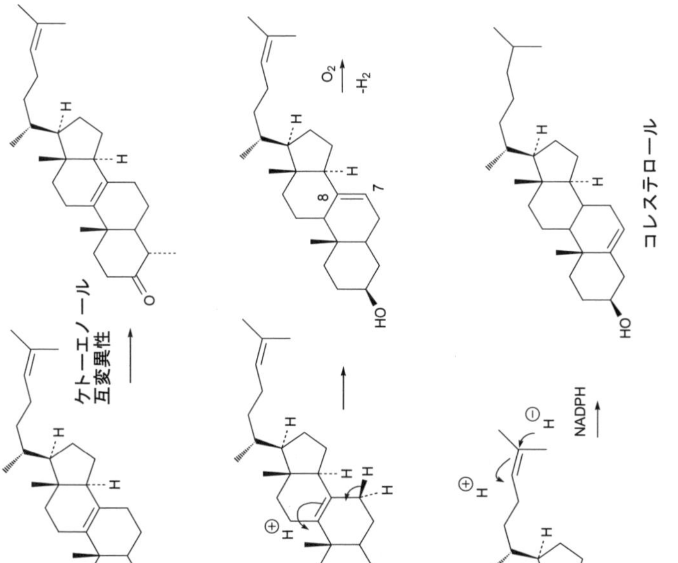

図5-34 コレステロール生合成経路

ノール型が安定なケト型へと互変異性化し，NADPHにより還元されてC-3位のカルボニル基がβ-配向の水酸基となる。同じメカニズムでC-4位に残っているメチル基も脱炭酸で消失する事により，C-4位は完全にメチル基がなくなる。C-8，C-9位の二重結合が酸触媒によってC-7，C-8位に異性化する。その後，C-5，C-6位が脱水素化され二重結合が導入される。NADPHにより，C-7，C-8位およびC-24，C-25位の二重結合が還元されてコレステロールが合成される。コレステロールから性ホルモンや副腎皮質ホルモンが生合成される（生合成経路省略）。これらの化学構造を図5-35に示す。テストステロンは男性ホルモン（アンドロゲン）であり，エストラジオール（エストロゲン）は女性ホルモンとして作用する。副腎皮質ホルモンはミネラロ（鉱質）コルチコイドとグルコ（糖質）コルチコイドに分けられる。ミネラロコルチコイドは遠位尿細管でのナトリウムの再吸収の促進，カリウムの排泄を促進する。グルココルチコイドは肝臓での糖の新生によって血糖値を上昇，また脂肪組織での脂肪の分解により脂肪酸濃度を上昇させる。コルチゾールはグルココルチコイドの1つであり，またアルドステロンはミネラロコルチコイドの1つである。

　植物，カビ，藻類のステロール類は，コレステロール骨格のC-24位（側鎖）にメチル基（炭素数1個）やエチル基（炭素数2個）が余分に付加している例が多い。酵母やカビに含まれるエルゴステロールもラノステロールが代謝されて生合成される（図5-36）。C-24位のメチル基はS-アデノシルメチオニンに由来する（p.72参照）。C-24，C-25位の二重結合のパイ電子がS^+への求核攻撃による置換反応によって起きる。C-25位にカチオンが生成することになる。そのカチオンを消去するために，ヒドリドの1,2-転位が起き，メチル基からプロトンが脱離してC-24位にメチリデン基が付加する。その後，C-4位の脱メチル化，C-24，C-25位の二重結合の還元や脱水素化によるC-22，C-23位の二重結合の導入が続き，次にB環での二重結合の異性化とC-5，C-6位での二重結合の新たな形成によりエルゴステロールが合成される。

　植物ホルモンのブラシノライドの生合成経路の一部を図5-37に示す。ブラシノステロイドとも呼ばれステロイド成分としても分類される。詳細な経路が解明されており，カンペステロールやカスタステロンが生合成中間体である。

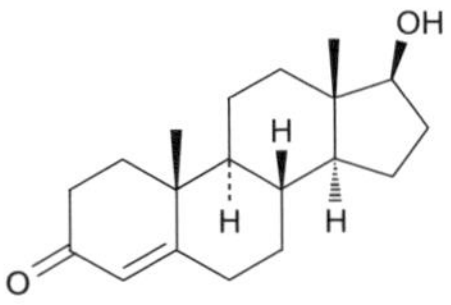

テストステロン
アンドロゲン
（男性ホルモン）

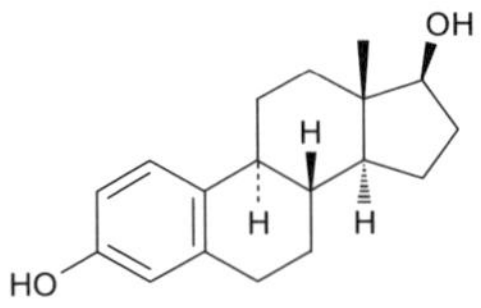

エストラジオール
エストロゲン
（女性ホルモン）

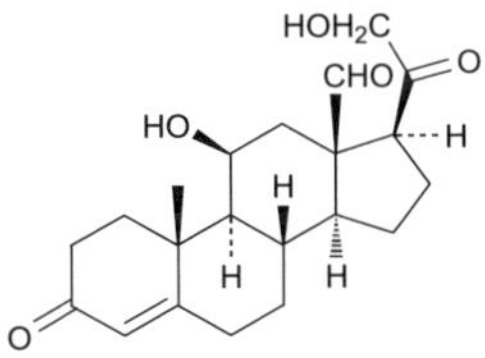

アルドステロン
ミネラロコルチコイドの1つ

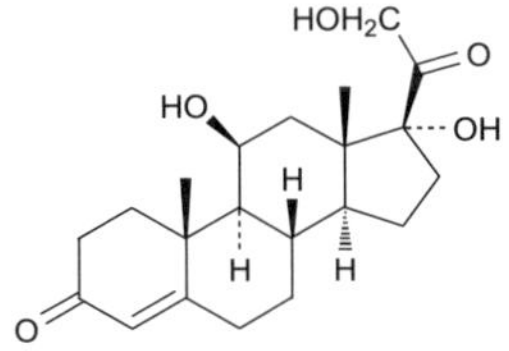

コルチゾール
グルココルチコイドの1つ

図 5-35　性ホルモンと副腎皮質ホルモン

　カスタステロン（環状ケトン）からブラシノライドへの変換（7員環ラクトン）は，有名なバイヤー・ビリガー（Baeyer・Villiger）反応と類似の機構で進行すると考えられる（反応機構の説明 p.179 参照）。ブラシノライド（BS）は農業上重要なホルモンであり，成長促進，細胞分裂促進作用を示し，花粉に微量に存在する。BS の特徴的な作用の1つは，イネ葉身屈曲（lamina joint bending）である。イネの芽生えに BS を与えると，葉身と葉鞘の接合部（lamina joint）で葉身が屈曲するものである。ジベレリンやオーキシンも同様な作用を多少示すが，BS は低い濃度で極めて顕著な屈曲を引き起こす。この作用は，BS の生物検定に広く使われている。BS は，ほかに花粉管の伸長促進，種子の発芽促進，不定根の形成阻害，エチレン生成促進，水素イオン分泌促進などの効果も報告されている。興味あるもう1つの作用は，穀類の子実の収量の増加をもたらす。特に，生育条件の悪い時にその効果が認められる。
　昆虫およびエビ・カニなどの甲殻類の脱皮ホルモンとして，α-エクジソンや

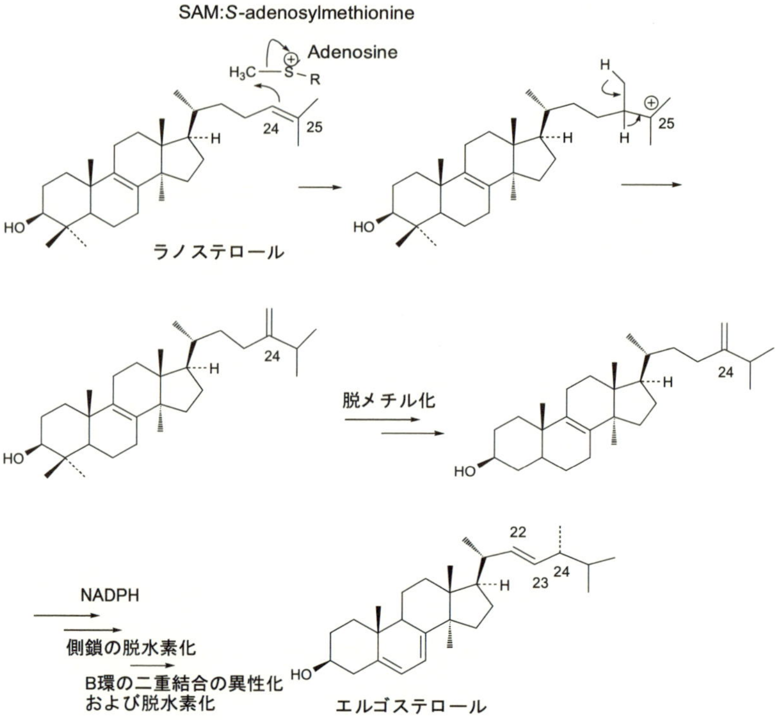

SAM: *S*-adenosylmethionine

ラノステロール

図5-36 エルゴステロールの生合成経路

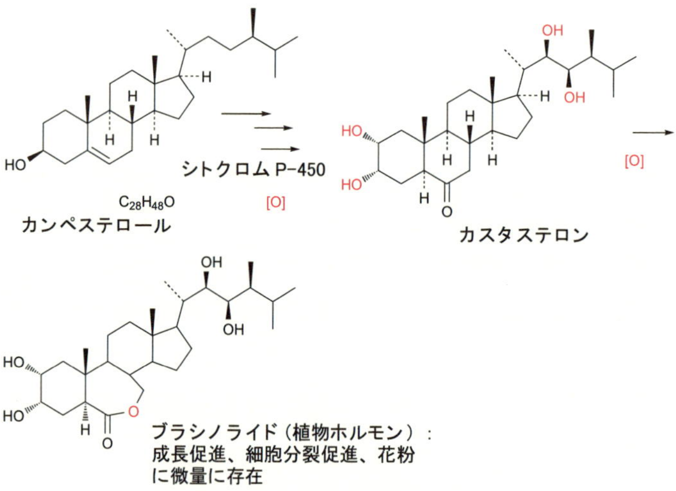

NADPH
側鎖の脱水素化
B環の二重結合の異性化
および脱水素化

エルゴステロール

カンペステロール
$C_{28}H_{48}O$
シトクロム P-450
[O]

カスタステロン
[O]

ブラシノライド（植物ホルモン）：
成長促進、細胞分裂促進、花粉
に微量に存在

図5-37 ブラシノライドの生合成経路

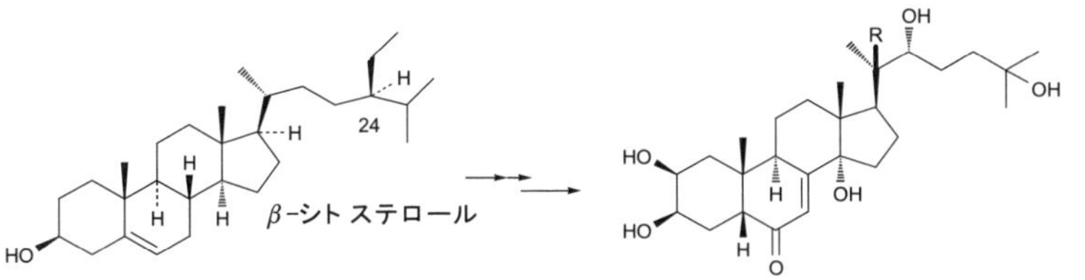

第5章 イソプレノイド 173

β-シトステロール

植物由来のβ-シトステロール等の植物ステロールからコレステロールを経る代謝を行い生合成される。

R=H: α-エクジソン
R=OH: β-エクジソン(20-ヒドロキシエクジソン)

昆虫およびエビ・カニなどの甲殻類

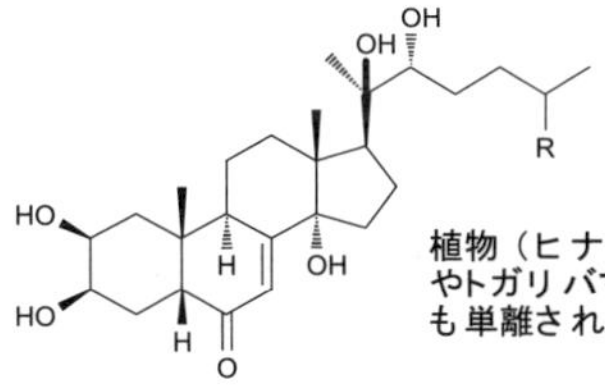

植物（ヒナタイノコズチやトガリバマキ）からも単離されている。

R=H: ポナステロンA
R=OH: イノコステロン

図5-38 昆虫のホルモン

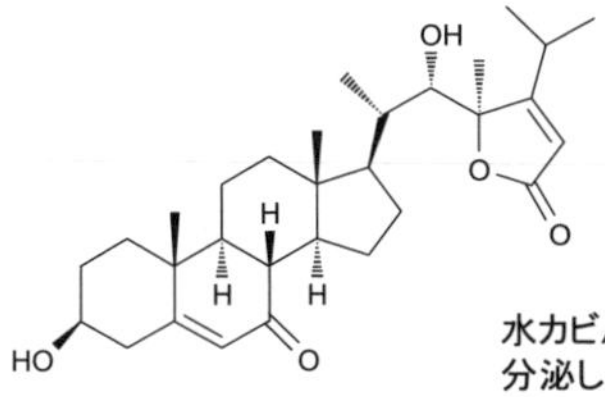

水カビ*Achlya bisexualis*の雌性菌糸が分泌し雄性菌糸に造精器が作られる

アンテリジオール

図5-39 微生物ホルモン

β-エクジソンが有名である（図5-38）。昆虫はコレステロール骨格形成の生合成能力をもたないので，餌（植物）に含まれるβ-シトステロール類からコレステロールを経てエクジステロイドを生合成する。シトステロールは，コレステロールのC-24位がエチル基に置換したコレステロールの同族体である。植物にもエクジステロイド（フィトステロイド）を含有しているものもある。例えばヒナタイノコズチやトガリバマキから見い出されている（図5-38）。

アンテリジオールはステロイド骨格をもち，微生物ホルモンとして知られている（図5-39）。水カビ *Achlya bisexualis* の雌性菌糸が分泌し雄性菌糸に造精器を作る作用をもっている。

天然甘味料としてのステロイド配糖体としてオスラジンがシダ植物のオオエゾシダの根から単離された（図5-40）。砂糖の150倍も甘味があるといわれている。

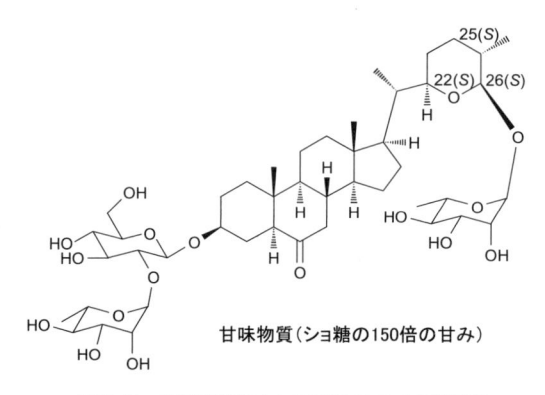

甘味物質（ショ糖の150倍の甘み）

図 5-40　天然甘味料としてのステロイド配糖体

5-10　テトラテルペン

C_{40} のテトラテルペンの代表的な化合物を図5-41に示す。通称カロテノイドと呼ばれ，2分子のゲラニルゲラニル二リン酸が tail-to-tail で縮合して炭素数が40個になったカロテンとこれが酸素化されたキサントフィルに分類される。カロテノイドは共役二重結合をもっているので，一般に黄色や赤色を示す。微生物，植物，動物と広く分布している天然色素である。鎖状分子のリコペンはトマトの赤色色素である。一部環状化した構造の β-カロテンはニンジン，α-カロテンは緑葉に分布している。植物や光合成細菌では光エネルギー伝達における補助色素として働く。また，ゼアタンチン，ビオラキサンチンやルテインは緑葉に含まれる。アスタキサンチンは甲殻類やサーモンのピンク～赤色に関与する。しかし，これらの生物はカロテノイド生合成能力を欠いているので，餌から得られる β-カロテンを代謝してアスタキサンチンを合成していると考えられる。最近ではカロテノイドは抗酸化作用をもつ物質として注目されている物

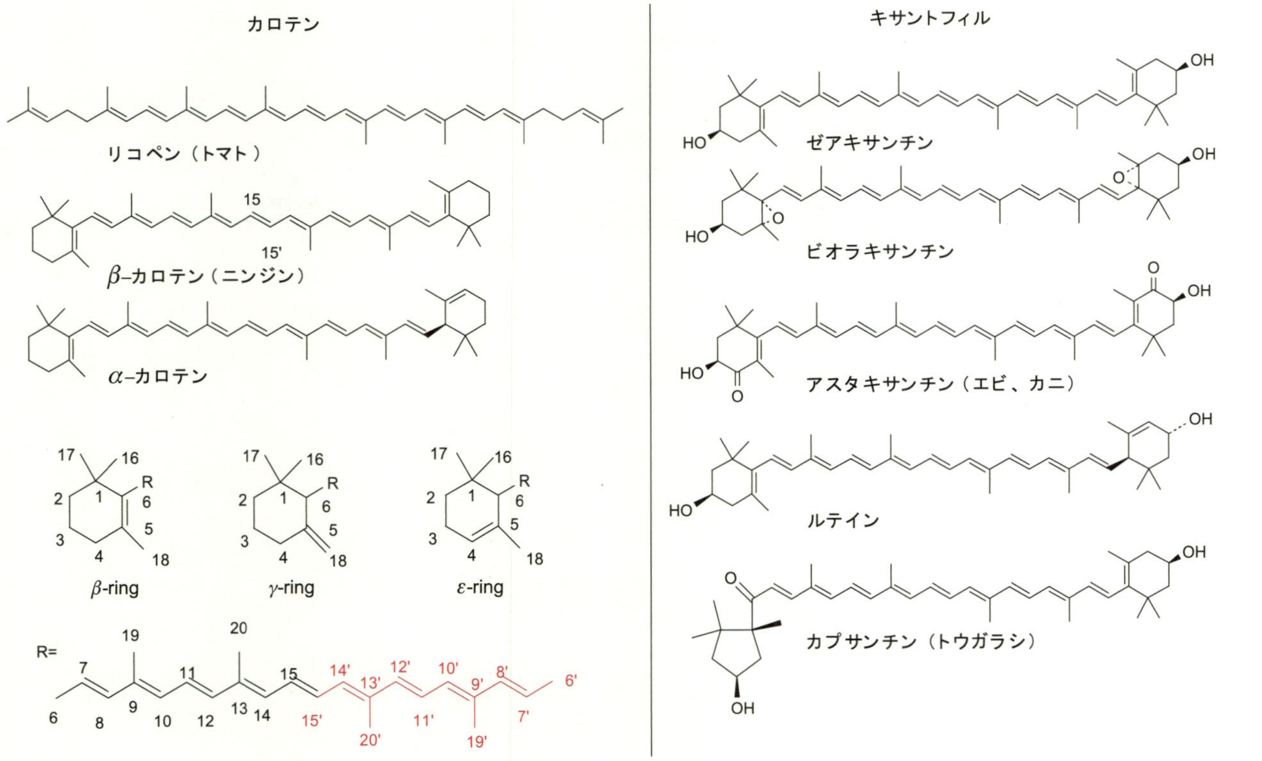

カロテン
リコペン（トマト）
15
15'
β–カロテン（ニンジン）
α–カロテン
17
16
R
1
2
3
4
5
6
18
β-ring
γ-ring
ε-ring
R=
6
7
8
9
10
11
12
13
14
15
19
20
14'
13'
12'
11'
10'
9'
8'
7'
6'
15'
20'
19'
キサントフィル
ゼアキサンチン
ビオラキサンチン
アスタキサンチン（エビ、カニ）
ルテイン
カプサンチン（トウガラシ）
HO
OH
O

図5-41　代表的なテトラテルペン（C_{40}）の構造とその骨格

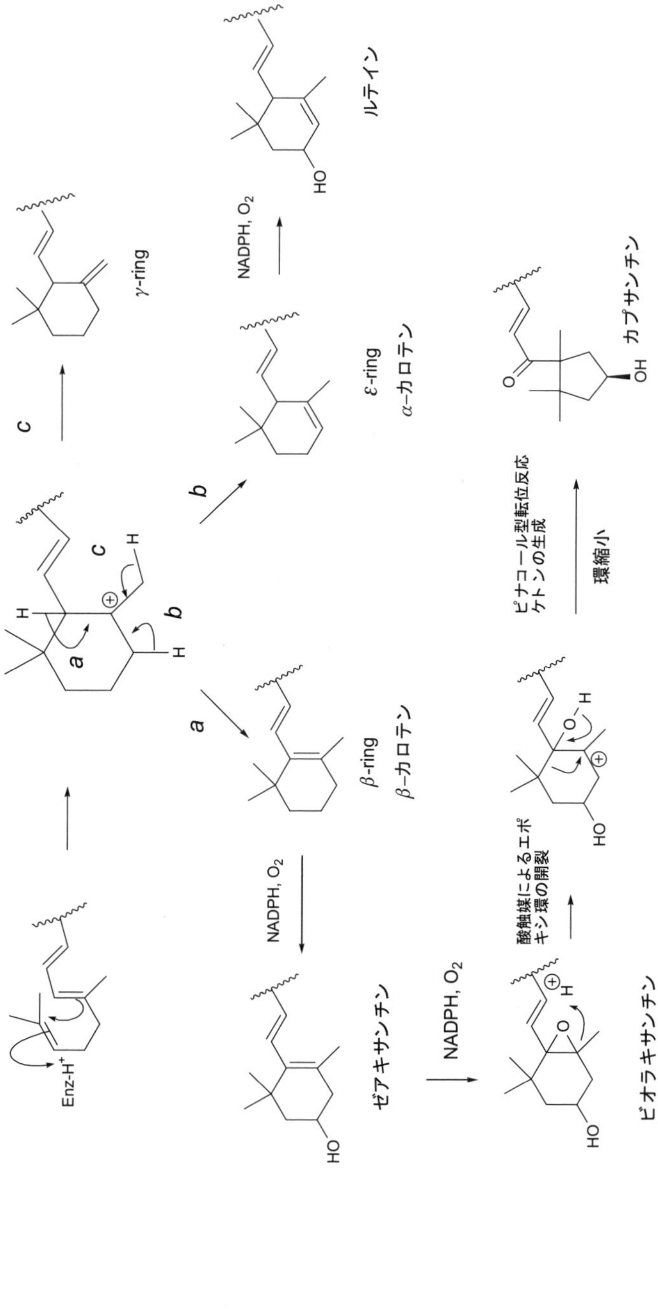

図5-42 カロテノイドの生合成

質でもある。

　環化反応は両末端で起こる。両末端の単環性骨格に生じたカチオンを消去するための脱プロトンの仕方によって，β, γ, ε などの種類に分けられる（図5-42）。分子状酸素と NADPH の作用でカロテンが酸素化され，キサントフィルが合成される。ビオラキサンチンのエポキシドが，酸触媒により開裂し，ピナコール型転位反応（図5-3参照）を経由して6員環から5員環へ環縮小してトウガラシの赤色素のカプサンチンが生合成される。

　ビタミン A は β-カロテンが中央部（C15–C15'）で開裂した骨格をもっている。この開裂はジオキシゲナーゼの作用により分子状酸素が付加しレチナールと呼ばれる2分子のアルデヒドの生成へと導く。この二重結合の酸素化開裂は

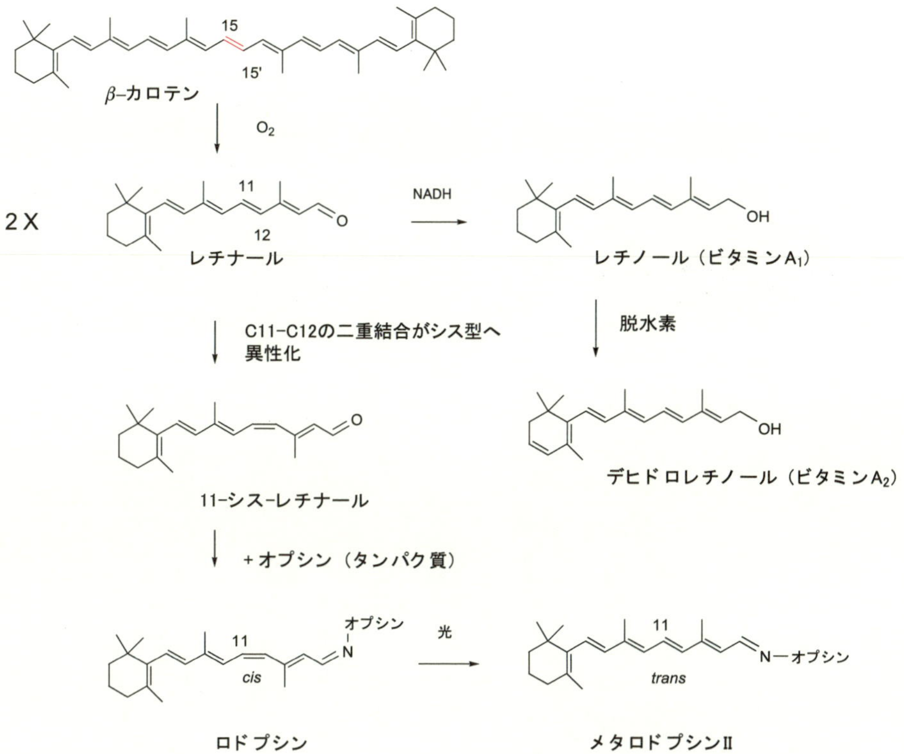

図5-43　レチナール、ビタミンAの生成および視覚に関与する機構

5-5節で記したアブシジン酸の生合成経路でもみられる。レチナールはNADHによる還元を受けてレチノール，すなわちビタミンA_1となる。レチノールから脱水素してデヒドロレチナールとなり，これがビタミンA_2と呼ばれる。レチナールのC11–C12の二重結合が異性化して11-シス-レチナールとなるが，これはあらゆる生物の視覚に関与する光感受性色素でもある。11-シス-レチナールはタンパク質のオプシンと結合し光感受性物質ロドプシンに変換される。光があたるとレチナールのシス型がトランス型に変化してメタロドプシンIIへと変換される。このシス-トランス異性化が視覚を感じさせる神経インパルスを引き起こす（図5-43）。

反応機構の説明

ピナコール転位反応の説明

1,2-ジオールが酸触媒によりアルデヒドやケトンを生成する際転位反応を伴う。下記の反応機構で進む。

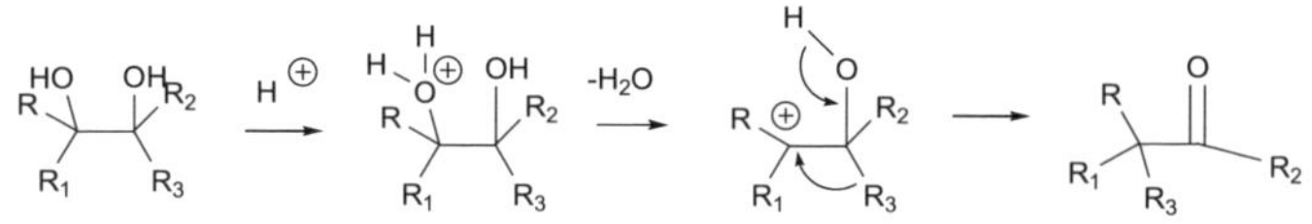

バイヤー・ビリガー酸化の説明

過酸で酸化すると，鎖状ケトンはエステルに，環状ケトンはラクトンになる反応機構は，次のように考えられる。

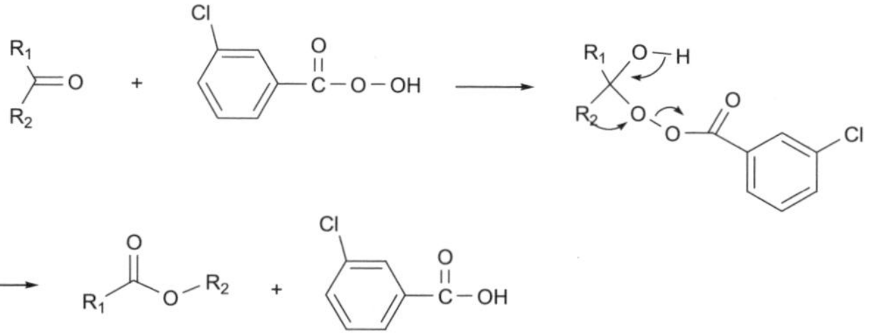

下記に示すようにカスタステロンのアセチル体をCF_3COOOHの過酸で処理し，アルカリで脱アセチル化するとブラシノライドを化学合成できる。

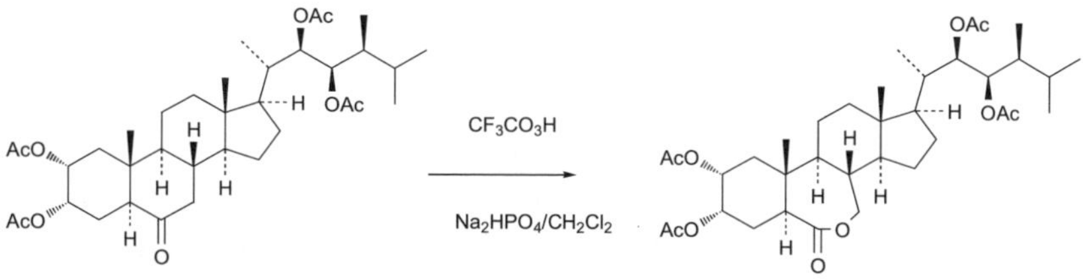

カスタステロンのアセチル体

1) aq. NaOH
2) 微酸性 HCl

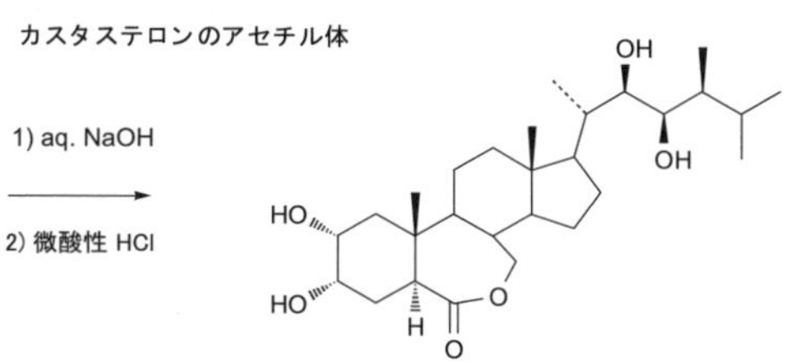

通常は置換基の多い側に酸素が入るが，カスタステロンの反応では逆側に入っている。

■演習問題

問1 メバロン酸経路では3分子のアセチルCoAからヒドロキシメチルグルタリルCoA (HMGCoA) が生合成される。これらの一連の反応過程では2分子のアセチルCoAのクライゼン縮合を受けてアセトアセチルCoAが生成し、もう一分子のアセトアセチルCoAが立体特異的アルドール反応を行いHMGCoAとなる。これらの反応過程を構造式と矢印を用いて説明せよ。また、生体内の反応は一般にチオエステルが使われる。その理由も述べよ。

問2 下記に示す天然物は微生物ホルモンとして知られている。ロドトルシンAは酵母 *Rhodosporidium toruloides* の接合形成誘導ホルモンであり、トレメロゲンA-10はシロキクラゲ *Tremella mesenterica* の接合形成誘導ホルモンである。これらの構造には四角で囲ったイソプレノイド側鎖をもっている。これらの側鎖は、モノテルペン、セスキテルペン、ジテルペンあるいはトリテルペンなのか、答えよ。

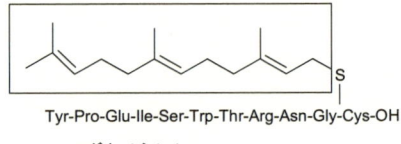

Tyr-Pro-Glu-Ile-Ser-Trp-Thr-Arg-Asn-Gly-Cys-OH

ロドトルシンA

Gln-His-Asp-Pro-Ser-Ala-Pro-Gly-Asn-Gly-Tyr-Cys-OCH$_3$

トレメロゲンA-10

問3 5環性トリテルペンであるホペン合成酵素を遺伝子操作により、特定のアミノ酸を別なアミノ酸へ置換したところ、下記の構造の物質 **1〜5** が蓄積してきた。図5-30を参考にして、それぞれの生成機構を脱プロトンおよびヒドリドイオンやメチル基の1,2-転位を考慮して説明せよ。また、水分子の付加も考慮せよ。

第 5 章 イソプレノイド 181

第 6 章

フェニルプロパノイド

　天然に存在する芳香族化合物のなかには，ケイ皮酸，芳香族アミノ酸，クマリン，リグニンの構成成分であるリグナン，フラボノイドなど，芳香環(C_6)および C_3 個の側鎖の結合した構造を基本骨格としている化合物およびその誘導体が多数ある。これらの化合物は細菌，カビ，酵母，藻類，植物，など多くの生物から見い出されている。例えば，精油成分であるシンナムアルデヒド（ケイヒ），オイゲノール（チョウジ），アネトール（ウイキョウ），サフロール（サッサフラス）などは最も単純な C_6–C_3 化合物として知られた芳香物質である（図）。このような化合物をフェニルプロパノイドと呼んでいる。これらの化合物の生合成経路は，Davis らにより初期には微生物系での研究によって明らかにされ，古くから広く植物成分からも見い出されていたシキミ酸が生合成の重要な中間体であることからシキミ酸経路という。

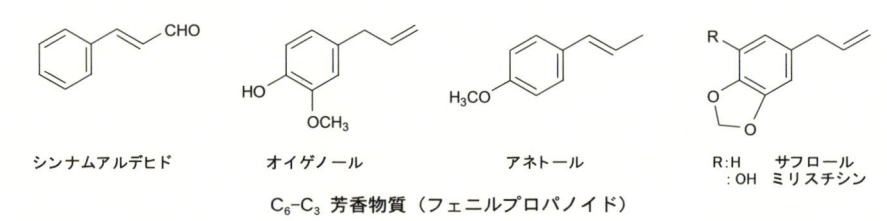

シンナムアルデヒド　　オイゲノール　　　　アネトール　　　R:H　サフロール
　　　　　　　　　　　　　　　　　　　　　　　　　　　　　　:OH　ミリスチシン
　　　　　　　　C_6–C_3 芳香物質（フェニルプロパノイド）

6-1　シキミ酸，コリスミン酸，プレフェン酸の生合成

　シキミ酸を経たコリスミン酸，プレフェン酸の生合成経路は図 6-1 に示すと

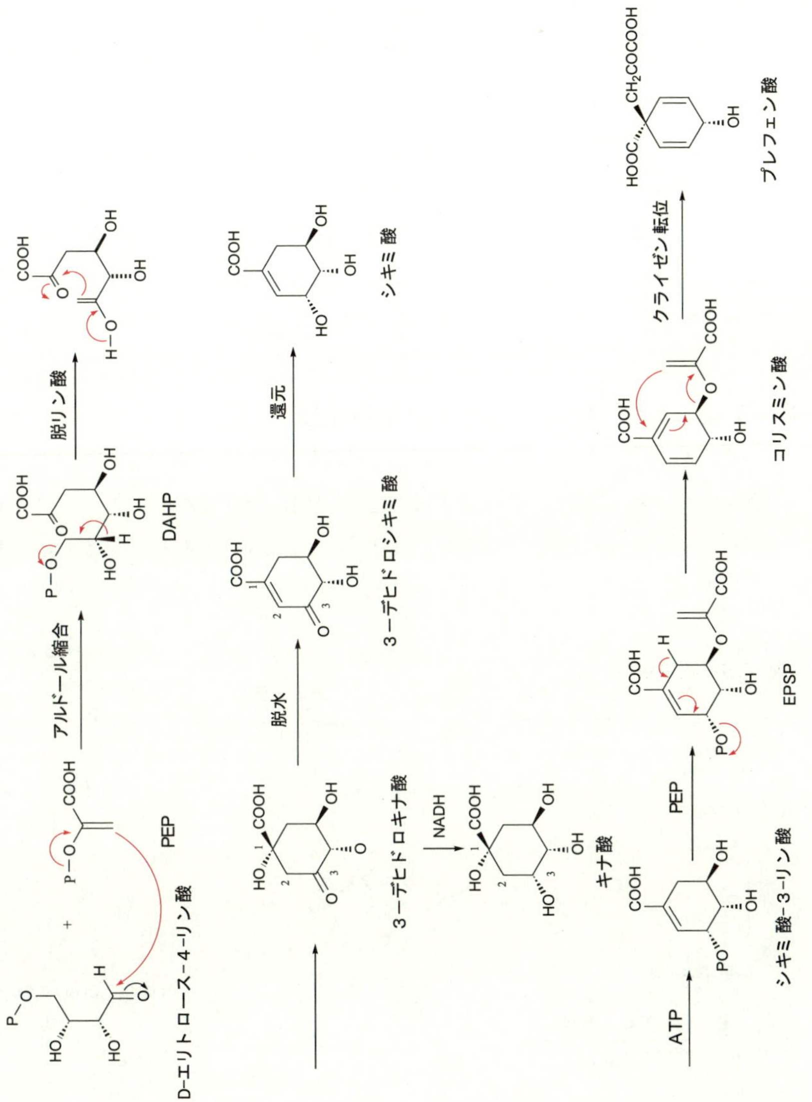

図6-1 シキミ酸, コリスミン酸, プレフェン酸の生合成経路

おりである。最初に，糖の代謝によって生成した D-エリトロース-4-リン酸とホスホエノールピルビン酸（PEP）が縮合して，3-デオキシ-D-アラビノ-ヘプツロソナート-7-リン酸（DAHP）が生成する。ついで，脱リン酸，立体選択的アルドール反応により環化して，3-デヒドロキナ酸を生成する。さらに脱水して 3-デヒドロシキミ酸，NADH による還元によりシキミ酸が得られる。この過程の 3-デヒドロキナ酸は NADH で還元されるとキナ酸となり，キナ酸の誘導体が植物成分として存在している（図 6-3 b）。

シキミ酸はリン酸化によりシキミ酸-3-リン酸となり，ついで C-5 位において PEP と反応し EPSP（5-enolpyruvylshikimic acid-3-phosphate）を生成した後，コリスミン酸となり，ついでクライゼン転位反応を経て，プレフェン酸となる。

6-2　フェニルアラニン，チロシンの生成

フェニルアラニン，チロシンの生成についてはいくつかの経路がある（図 6-2）。つまり，プレフェン酸の C-4 位の水酸基が脱離，脱炭酸によりフェニルピルビン酸が，また水素が脱離，脱炭酸により p-ヒドロキシフェニルピルビン酸

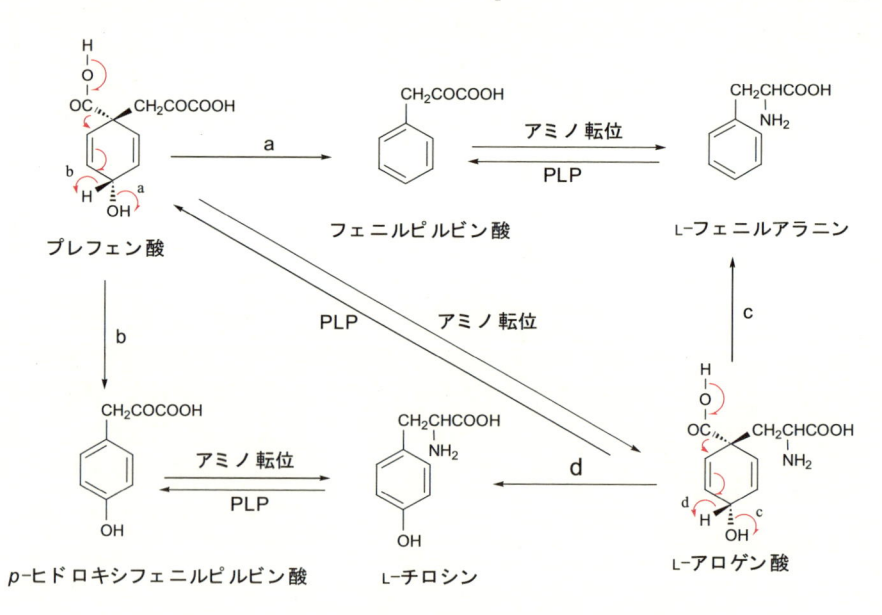

図 6-2　L-フェニルアラニンおよび L-チロシンの生合成

が得られる．ついで，それぞれの酸のカルボニル基がアミノ基に変わること（アミノ転位）によってフェニルアラニン，チロシンが生成する．また，プレフェン酸へのアミノ転位により L-アロゲン酸を経る経路がある．しかし，ある種の細菌では，プレフェン酸からフェニルピルビン酸を，L-アロゲン酸からチロシンを生成する酵素がないことが明らかにされている．

6-3 フェニルアラニン，チロシン由来の C_6-C_3，C_6-C_1 化合物

L-フェニルアラニンは，フェニルアラニンアンモニアリアーゼ（PAL）によって立体選択的に（E）-ケイ皮酸（C_6-C_3）化合物となり，ついでケイ皮酸は β-酸化によって安息香酸（C_6-C_1）になる．また，L-チロシンからも同様な経路で C_6-C_3 化合物（p-クマル酸），C_6-C_1 化合物（p-ヒドロキシ安息香酸）が得られる（図 6-3 a）．

これら p-クマル酸，p-ヒドロキシ安息香酸，フェルラ酸などの化合物は植物の成長阻害物質である．被子植物ではフェルラ酸がさらに酸化され，ついでメチル化してシナプ酸になる．フェルラ酸の二重結合およびカルボキシル基の還元されたジヒドロコニフェリルアルコールはジベレリンの協力物質として知られている．カフェー酸は広く植物界に存在する抗菌成分であり，キナ酸とエステル結合したクロロゲン酸としてコーヒー中に存在している．また，キナ酸

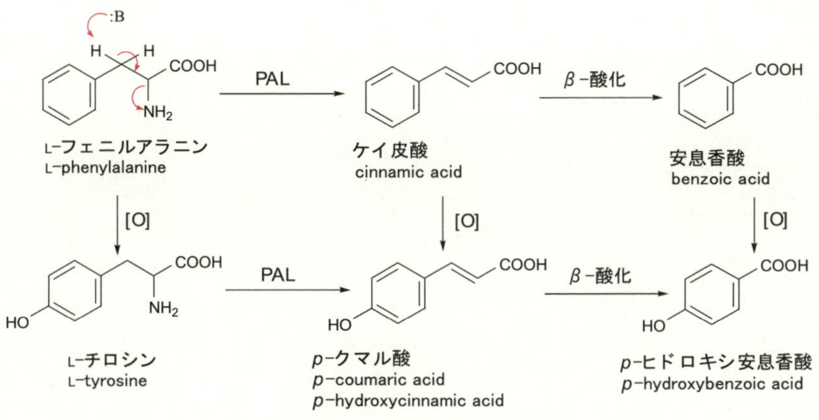

図 6-3 a　C_6-C_3，C_6-C_1 化合物の生成

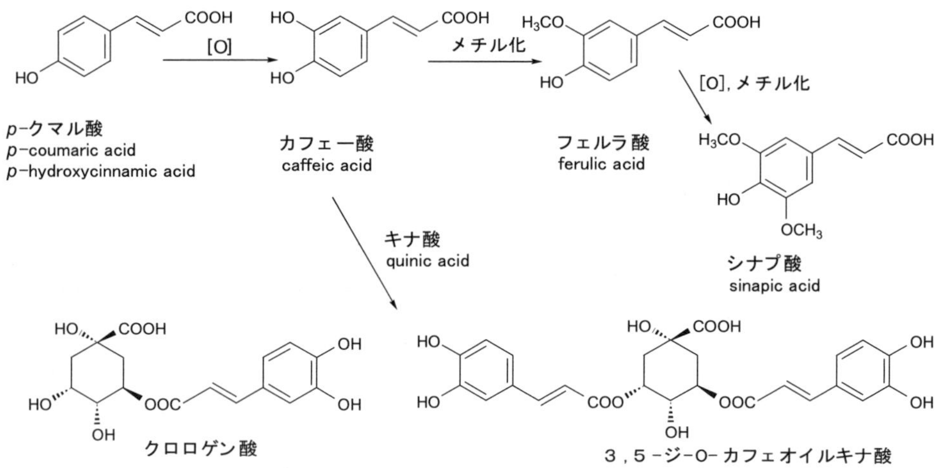

図6-3 b　p-クマル酸の誘導体

に2個のカフェー酸がC-3，C-5位で結合した化合物がナシ病原菌の感染阻害物質として，葉の中に存在している（図6-3 b）。また，クロロゲン酸はp-クマル酸とキナ酸がエステル結合した後，酸化されてカフェー酸部分が生成する経路も明らかにされている。

6-4 アミノ安息香酸の生成

アントラニル酸およびp-アミノ安息香酸は，グルタミンがグルタミン酸になるときに生成するアンモニアが関与している。アントラニル酸はコリスミン酸のC-4位の水酸基が脱離し，C-2位にアミノ基が付加したのちC-3位のピルビン酸の脱離によって生成する。アントラニル酸はキノリン，キナゾリンアルカロイドの起源となっている。アントラニル酸誘導体である2-ピルボイルアミノベンズアミドはカビのつくる抗オーキシン物質として知られている。また，p-アミノ安息香酸はイソコリスミン酸のC-2位の水酸基が脱離し，C-4位にアミノ基が付加したのちC-3位のピルビン酸の脱離によって生成する（図6-4）。これらの化合物の誘導体は植物の成分として多数存在し，酵素レベルの研究が進められている。植物成分のm-カルボキシフェニルアラニンはイソコリスミン酸のクライゼン転位によって生成する。

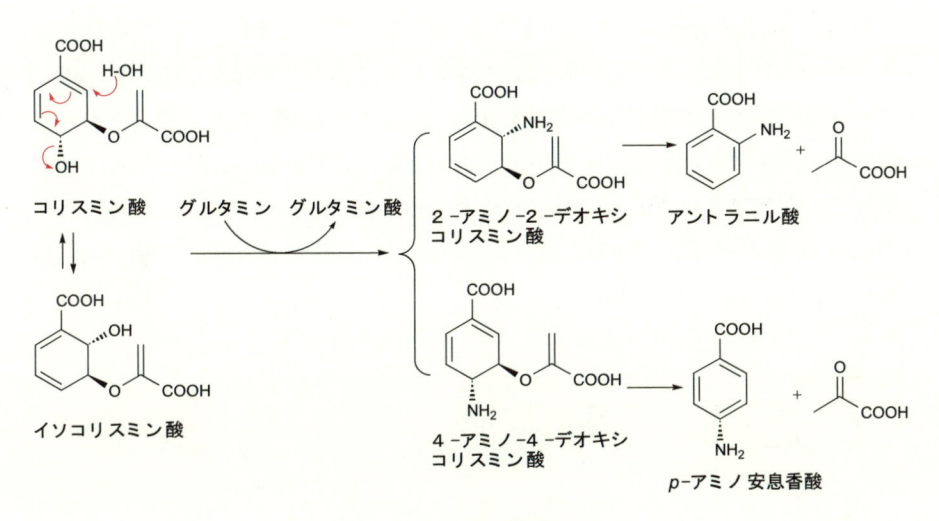

図6-4 アミノ安息香酸の生成

6-5 トリプトファンと誘導体の生成

アミノ酸の1つであるトリプトファンはインドール骨格をもった化合物であり，トリプトファン由来のアルカロイドは多数植物成分中および微生物の代謝産物中に見い出されている。生合成はアントラニル酸が5-ホスホリボシル-1-ピロリン酸と反応し，N-o-カルボキシフェニル-D-リボシルアミン-5-リン酸，つぎにシッフ塩基を経由したアマドリ転位を経てインドール-3-グリセロールリン酸となる。ついで，セリンがPLPとシッフ塩基となりアルキル化をして，グリセルアルデヒド-3-リン酸が脱離して，トリプトファンが生合成される(図6-5)。

トリプトファンは中枢神経系の神経伝達物質であるセロトニン(5-ヒドロキシトリプタミン)や植物ホルモンのオーキシン(IAA)の前駆体である。

セロトニン(5-ヒドロキシトリプタミン)は5-ヒドロキシトリプトファンを経て生合成される。

IAAの生合成経路はいくつかあり，トリプトファンが脱アミノ化されインドール-3-ピルビン酸および脱炭酸されたトリプタミンになり，ついで，インドール-3-アセトアルデヒドを経る経路，インドール-3-アセトアミドを経る経路などが主要な経路で，生物の種類によって主にどの経路を経てIAAを生合成するかが明らかにされている。天然物の中には，インドール-3-酪酸(IBA)やIAAよりオーキシン活性の強いといわれている4-クロロインドール-3-酢酸が存在している(図6-5)。

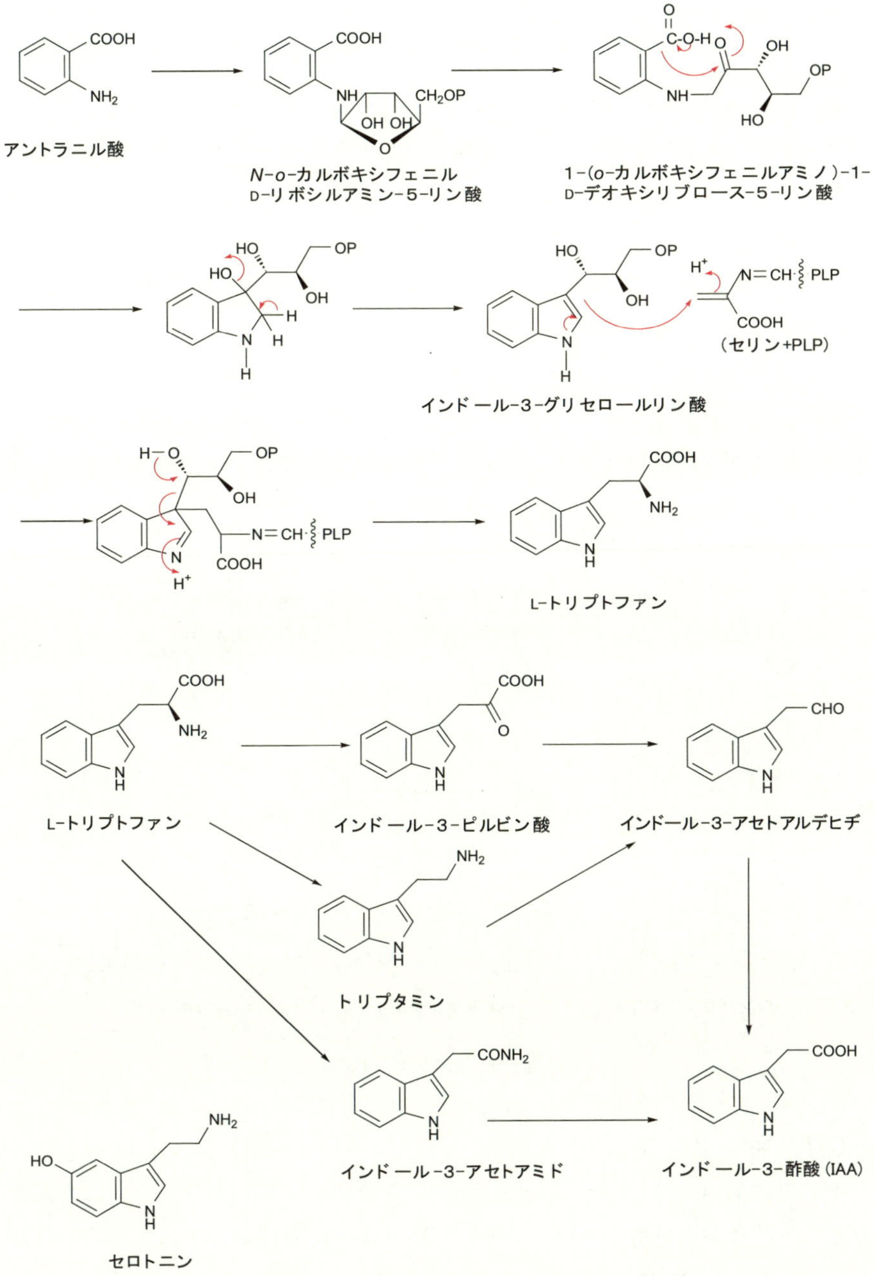

第6章　フェニルプロパノイド　189

図6-5　L-トリプトファンとIAAの生合成

6-6 クマリン

クマリンはケイ皮酸がオルト水酸化されo-クマル酸となり，グルコシド化のあとで光によるE-Z異性化反応を経て生成する。多くのクマリンはC-7位の炭素が水酸化されているが，ケイ皮酸が水酸化されたp-クマル酸が出発物質になり，つぎにC-2位に水酸基が導入され，グルコシル化した後にE-Z異性化反応を経てクマリンが生合成されるからである。

クマリンはラベンダー油などから得られ，桜の葉に含まれる中間体のO-β-D-グルコシルクマル酸は香料として用いられる。

ウンベリフェロンはサツマイモのファイトアレキシンであり，日焼け止めのクリームなどに，またエスクレチンはモクセイやトチの樹皮に多量に含まれ，毛細血管透過性の抑制作用などがある。エスクレチンがメチル化されたスコポレチンはハシリドコロから得られる（図6-6）。

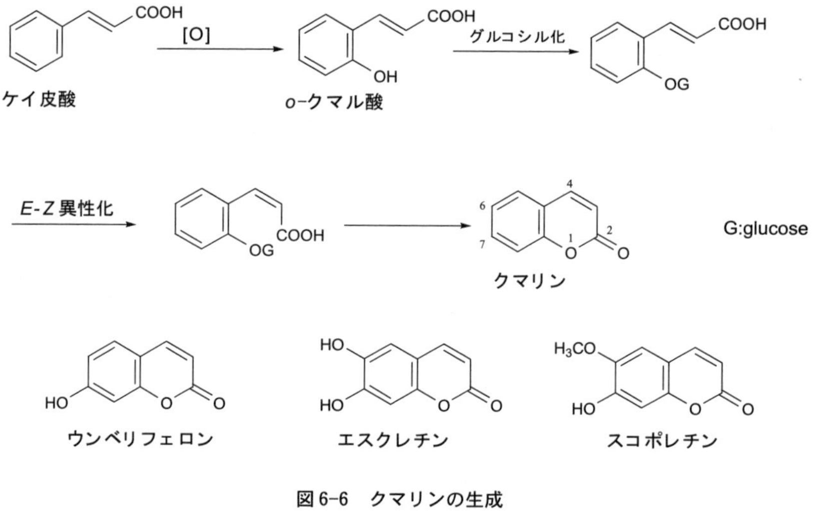

図6-6　クマリンの生成

6-7 キノン

キノンは1,4-ベンゾキノン，1,4-ナフトキノン，アントラキノンに大別される。ポリケチド（酢酸-マロン酸）経路，シキミ酸経路によって生合成される。これらの化合物にはイソプレノイド側鎖をもった化合物がある。

6-7-1 ユビキノン

1,4-ベンゾキノン骨格をもったユビキノンは，生体細胞のミトコンドリアに存在し，酸化的リン酸化の電子伝達系に関与している。細菌ではコリスミン酸からピルビン酸の脱離，植物や動物ではフェニルアラニンの分解によって生成した p-ヒドロキシ安息酸が生成する。ポリプレニル化した後，酵母ではⅰ，細菌ではⅱの経路を経て 2-ポリプレニル-6-メトキシフェノールとなり，順次メチル化，酸化，メチル化によってユビキノンがつくられる。生物によってプレニル基の数が異なり，酵母では $n=6$，大腸菌では $n=8$，人では $n=10$ である（図 6-7 a）。

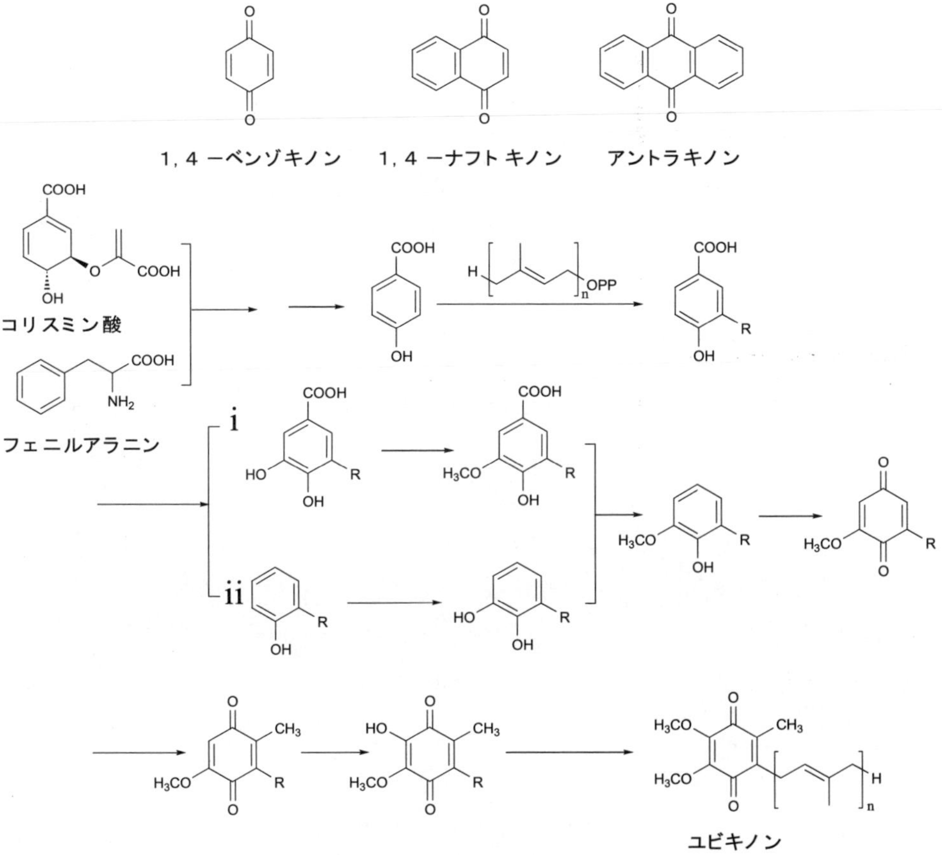

1,4-ベンゾキノン　　1,4-ナフトキノン　　アントラキノン

図6-7 a　ユビキノンの生合成

6-7-2 ナフトキノン

ビタミン K_1 は，コリスミン酸がイソコリスミン酸を経て，2-カルボキシナフトキノールになり，プレニル化してつくられる。

ジュグロンはクルミの木の下には草が生えにくいということから，その原因物質として見い出された化合物で，2-カルボキシナフトキノールが脱炭酸，酸化されて生成する。ほかにも抗菌作用，キクイムシの摂食阻害活性があり，シキミ酸経路に由来しているが，ナフトキノン骨格に置換基のついたプルムバギンや 7-メチルジュグロンは，ポリケチド経路によってつくられる。

多くのアントラキノン類は，ポリケチド経路によって生成するが，A 環に置換基のないセイヨウアカネの黄色色素であるアリザリンは，シキミ酸経路によってつくられる（図 6-7 b）。

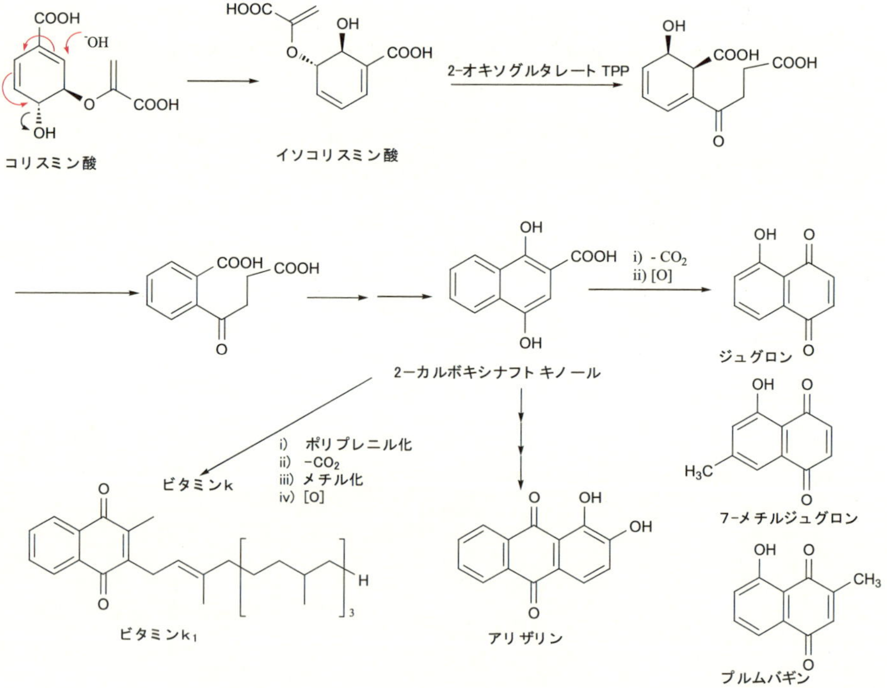

図6-7 b　ナフトキノン類の生合成

6-8 リグニン

リグニンはセルロースとともに植物木部の細胞壁の主要構成要素であり，C_6–C_3 化合物の酸化重合体である。リグナンは一般に C_6–C_3 化合物の C-8 位で 2 分子が結合した化合物の総称である。典型的なリグナンはフェルラ酸が還元されたコニフェリルアルコールの酸化的カップリング反応によって生成る。すなわち，コニフェリルアルコールの水素が引き抜かれラジカルとなりもう 1 分子のラジカルとカップリングして共有結合を形成する。ラジカルの炭素位置から C-1，C-3，C-5 および C-8 位で結合できるが，多くのリグナンは C-8 位–C-8' 位の結合である（図 6-8 a）。C-8 位–C-5' 位で結合したリカリン A や C-8 位–C-1' 位で結合したグアイアニンなどの化合物もある。これらの C-8 位–C-8' 位の結合でないリグナンをネオリグナンという（図 6-8 b）。

セサミンは広く存在するピノレシノールの酸化により 2 分子の脱水が起こり生成し，ゴマ油中に存在し油の酸化防止作用がある。

エンテロジオールは哺乳類から最初に見い出されたリグナンである。

ゴミシン A はチョウセンゴミシから単離された化合物のうちの 1 つで，類縁体が 30 種以上存在し，肝障害防止作用，鎮咳作用などの研究がされている。

6-9 フラボノイド

フラボノイドは，フェニルクロマン骨格（C_6–C_3–C_6）骨格をもつ化合物の総称であり，フラボノイドは配糖体として存在することが多い。生合成経路は 1 個のフェニルプロパノイドと 3 個の酢酸ユニットが結合しカルコンを形成する。酢酸ユニットからできた芳香環（A 環），フェニルプロパノイド由来の芳香環（B 環），A 環の水酸基と二重結合とが分子内で反応して C 環をつくる。この化合物がフラバノンでありフラボノイドの基本構造である。C 環の置換様式により，フラボノール，フラバノン，ジヒドロフラボノール，イソフラボン，アントシアニジン，オーロン，フラバン-3-オールに分類される（図 6-9 b）。カルコンからラジカル反応によってつくられるオーロンは (E)-，(Z)- の混合物であるが，天然物中では，(Z)-体が多い。カルコンは黄色色素として植物に含まれている。キンギョソウの花の黄色色素はオーロンの 4, 6, 3', 4'-テトラヒドロ

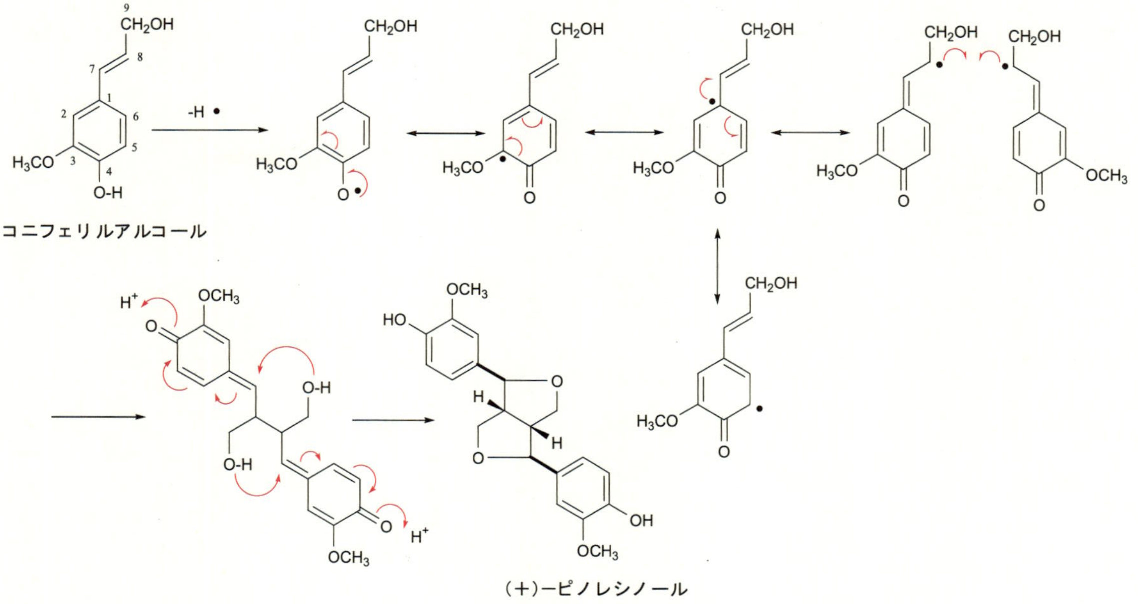

図6-8 a リグナンの生合成

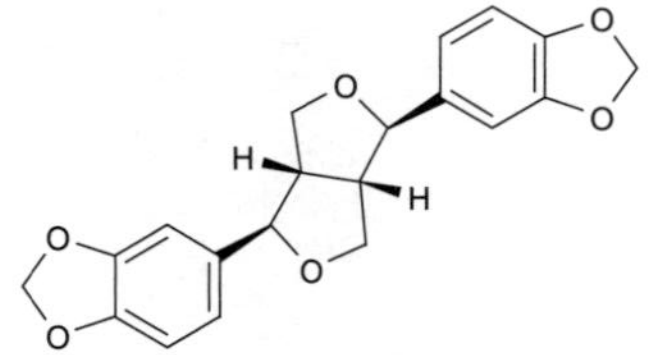
（＋）－セサミン

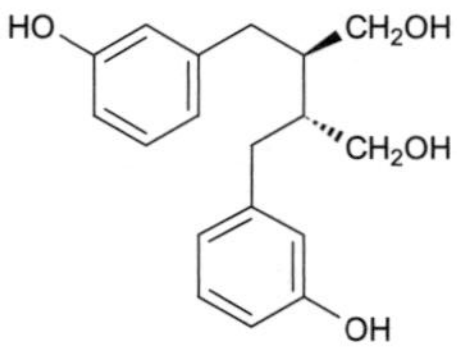
エンテロジオール

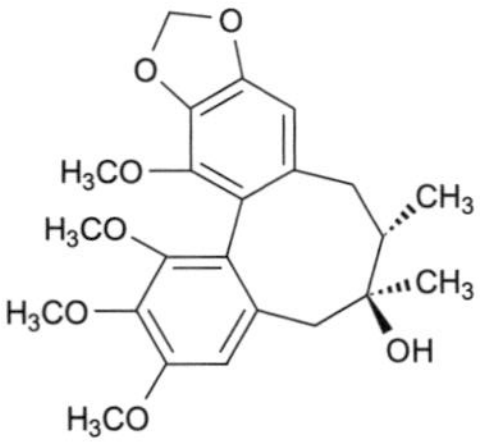
ゴミシン　A

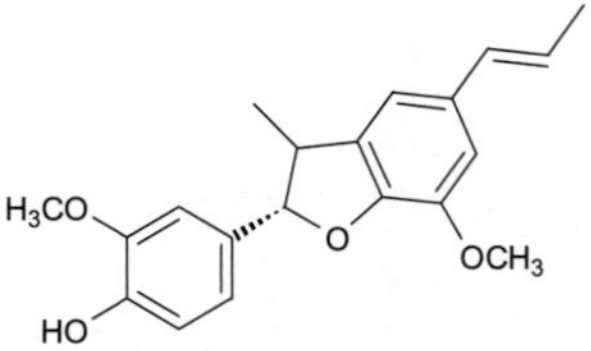
リカリン A（C-8 位－C-5’ 位）

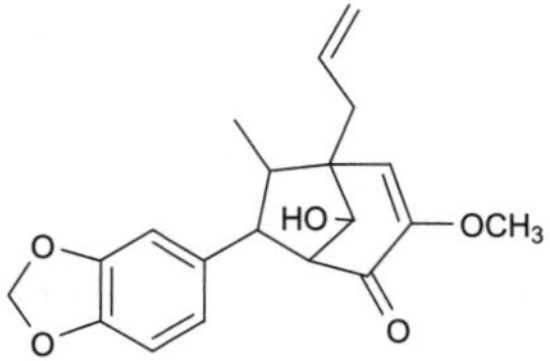
グアイアニン（C-8位－C-1’ 位）

図6-8 b　リグナンおよびネオリグナンの構造

フラボンの分類

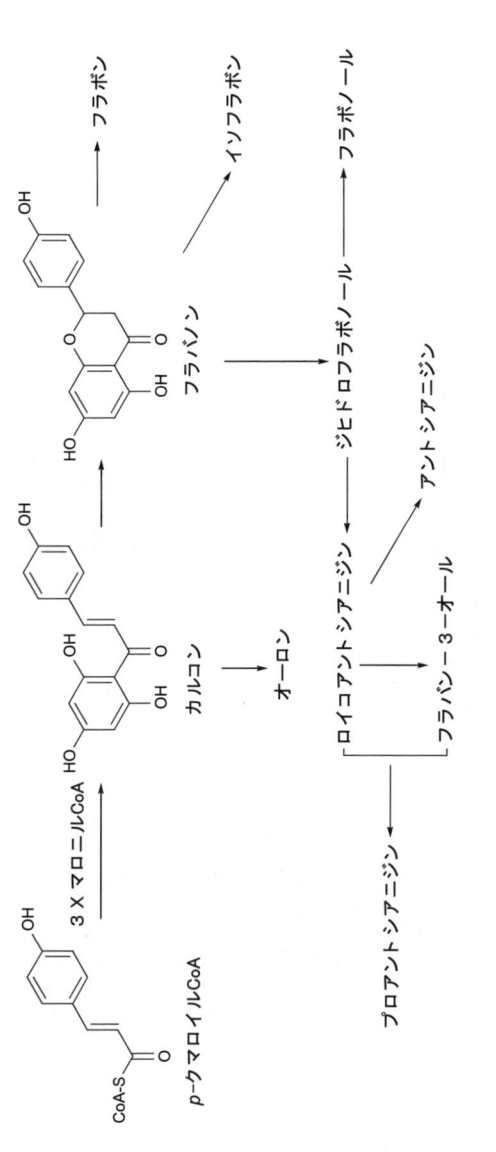

図6-9 a　フラボン骨格と生合成経路

図6-9 b　フラバノンからフラボノイドの生成 (1)

2)

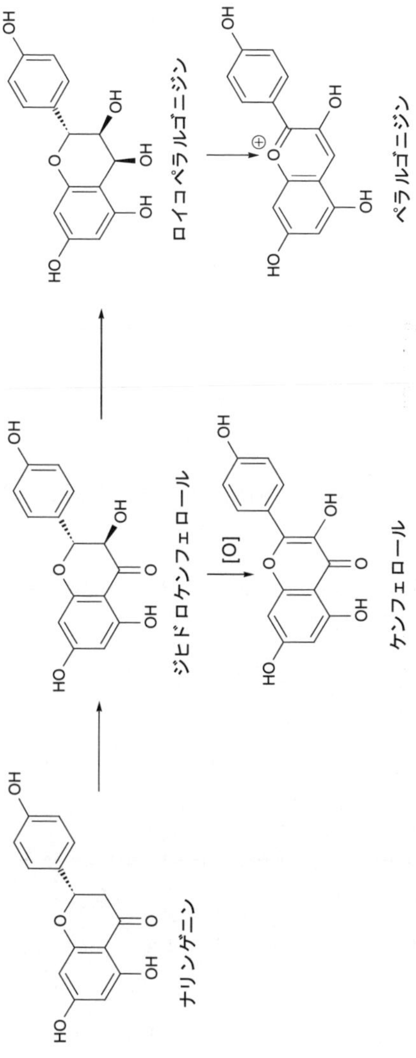

図6-9 b フラバノンからフラボノイドの生合成 (2)

ナリンゲニン → ジヒドロケンフェロール → ロイコペラルゴニジン → ペラルゴニジン

ジヒドロケンフェロール —[O]→ ケンフェロール

キシ化合物の 6-O-β-D- グルコシド配糖体である。

　クエルセチンは最も広く分布するフラボノイドで，一般に配糖体として存在している。配糖体イソクエルシトリン（3-O-β-D-グルコシド）は，クワの葉などに含まれ蚕の摂食誘因作用をしめす。一方，ドクダミに含まれるクエルシトリン（3-O-α-L-ラムノシド）は摂食阻害作用を示す。ルチン（3-O-ルチノシド）はソバ，エンジュ，タバコなどに存在していて，毛細血管の強化作用がある。

　フラバノン骨格をもったナリゲニンはキク科植物に分布し，配糖体ナリンギン（7-O-ネオヘスペリシド）は柑橘類の苦味成分である。ジヒドロフラボノールであるジヒドロクエルセチン（タキシフォリン）は松柏類の樹皮に含まれ，また，アカショウマやコウキでは 3-O-α-L-ラムノシドの配糖体で存在し，抗酸化作用，活性酸素消去作用が認められる。

　ケンフェロールはクエルセチンについで広く存在し，C-3 位や，C-3，C-7 位に種々の糖が結合した配糖体が存在する（図 6-9 b）。

　アントシアニジンの配糖体をアントシアニンと総称し，多彩な花色の発現に関与している。アントシアニジンの構造と色は置換基がおおいに関係している（表 6-1）。

表6-1　ハナショウブ中のシアニジンの構造と色

	R_1	R_2	
シアニジン	OH	H	赤
ペオニジン	OCH$_3$	H	紫赤
デルフィニジン	OH	OH	青
ペチュニジン	OCH$_3$	OH	紫
マルビジン	OCH$_3$	OCH$_3$	紫

シアニジン（アントシアニジン）

　フラバン-3-オール（カテキン類）が C-4-C-8 位または C-4-C-6 位で複数個結合した物質を縮合型タンニンといい，お茶やワインに存在している。茶の渋みや柿の渋み，風味をとなる物質であるとともにラジカル消去作用による抗酸化作用や抗菌作用を示すことが知られている。緑茶にはエピカテキンガレートおよび紅茶にはテアフラビンガレート A などが含まれている（図 6-9 c）。

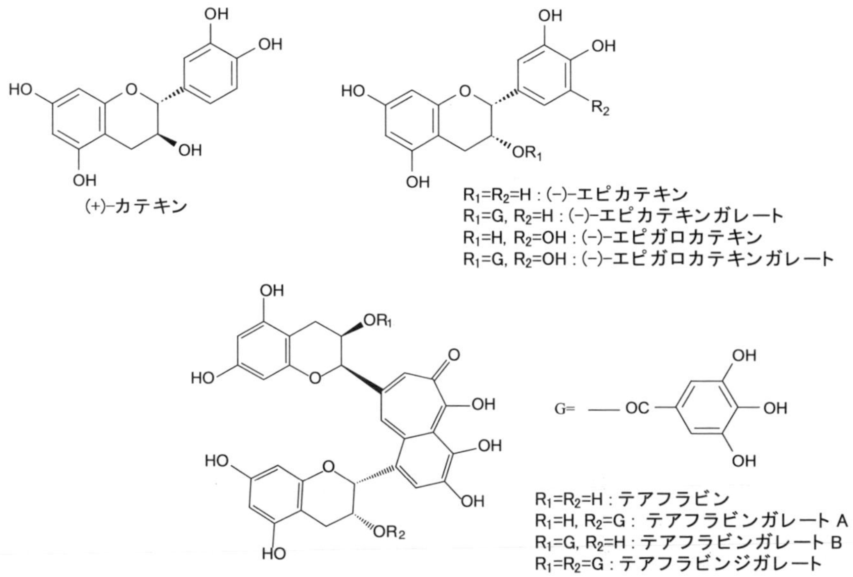

図 6-9 c　カテキンの構造

フラボノイドは色素としてよく知られているが，生理作用としては，抗酸化性，抗変異原性，抗がん性，抗菌・抗ウィルス作用，抗アレルギー作用などのあることが明らかにされてきている。

6-10　イソフラボン

イソフラボンもフラバノンが前駆体である。配糖体が多いフラボノイドに対してイソフフラボンは遊離の状態で存在する化合物が多い。フラバノンであるリクイリテゲニンは，シトクロム P-450 に依存の酸化酵素（1，2 転位）による酸化，ついで脱水反応によってダイゼインを生成する。ダイゼインはクズやクローバーなどのマメ科植物に含まれていて，7 位のグルコース配糖体（7-O-β-D-グルコシド）ダイジンは抗カビ作用，リパーゼ阻害作用を示す。

メディカルピンはアルファルファの正常組織にも存在するが，病害により大量に増加するファイトアレキシンであり，ダイゼインのメチル化，水酸化，還元，環化により生成される。これらの生合成中間体はプレニル化などによって

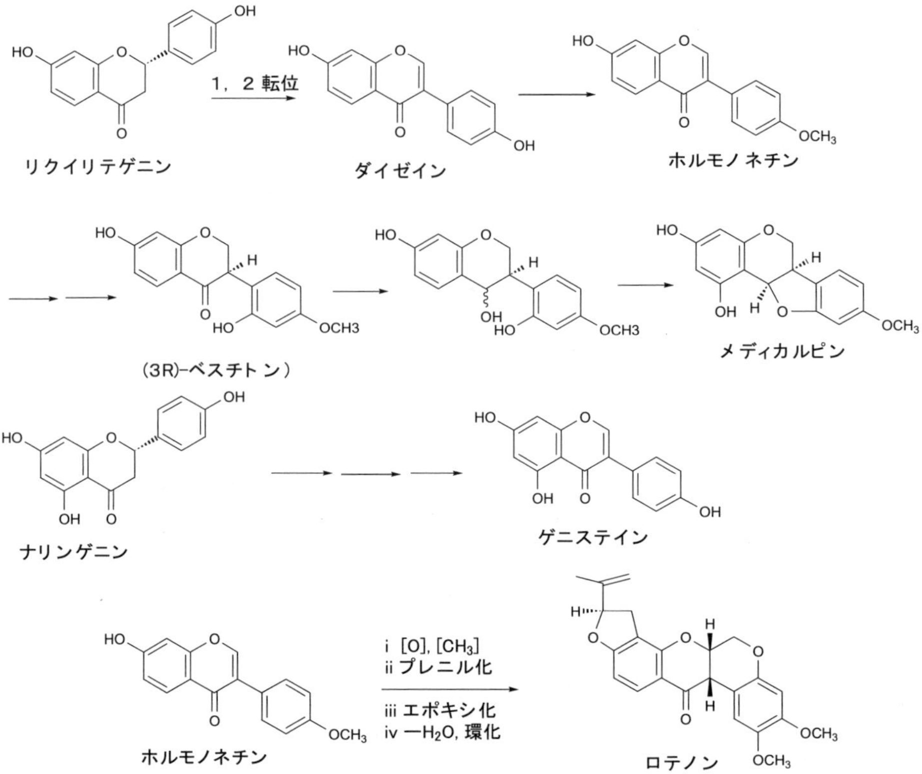

図6-10 イソフラボンの生合成経路

多くのイソプレノイド関連化合物をつくっている。

ナリンゲニンから生合成されるゲニステインはヒトツバエニシダの配糖体であるゲニステン（7-O-β-D-グルコシド）のアグリコンで，ダイジンと同様に抗カビ作用，リパーゼ阻害作用を示す。

ロテノンは，ホルモネチンのB環の水酸化，メチル化，C環との新規な環の形成，イソプレニル化，エポキシ化，脱水およびジヒドロフラン環の形成によって得られる化合物である（図6-10）。ロテノンはデリス根のほかにマメ科植物の脂溶性抽出物中に存在し，熱帯地方の原住民が殺虫剤として，また魚毒，矢毒として使用されてきた化合物である。特に魚毒が強く，殺魚剤として使用さ

れてきたが，温血動物に対する経口急性毒性は低い。平面構造は1932年に武居，La Forge，Butenandt，Robertsonによって同時に決定された。1961年にはBuchiらによって絶対構造が決定された。ロテノンの類縁体がデリス根や近縁の植物から多数単離，総称してロテノイドという。

6-11　スチルベン

マツ科の植物に含まれるピノシルビン，ブドウ果実に含まれるレスベラトロールはともにファイトアレキシンとして知られている。スチルベンは p-クマール酸と3モルのマロニル–CoAから生合成される。

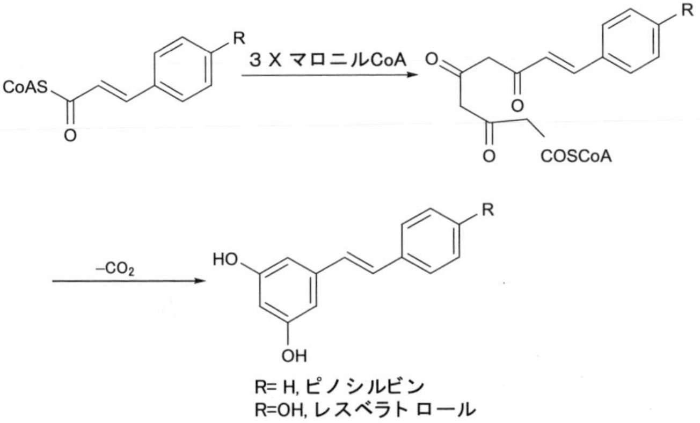

R= H, ピノシルビン
R=OH, レスベラトロール

図6-11　スチルベンの生合成

■演習問題

問1 イソコリスミン酸のクライゼン転位による植物成分の m-カルボキシフェニルアラニンができる生合成経路を示せ。

問2 ケイ皮酸からウンベリフェロンが生成する生合成経路を示せ。

問3 お茶の葉を収穫後，長時間放置するとテアフラビン類の色素が生成する理由を記せ。

第 7 章

アルカロイド

7-1　アルカロイドとは

　アルカロイドとは"アルカリに似た物質"という意味で，当初は生理活性を有する塩基性の植物成分のことを指していた。しかしその後，塩基性を示さない類縁化合物も見い出されるようになったこと，植物だけでなく微生物も同様な物質を生産すること，などから最初の定義はあてはまらなくなってきた。今日では，窒素原子を含む天然有機化合物で，アミノ酸・タンパク質や核酸などの一次謝産物以外の物質をアルカロイド（およびその関連化合物）と呼んでいる。

　アルカロイドは微量で動物の神経系に作用して種々の生理活性を示すことから，古くから人々の注目を集めてきた。神経伝達物質がアミンやアミノ酸，ペプチドであることを考えると，窒素原子を含む低分子化合物であるアルカロイドが神経系に作用することは理解できる。一方，生産者である植物におけるアルカロイドの役割は未だよくわかっていない。

　アルカロイドは，その化学構造に含まれる複素環によって分類してイソキノリン系アルカロイド，インドール系アルカロイドなどと呼んだり，植物の科の名前をつけてナス科アルカロイド，ヒガンバナ科アルカロイドなどとまとめられるが，どの方法でもすべてのアルカロイドを統一的に分類することはできない。例えば，レティキュリン（図 7-1）はイソキノリンアルカロイドと呼ぶことができるが，それから環化反応などを経て誘導されたモルフィン（図 7-2）にはイソキノリン環は見あたらない。また，ベルベリン（図 7-2）はミカン科の

キハダから得られる代表的なアルカロイドの1つであるが，キンポウゲ科のオウレンにも含まれており，植物の科名でまとめることも困難である．ナス科植物は種によってさまざまなアルカロイドを生産し，ハシリドコロはスコポラミン（図7-6）を，タバコはニコチン（図7-13）を，ジャガイモはテルペノイド由来のアルカロイド，α-ソラニンを含む．そこで近年は，生合成前駆体のアミノ酸ごとに分類されることが一般的になっている．

アルカロイドはこれまでに数千種類の化合物が知られており，天然物の中では最大のグループで，構造も多様である．本書では生合成過程に興味ある反応を含む化合物を中心に紹介する．

7-2 チロシン由来のアルカロイド ― 1つの中間体から多様な生成物 ―

モルフィン（モルヒネ）は結晶として単離された最初のアルカロイドである．ケシの未熟果に傷をつけると白い乳汁が得られる．これを乾燥させたものがアヘンで，その主成分のアルカロイドがモルフィンである．習慣性が強く麻薬の

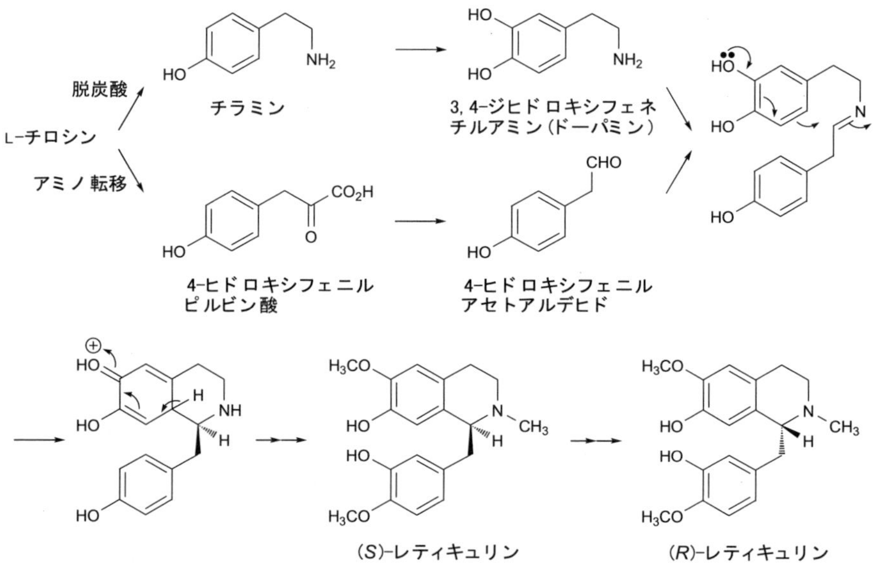

図7-1　チロシン由来のアルカロイドの生合成(1)

第7章 アルカロイド 207

一種として取り扱いが厳しく規制されているが，その鎮痛作用は強力で，現在も医療用に用いられている．キハダ（ミカン科）の樹皮を乾燥させたものは黄檗（おうばく）と呼ばれる漢方薬で，健胃，整腸作用を有する．ベルベリンはその主成分である．

　この2つのアルカロイドは2分子のL-チロシンから出発して，途中までは

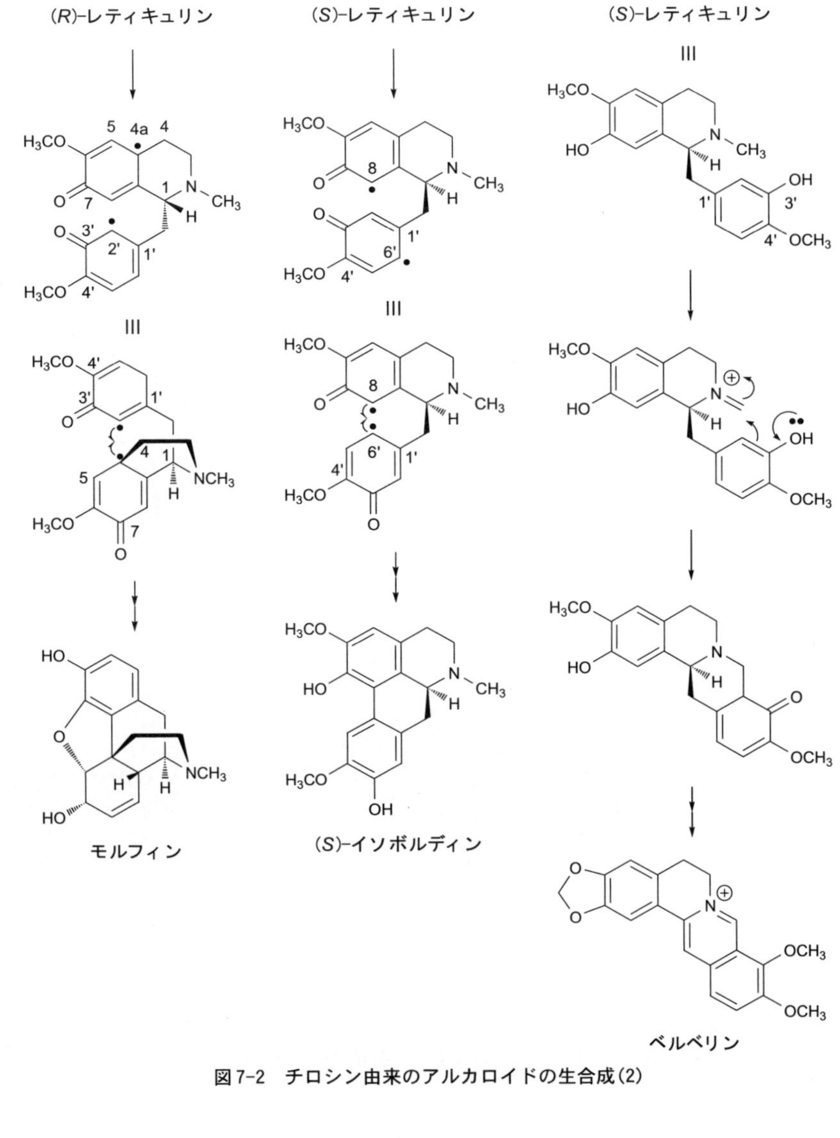

図7-2　チロシン由来のアルカロイドの生合成(2)

同じ経路で生合成される（図 7-1, 7-2）。最初の反応は，チロシンの脱炭酸によるトリプタミンの生成と，アミノ転移による 4-ヒドロキシフェニルピルビン酸の生成で，いずれもピリドキサルリン酸を補酵素として利用する反応である（図 7-3）。チロシンのアミノ基とピリドキサルリン酸のアルデヒド基が脱水縮

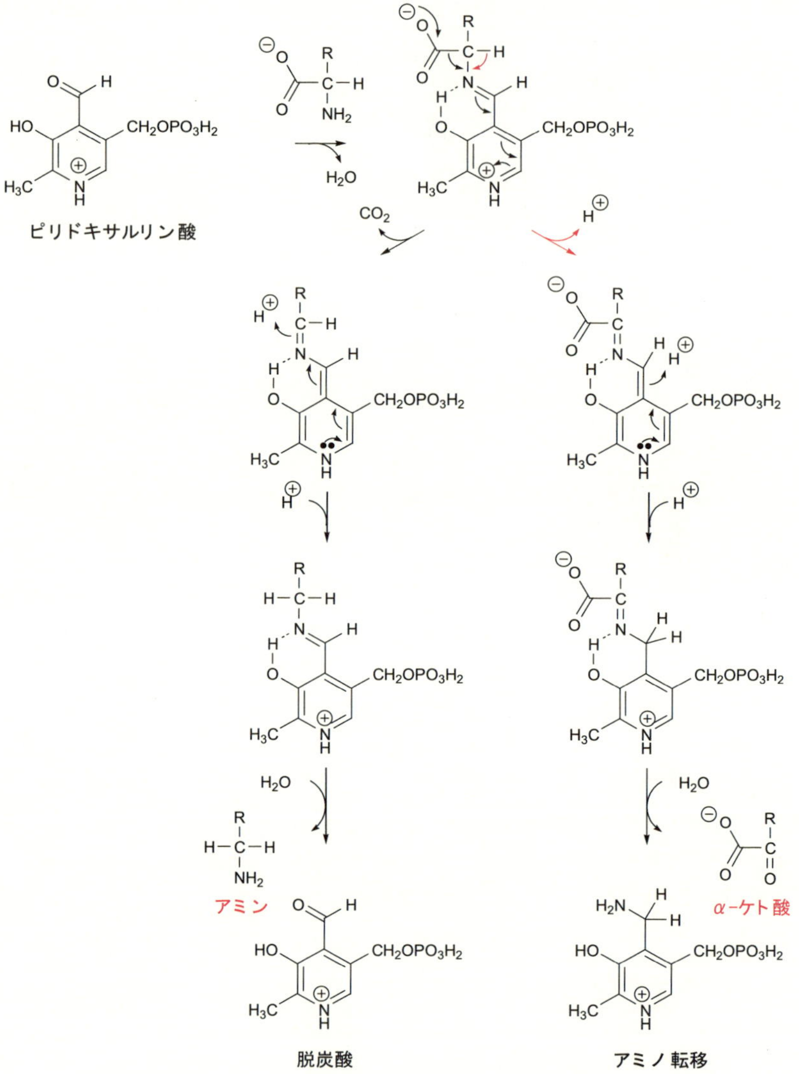

図 7-3　ピリドキサルリン酸の触媒する 2 種類の反応

合してシッフ塩基を形成した後，脱炭酸あるいは水素の転位が起こり，最後に加水分解を受けてアミンとピリドキサルリン酸またはα-ケト酸とピリドキサミンリン酸を与える。特に脱炭酸反応は多くのアルカロイドの生合成においてみられる重要な反応である。

トリプタミンはベンゼン環の酸化を受けて3,4-ジヒドロキシフェネチルアミン（ドーパミン）に，4-ヒドロキシフェニルピルビン酸は脱炭酸して4-ヒドロキシフェニルアセトアルデヒドに変換された後，シッフ塩基を形成する（図7-1）。ついでドーパミンの水酸基から電子が出ることにより，芳香族親電子置換反応で閉環する。水酸基はオルト・パラ配向性であるので，トリプタミンからドーパミンに変換されなければ，この閉環反応は進行しない。また，反応は立体選択的に進行し，鏡像体の一方のみが生成する。その後，フェノール性水酸基と窒素原子のメチル化により(S)-レティキュリンが，さらに不斉炭素の異性化が起こって鏡像体の(R)-レティキュリンが生成する。

モルフィンは，(R)-レティキュリンのフェノール性水酸基が酸化されてC-4a位とC-2'位にラジカルが生じ，C-2'位のラジカルがC-4a位のラジカルに環の下側から近づいて，カップリング反応が起こり，その後さらに修飾を受けて生成する（図7-2）。(S)-レティキュリンのC-8位とC-6'位のラジカルがカップリング反応をすると，別の環構造を有する(S)-イソボルディンが生成する。ラジカルカップリング反応の位置は植物の種によってきちんと制御されている。ベルベリンは(S)-レティキュリンのN-メチル基が酸化された後，環化反応が起こって生合成される。このように，同じ中間体を経ながら，多様な生成物が生合成されている点がアルカロイドの特色の1つである。

7-3　オルニチン由来のアルカロイド ── 反応の立体選択性 ──

コカイン（図7-4）はコカ（*Erythroxylon coca*）の葉に含まれるアルカロイドである。コカインは局所麻酔作用をもつため，コカの葉はアンデス地方では紀元前から外科手術の際の麻酔剤として使用されていた。また，コカインは交感神経を活性化するので，気分を高揚させ活力を与える興奮剤として用いられたこともあったが，慢性中毒を起こしやすいため，現在は麻薬に指定されている。

ナス科植物のベラドンナ（*Atropa belladonna*）は，この植物の抽出液を希釈したものを点眼すると瞳孔が拡大して瞳がぱっちり美しくみえることから，「美しい（bella）貴婦人（donna）」と名付けられた。その有効成分は(−)−ヒヨスチアミンやスコポラミン（図7-6）などで，トロパン系アルカロイドと総称されている。これらのアルカロイドは同じナス科に属するハシリドコロ（*Scopolia japonica*），シロバナチョウセンアサガオ（*Datura stramonium*），ヒヨス（*Hyoscyamus niger*）などの葉や根にも含まれており，植物の学名が化合物の名前の由来になっている。(−)−ヒヨスチアミンの3−ヒドロキシ−2−フェニルプロピオン酸（慣用名：トロピン酸）の不斉中心はケトンのα−位でかつベンジル位であるので抽出の過程で容易にラセミ化し，得られるラセミ体混合物をア

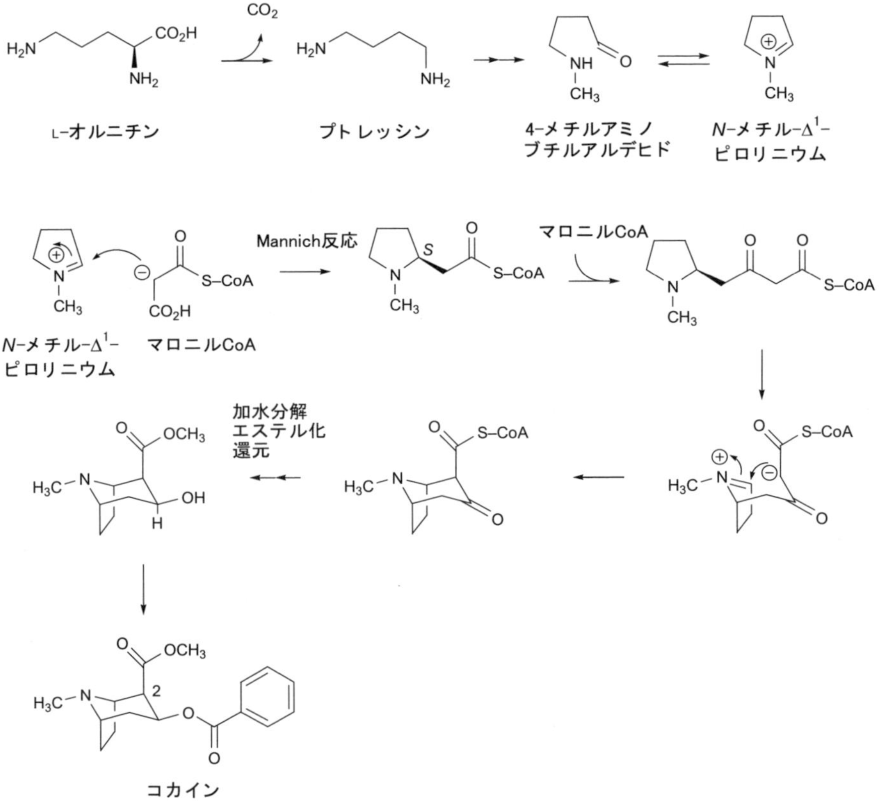

図7-4 コカインの生合成

トロピンという。

　コカインの環構造はオルニチンと酢酸に由来する(図7-4)。オルニチンの脱炭酸により得られるプトレッシンが N-メチル化と酸化を受けて 4-メチルアミノブチルアルデヒドが合成される。4-メチルアミノブチルアルデヒドが分子内でシッフ塩基を形成し，それにマロニルCoAが縮合する(Mannich反応)。さらにもう1分子のマロニル CoA が縮合した後，ピロリジン環が酸化されてピロリニウムイオンを生じ，β-ケトエステルにより活性化されたメチレンが分子内で環化して炭素骨格が形成される。コカインのメトキシカルボニル基が2位に存在することから，生合成経路をさかのぼって考えると，N-メチル-Δ^1-ピロリニウムへのマロニル CoA の付加は立体選択的に起こり，(S)-体の生成物のみが生じていると考えられる。

　一方，ヒヨスチアミンへの標識化合物の取り込み実験では，(R)-体の方が取り込み率が良いものの，(S)-体も取り込まれる（図7-5)。この結果は，ピロリジン環のピロリニウムイオンへの酸化と環化が両鏡像体で同様に起こることを示しており，酵素反応は立体特異的に起こるというわれわれの知識では説明できない。トロパンアルカロイドが初めて単離されてから100年が経つ現在でも，その生合成は依然として完全には解明されていないのである。なお，ヒヨスチアミンの生合成ではコカインの場合と異なって，カルボキシル基が脱離し

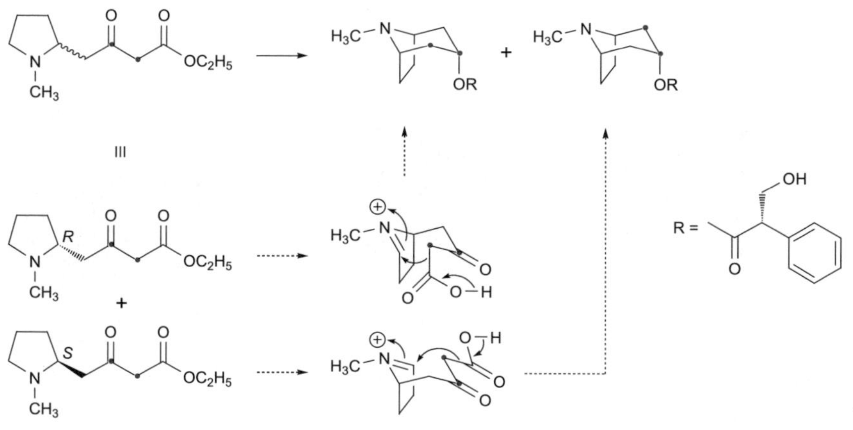

図7-5　ヒヨスチアミンへの標識化合物の取り込み

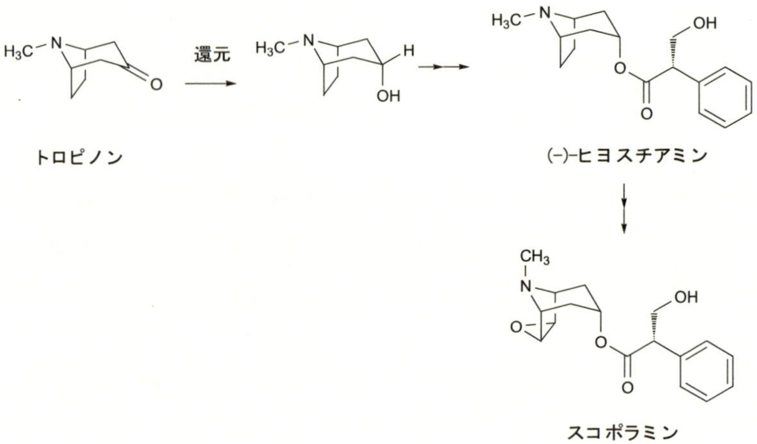

図 7-6　ヒヨスチアミンとスコポラミンの生合成

ていることから，図 7-5 に示すように脱炭酸を伴って環化反応が起こっていると考えられる．環化反応の後は，カルボニル基の還元，水酸基のエステル化によりヒヨスチアミンが生合成され，さらにエポキシドが導入されてスコポラミンになる（図 7-6）．

コカインとヒヨスチンの生合成を比較するとカルボニル基の還元反応において，有機化学的に興味が持たれる．コカインのカルボニル基は隣接位に $-CO-S-$

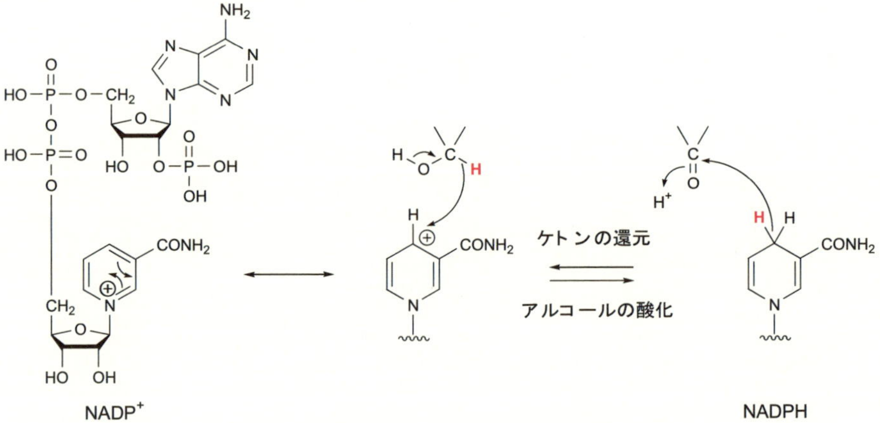

図 7-7　NADP による生体内の酸化還元反応

CoA基があり立体障害が生じるため，図の下側からヒドリド（H⁻）が近づいてβ-水酸基が形成される（図7-4）。一方，ヒヨスチアミンの生合成中間体であるトロピノンの還元では，ヒドリドは近づきやすい（立体障害の少ない）カルボニル基の上側から反応してα-水酸基が形成される（図7-6）。生体内の酸化還元反応では，図7-7に示すように，NADP（ニコチンアミドアデニンジヌクレオチドリン酸）によってヒドリドの付加（還元），引き抜き（酸化）が行われている。

7-4　トリプトファン由来のアルカロイド ― 微生物の生産するアルカロイド ―

子嚢菌の一種であるバッカクキン（*Claviceps purpurea*）がライムギやオオムギの穂に寄生すると，穂に角が生えたようにみえる菌核（麦角）を形成する。これにはアルカロイドが含まれ，誤って食べると血管が収縮して手足への血行が妨げられ，それが慢性化すると壊疽を引き起こす。しかし一方，麦角アルカロイドには子宮収縮作用も知られており，ヨーロッパでは古くから分娩の促進や分娩時の止血に生薬として用いられていた。

麦角アルカロイドは共通の骨格としてリゼルギン酸（リゼルグ酸，図7-8）またはその C-8 位ジアステレオマーであるイソリゼルギン酸を有しており，それにアミノ酸あるいはペプチド由来の側鎖がアミド結合した構造をしている（図7-9）。

リゼルギン酸の生合成はトリプトファンへのイソペンテニル基の導入からはじまる（図7-8）。この反応は，インドール環の窒素から出た電子のジメチルアリル二リン酸に対する芳香族親電子置換反応である。ついで，アミノ基のメチル化，イソペンテニル基の酸化が起こる。脱水により共役ジエンが形成され，末端二重結合がエポキシドになり，脱炭酸を伴う共役付加で6員環が形成される。生成したアルコールがアルデヒドに酸化された後，二重結合が E から Z に異性化してシッフ塩基が形成され，還元を受けて4環性の骨格が完成する。イソペンテニル基由来のメチル基がカルボン酸に酸化され，二重結合がインドール環と共役する位置に異性化してリゼルギン酸ができる。

リゼルギン酸に（S）-2-アミノプロパノールがアミド結合するとエルゴメトリンが生成する（図7-9）。エルゴタミンの側鎖部分は L-アラニル-L-フェニ

ルアラニル-L-プロリンのトリペプチドから生合成される。麦角アルカロイドを加水分解して得られるリゼルギン酸にジエチルアミンを縮合させて合成された化合物が LSD（ドイツ語名の Lyserg Säure Diethylamid に由来する）である。LSD は強力な幻覚作用を有することが発見され，大きな社会問題となり，現在は麻薬に指定されている。

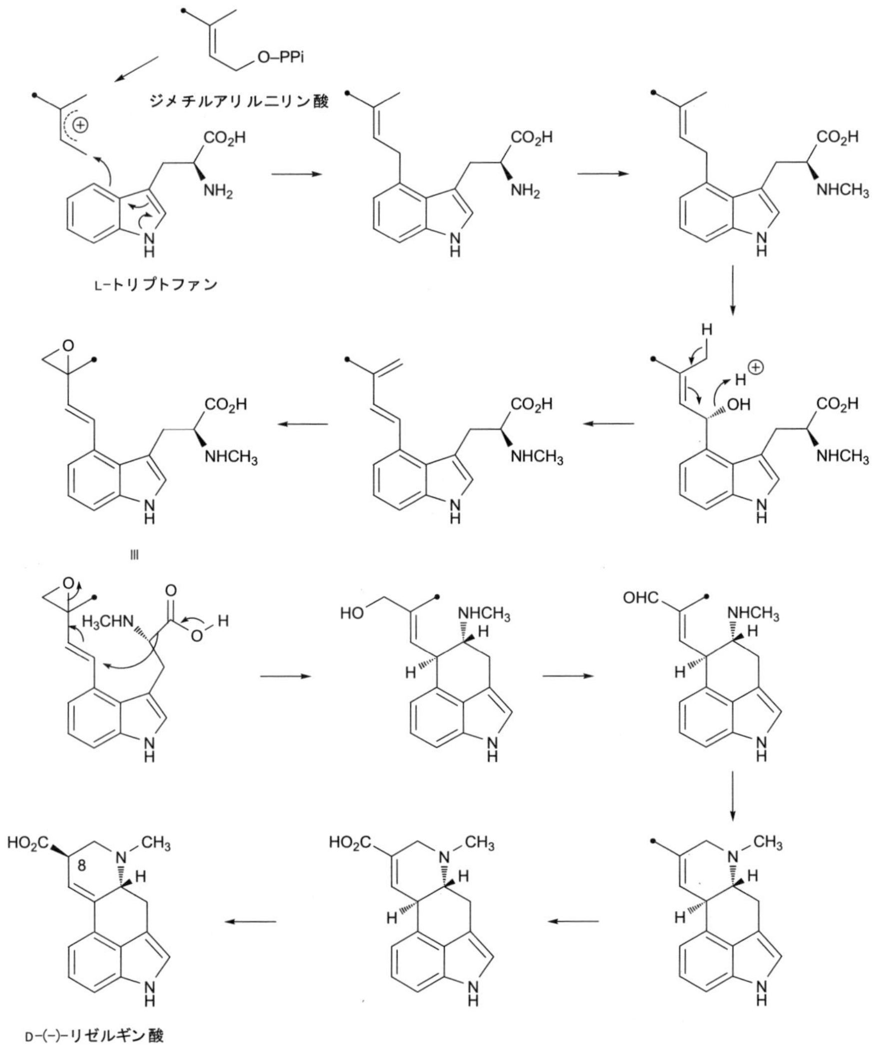

図7-8　トリプトファン由来のアルカロイドの生合成(1)

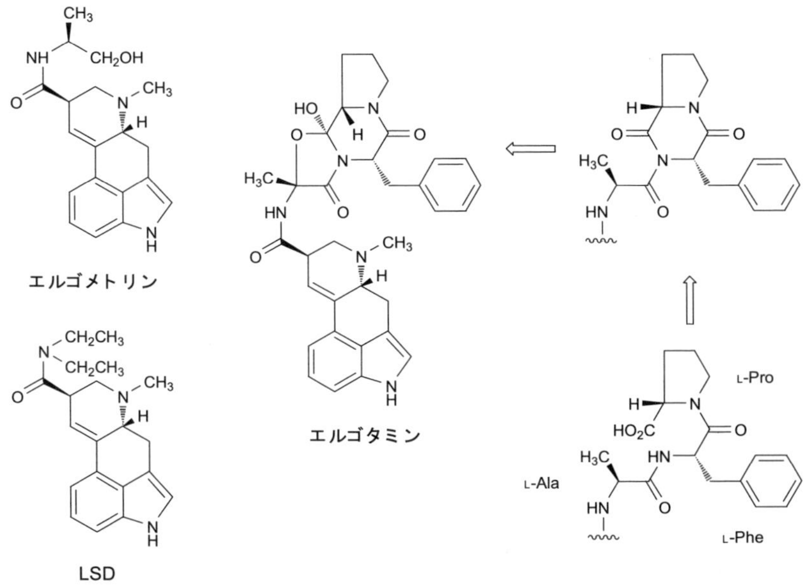

図7-9 トリプトファン由来のアルカロイドの生合成(2)

7-5 リジン由来のアルカロイド

ザクロの皮は駆虫薬として用いられる生薬で，その有効成分はペレチエリンである（図7-10）。ペレチエリンはリジンと酢酸ユニットから生合成されることから，その初期段階はオルニチンからのコカインなどの生合成経路(図7-4)と類似していると考えられる。しかし，リジンのε-アミノ基の窒素や2-メチン水素がペレチエリンに取り込まれることから，左右対称のペンタン-1,4-ジアミン（カダベリン）を経て合成されるのではないことがわかる。この位置特異的な取り込みは，リジンにピリドキサルリン酸が縮合して脱炭酸が起きた後，ピリドキサルリン酸が外れずにピペリジン環が形成され，それにアセト酢酸エステルが反応してピリドキサミンリン酸が脱離する，という経路を考えるとうまく説明できる。生成物のチオエステルが加水分解を受け，生成したβ-ケト酸が脱炭酸し，生じたエノールがケトンに戻るとペレチエリンになる。

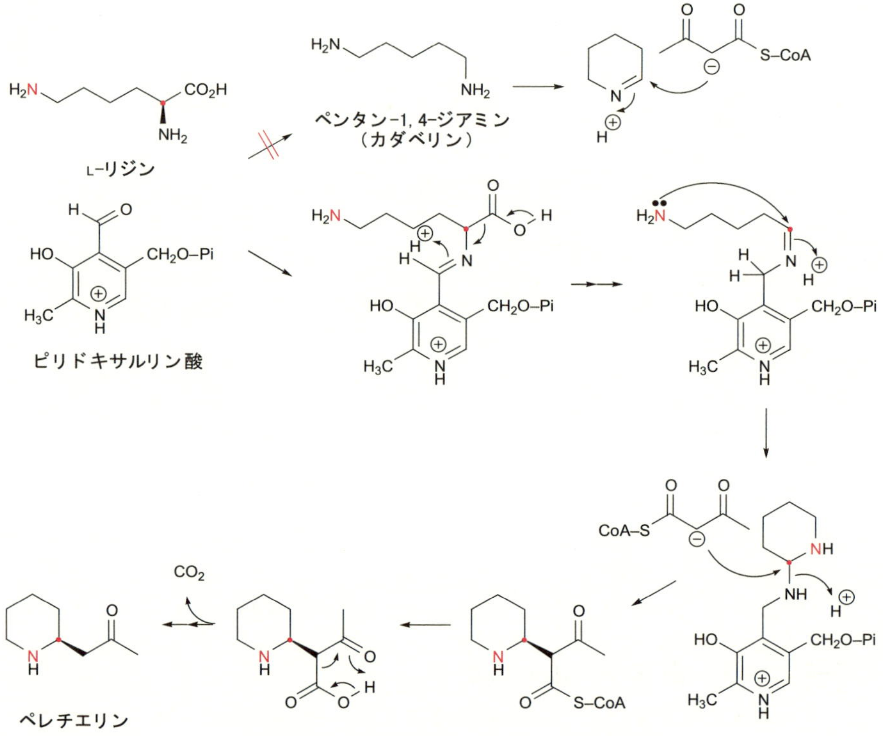

図 7-10　リジン由来のアルカロイドの生合成

7-6　ポリケチド骨格由来のアルカロイド

ドクニンジンはセリ科の多年草で，コニインという強い毒を含む．コニインは中枢神経および運動神経を麻痺させる作用を有し，古代ギリシャで罪人の処刑に用いられた．

コニインは，前述のペレチエリンとの構造の類似性から最初，リジン由来と推定された．しかし，標識化合物の投与実験の結果，リジンやその代謝産物は取り込まれず，酢酸がとりこまれることから，ポリケチド骨格に窒素原子が組み込まれる経路で生合成されることが明らかにされた．さらに，オクタン酸，5-ケトオクタン酸，5-ケトオクタナール，γ-コニセインなどコニインに取り込まれることから，図 7-11 に示す生合成経路が提出されている．

マツ科植物の生産するピニジン（図 7-11）もコニインと同様，炭素骨格はポ

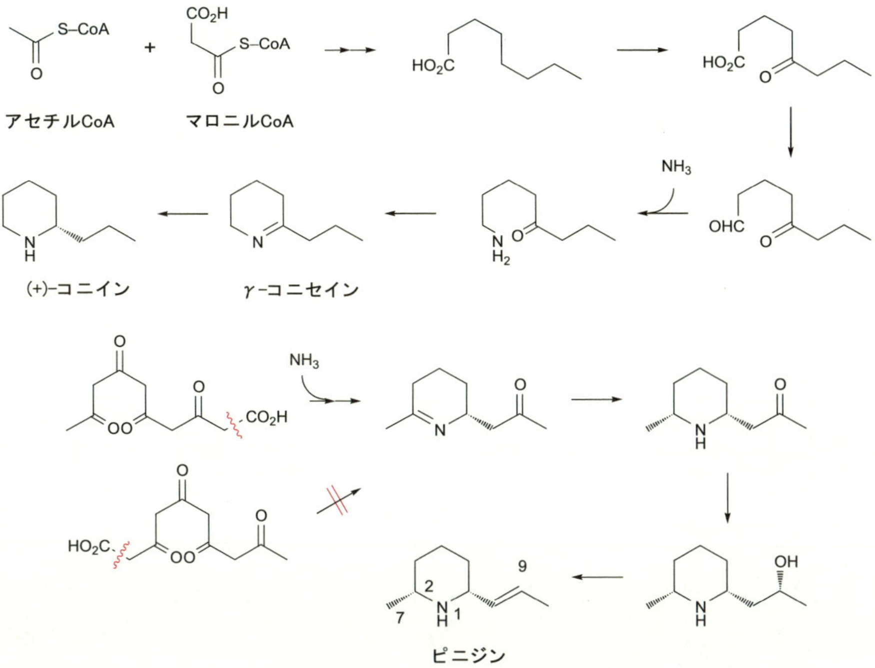

図7-11 ポリケチド由来のアルカロイドの生合成

リケチド由来である。しかし，C-9位への酢酸の取り込み率がC-2位より明らかに高いことから，C-7–C-2が最初の酢酸ユニットで，コニインとは逆の向きに酢酸ユニットが伸長し，カルボン酸が脱炭酸する経路が示された。

7-7 ニコチン

タバコは古くから害虫防除に用いられており，タバコ粉が1690年にフランスでナシの害虫防除に用いられた記録がある。タバコに含まれる殺虫成分は，ニコチンやアナバシン（図7-13）などのアルカロイドで，ニコチノイドと総称されている。ニコチノイドは昆虫の神経節にあるアセチルコリン受容体に結合し，脱分極を引き起こす。しかし，アセチルコリンと異なりその分解機構がないため，刺激が持続して毒作用を生ずる。

ニコチノイドの共通の生合成前駆体はニコチン酸である。ニコチン酸はNADP

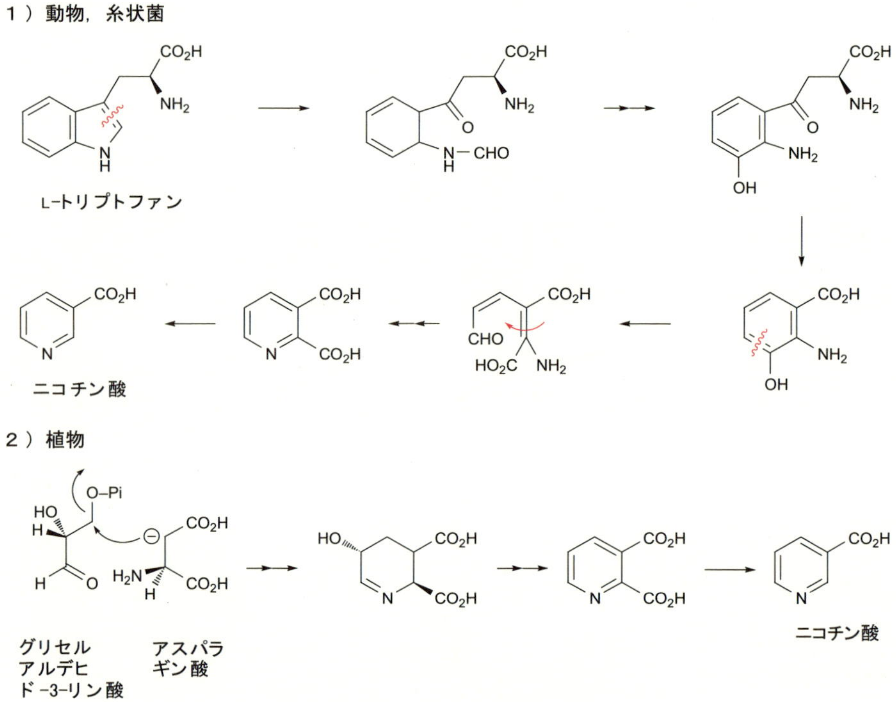

1) 動物，糸状菌

L-トリプトファン

2) 植物

グリセル　アスパラ
アルデヒ　ギン酸
ド-3-リン酸

ニコチン酸

図7-12　ニコチン酸の生合成

（図7-7）の構成成分でもあり，すべての生物にとって重要な物質である。ニコチン酸は動物や糸状菌ではトリプトファンから，植物ではアスパラギン酸とグリセルアルデヒド-3-リン酸から生合成される（図7-12）。

ニコチンの生合成では，ニコチン酸にオルニチンからプトレッシン経由で生合成されたN-メチル-Δ^1-ピロリニウム（図7-4）が縮合する（図7-13）。一方，アナバシンの生合成においては，リジンの2位炭素が位置特異的に取り込まれることから，ペレチエリンの生合成（図7-10）と同様，カダベリンのような左右対称の中間体は経由しないと考えられる。アナバシンの生合成では，リジンからアミノ転移（図7-3）により6-アミノ-2-オキソヘキサン酸が合成され，ε-アミノ基がカルボニル基と反応してΔ^1-ピペリデインになり，ニコチン酸が縮合する経路（図7-13）が推定されている。一方，ペレチエリンの生合

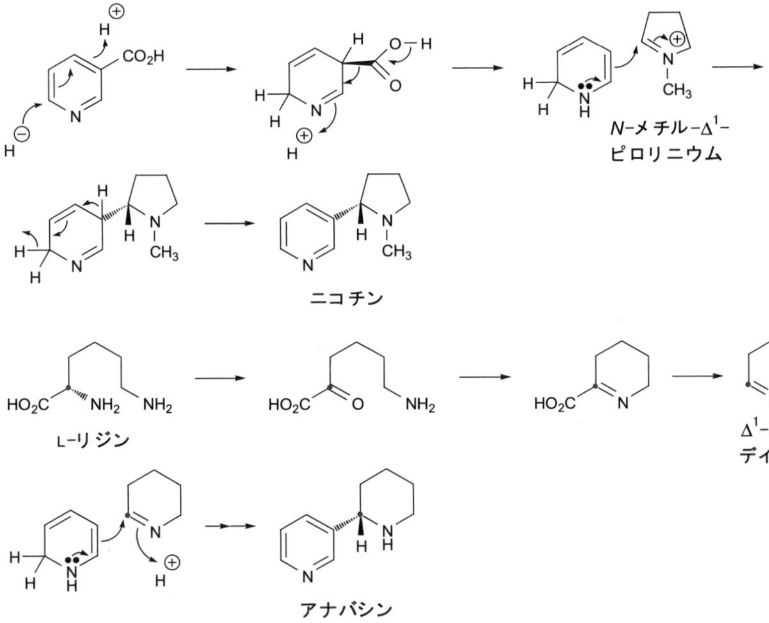

図7-13 ニコチンとアナバシンの生合成

成ではリジンとピリドキサルリン酸が結合した状態で脱炭酸と縮合反応が進行することにより，位置特異的な取り込みが起こるとの説が提案されている（図7-10）。どちらの経路もピリドキサルリン酸を補酵素とする反応であり，実際にどのような反応が起こっているのかを証明することは，難しい問題である。

7-8 テトロドトキシン

フグ毒として良く知られているテトロドトキシンは電位依存性ナトリウムチャンネルの特異的な阻害剤であり，筋肉の弛緩，感覚麻痺などを引き起こし，重傷の場合は呼吸麻痺により死に至る。養殖したフグは毒素を持たないこと，毒素含有量が個体により大きく異なることなどから，真の生産者は細菌であるという説があるが，真偽は未だ明らかになっていない。

テトロドトキシンには13種類の同族体が天然に存在し，それらの構造を比較することにより，2つの生合成経路が提案されている。経路 A は L-アルギニ

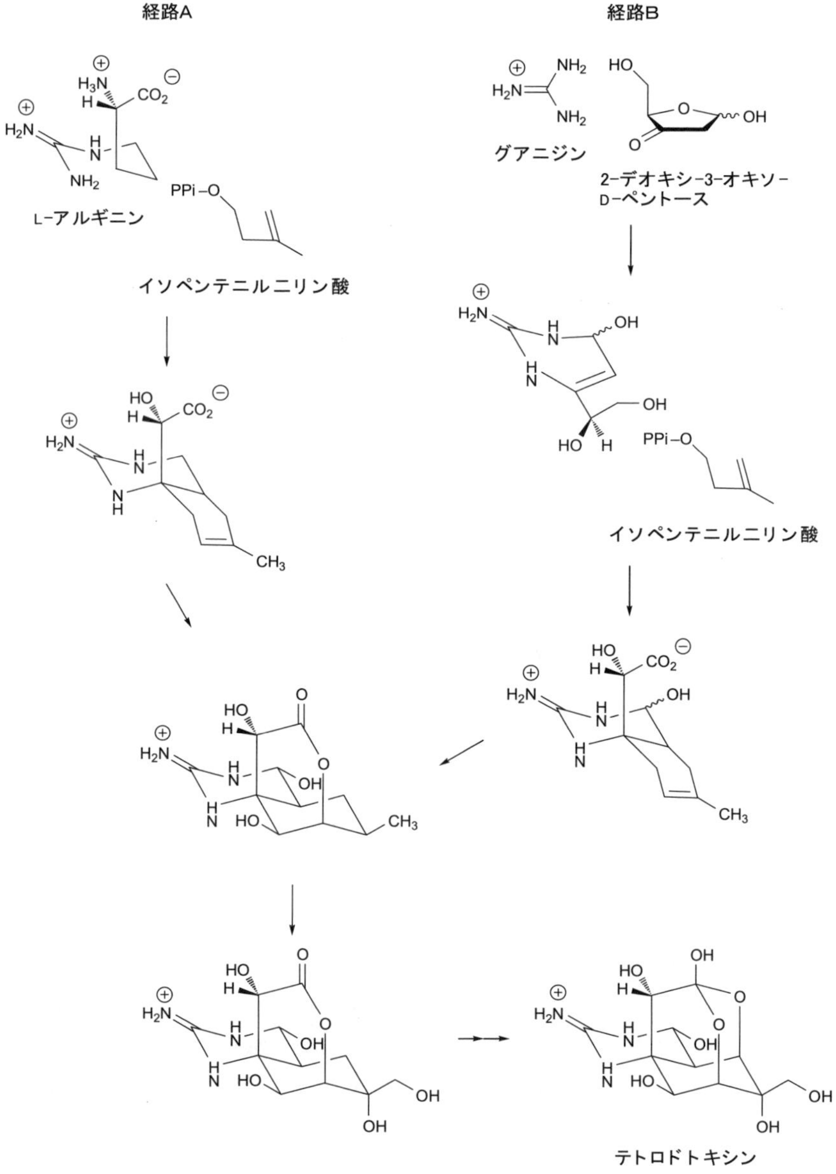

経路A　　　　　　　　　　　　　　経路B

L-アルギニン　　　　　　　　　　グアニジン　　2-デオキシ-3-オキソ-D-ペントース

イソペンテニル二リン酸

イソペンテニル二リン酸

テトロドトキシン

図7-14　テトロドトキシンの生合成

ンとイソペンテニ二リン酸から生合成される経路で，経路 B はグアニジンと 2-デオキシ-3-オキソ-D-ペントースの縮合によりグアニジウム基を含む 6 員環が形成され，それにイソペンテニ二リン酸が反応して炭素骨格が構築される経路である。

テトロドトキシンは複雑な環構造を有し，11 個の炭素のうち 8 個が連続した不斉中心であることから，有機合成化学的にも大変興味をもたれている。テトロドトキシンの全合成は 1972 年に 30 段階以上の反応によって達成されたが，通算収率は 1 % 以下であった。生物は目的物質のみをきわめて巧みに生合成していることを知らされる。

■演習問題

問 1 ヒガンバナに含まれるアルカロイド，リコリン，ガランタミン，クリニンは O-メチルノルベラジンを共通の中間体とし，それが異なる位置でフェノールカップリングしたものである。共通の炭素骨格を抽出して O-メチルノルベラジンの構造を推定し，どの位置でカップリング反応が起きたかを示せ。

リコリン　　　ガランタミン　　　クリニン

問 2 アナタビンはアナバシン（図 7-13）の脱水素によって生合成されるのではなく，2 分子のニコチン酸に由来することが，標識実験により明らかにされた。ニコチン酸から導かれる 1,2-ジヒドロピリジン 2 分子が縮合してアナタビンが生合成される反応機構を考えよ。

ニコチン酸　　→　　1,2-ジヒドロピリジン　　→　　アナタビン

演習問題解答

第1章

問1 1) S　2) R　3) R　4) $1R, 3R, 4S$

問2

1,3-ジアキシャル相互作用

問3 ピロールは，N原子上の非共有電子対が，6π電子系を構成するために使用され，塩基性を示さない。ピリジンは，環内が6π電子系を構成し，N原子上にはさらに非共有電子対があるので塩基性を示す。

第2章

問1 CH_3OH，C_2H_5OH，$(CH_3)_2O$，H_2CCO，CH_3CHO，$HCOOH$など2000年4月では119分子（http://www.cv.nrao.edu/~awootten?allmols.html）。

問2 DNAは，2-デオキシリボースであるが，RNAは2-OH基があるため，隣接基関与によりC-3位のホスホジエステル結合が加水分解されやすい。

問3 例えばグルタミン酸（GAA）のGがAに変異するとAAAのリジンとなるなど。

第3章

問1 1) H1: pro-R, H2: pro-S　2) H1: pro-R, H2: pro-S

問2

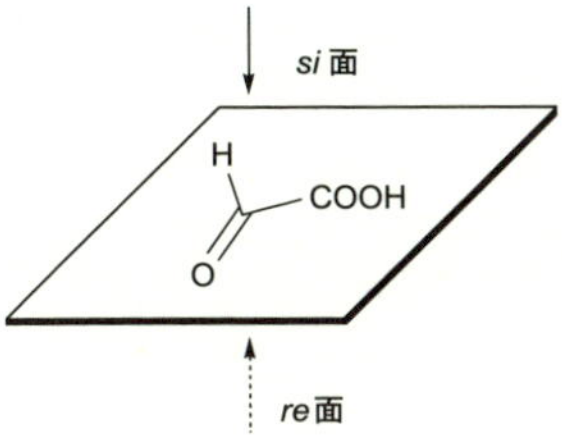
si 面
H
COOH
O
re 面

問3

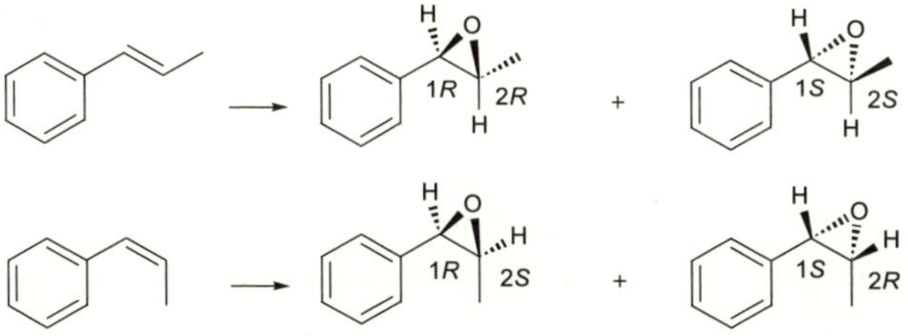
H
O
1R
2R
H
+
H
O
1S
2S
H
H
O
H
1R
2S
+
H
O
H
1S
2R

第4章

問1

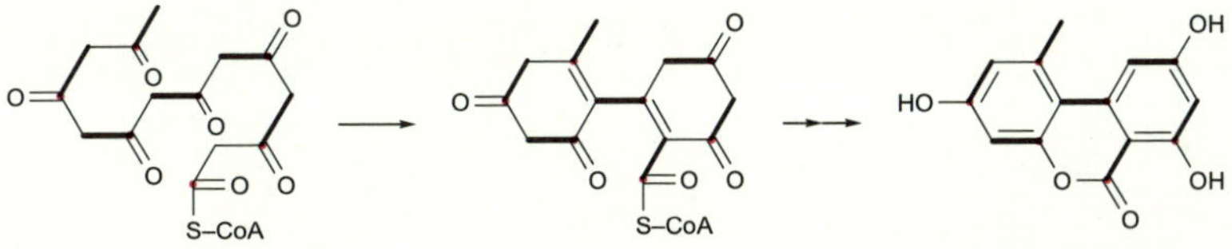
O
O
O
O
O
O
O
S–CoA
O
O
O
O
S–CoA
OH
HO
OH
O
O
アルタナリオール

問2　2–メチルブチリルCoAを開始ユニットとし，それに7分子のマロニルCoAと5分子のメチルマロニルCoAが縮合して生合成される。

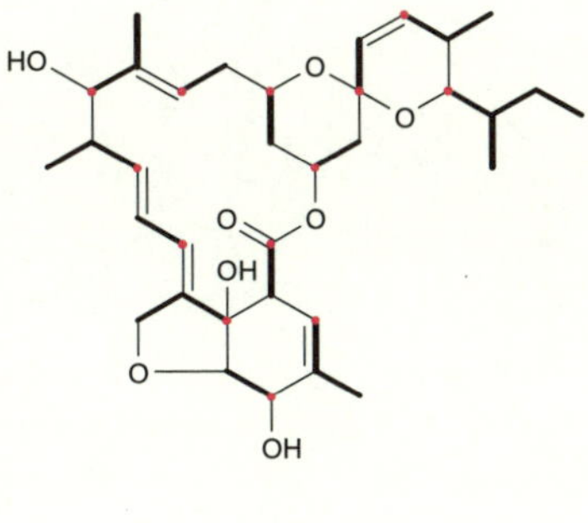
HO
O
O
O
O
O
OH
O
OH

問3 1) モジュール4のER破壊による生産物   2) モジュール5のKR破壊による生産物

第5章

問1　本文110ページと図5-2を参照。

問2　炭素数が15個なので，セスキテルペンである。

演習問題解答 **225**

問3 図 5-30 のカチオンの反応中間体構造から推定できる。

脱プロトン → **1**

脱プロトン → **2**

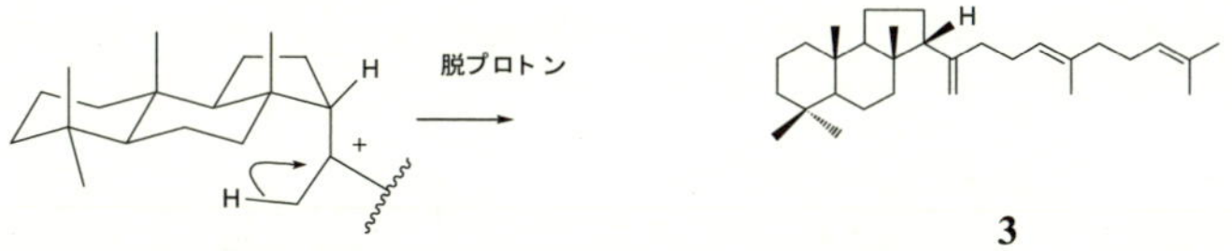

脱プロトン → **3**

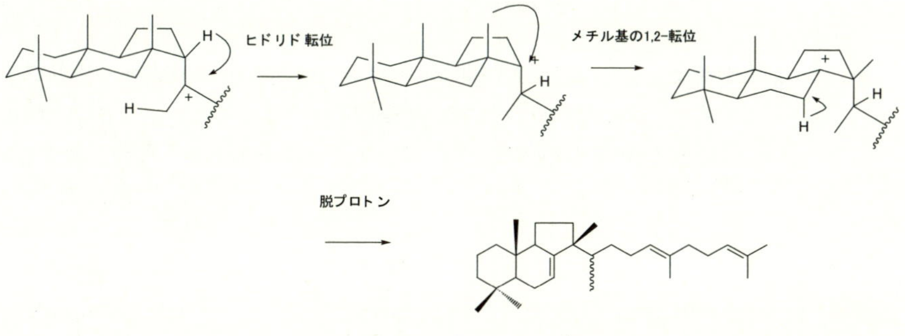

ヒドリド転位 → メチル基の1,2-転位 →

脱プロトン → **4**

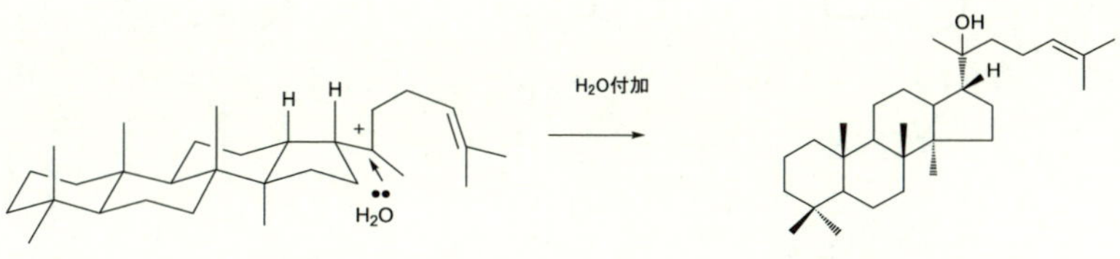

H_2O 付加 → **5**

第6章

問1

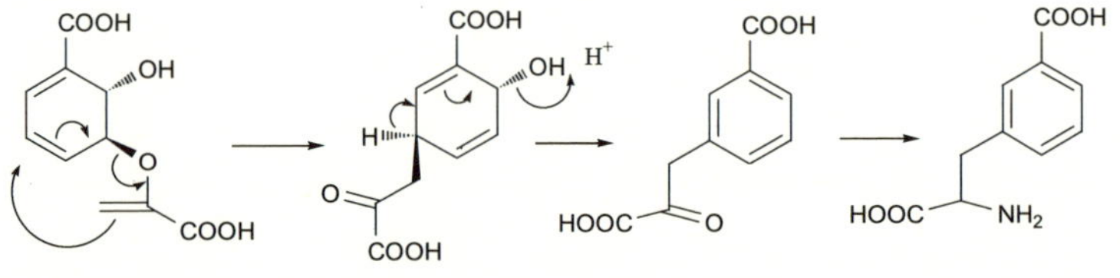
COOH
OH
O
COOH
H
O
H+
HOOC
NH2

イソコリスミン酸

問2

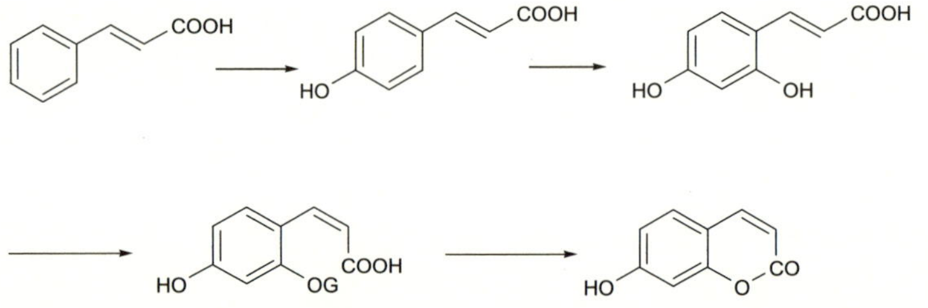
COOH
HO
OH
OG
CO
O

G: glucose

問3　加熱処理などをしないで長時間おいておくと，茶の中に存在するポリフェノールオキシダーゼがカテキン類の構成成分であるフラボンのB環を酸化し，分子間の縮合で他のテアフラビンなどの色素が生じるためである。

第7章

問1

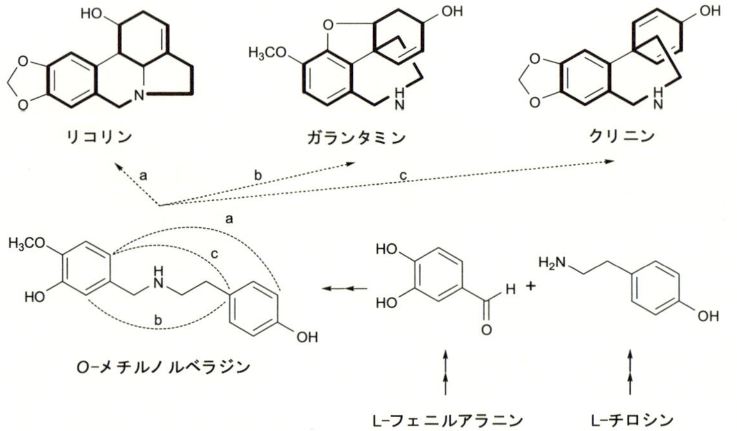
HO
OH
H3CO
N
H
リコリン
ガランタミン
クリニン
a
b
c
O-メチルノルベラジン
H2N
L-フェニルアラニン
L-チロシン

問 2

1,2-ジヒドロピリジン
（2分子）

アナタビン

参 考 図 書

第1章

John McMurry，伊藤　椒，児玉三明，萩野敏夫，深澤義正，通　元夫訳：『マクマリー有機化学』（第4版），東京化学同人（1998）．

Andrew Streitwieser, Jr. Clayton H. Heathcock，湯川泰秀監訳：『ストライトウィーザー有機化学解説1』（第3版），広川書店（1991）．

John Dale，杉野目　浩，大澤映二共訳：『三次元の有機化学』，養賢堂（1983）．

Ernest L. Eliel, Norman L. Allinger, Stephen J. Angyal, George A. Morrison，伊藤　椒訳：『コンホメーションの解析』，広川書店（1970）．

須網哲夫：『立体配座解析』，東京化学同人（1968）．

中崎昌雄：『分子のかたちと対象―その表示法―』，南江堂（1972）．

島村　修，右田俊彦，稲本直樹，徳丸克己：『遊離基反応』，東京化学同人（1971）．

山中　宏，日野　亨，中川昌子，坂本尚夫：『ヘテロ環化合物の化学』，講談社サイエンティフィク（1989）．

大饗　茂：『有機硫黄化学』，化学同人（1982）．

Harold Goldwhite, "Introduction to Phosphorus Chemistry", Cambridge University Press (1977).

Tse-Lod Ho, "Hard and Soft Acids and Bases Principle in Organic Chemistry", Academic Press (1977).

J. B. Harborne, "Introduction of Eological Biochemistry", 2nd Ed., Academic Press (1982).

今井　弘：『生体関連元素の化学』，培風館（1997）．

佐々木　正：『作用分子設計』，南江堂（1974）．

山辺　茂：『代謝拮抗体』，南江堂（1975）．

宮下徳治：『コンパクト高分子化学』，三共出版（2000）．

竹内茂彌，北野博巳：『ひろがる高分子の世界』，裳華房（2000）．

飯島澄男：『カーボンナノチューブの挑戦』，岩波書店（1999）．

石崎信男：『炭素は七変化』，研成社（1997）．

井上勝也，金澤孝文：『リン』，研成社（1997）．

ファルマシアレビューNo.25：『薬の発明―そのたどった途2』，日本薬学会（1988）．

第2章

Lubert Stryer，入村達郎，岡山博人，清水孝雄監訳：『ストライヤー生化学』（第4版），トッパン（1996）．

Robert Barker，久保田尚志訳：『生体物質の有機化学』，(1979)．
兼松　顕，国枝武久編：『生体分子の化学』，広川書店 (1989)．
田中信男，中村昭四郎：『抗生物質大要』(第4版)，東京大学出版会 (1995)．
阿武喜美子，瀬野信子：『糖化学の基礎』，講談社サイエンティフィク (1993)．
水野　卓，西沢一俊：『図解糖質化学便覧』，共立出版 (1971)．
太田博道：『生体反応論』，三共出版 (1996)．
林　孝三編：『植物色素—実験・研究への手引—』，養賢堂 (1980)．
西　久夫：『色素の化学』，共立出版 (1987)．
梅鉢幸重：『動物の色素』，内田老鶴圃 (2000)．
後藤俊夫：『ツユクサの青色色素の正体』，化学，41巻9号，(1986)．

第3章

Richard B. Silverman："The Organic Chemistry of Enzyme-Catalyzed Reactions", Academic Press (2000)．
Christopher Walsh："Enzymatic Reaction Mechanism", W. H. Freeman and Company (1979)．
Alan Fersht："Enzyme Structure and Mechanism" (2nd Edt.), W. H. Freeman and Company (1985)．
早石　修，野崎光洋編：『酸素添加酵素』，東京大学出版会 (1973)．
福井三郎，松浦輝男，清水祥一編：『酵素反応とその機構』，講談社サイエンティフィク (1973)．
太田博道：『生体反応論』，三共出版 (1996)．
S. J. Lippard, J.M. Berg，松本和子監訳，坪村太郎，棚瀬知明，酒井　健訳：『生物無機化学』，東京化学同人 (2001)．
竹森重樹，小南思郎：『チトクロム P-450』，東京大学出版会 (1990)．
相坂和夫：『酵素サイエンス』，幸書房 (1999)．
一島英治：『酵素—ライフサイエンスとバイオテクノロジーの基礎—』，東海大学出版会 (2001)．
小林常利：『基礎化学結合論』，培風館 (1998)．
東郷秀雄：『有機フリーラジカルの化学』，講談社サイエンティフィク (2001)．
大勝靖一：『自動酸化の理論と実際』，化学工業社 (1986)．
高橋信孝，丸茂晋吾，大岳　望：『生理活性天然物化学』(第2版)，東京大学出版会 (1991)．

第4章

P. M. Dewick："Medicinal Natural Products-A Biosynthetic Approach-", 2nd Ed., John Wiley

& Sons（2002）．

K. B. G. Torssell：野副重男・三川潮訳『天然物化学―生合成反応の機構―』，講談社サイエンティフィク（1984）．

E. E. Corn, P. K. Stumpf, G. Bruening & R. H. Doi：田宮信雄・八木達彦訳『コーン・スタンプ　生化学』第5版，東京化学同人（1988）．

第5章

後藤俊夫：『天然物化学（有機化学講座10）』，丸善，（1984）．

多田全宏，綾部真一，石橋正己，廣田　洋：『天然生理活性物質の化学』，宣協社，（2000）．

大岳　望：『生合成の化学』，大日本図書，（1986年）．

林　七雄，内尾康人，岡野正義，貫名　学，平田敏文，深宮斉彦，本田計一，松尾昭彦：『天然物化学への招待―資源天然物の有効利用を目指して―』，三共出版，（1998）．

Paul M. Dewick, "Medicinal Natural Products-A Biosynthetic Approach-", 2nd Ed., John Wiley and Sons（2002）．

Hoshino, T. and Sato, T.：Squalene-hopene cyclase：catalytic mechanism and substrate recognition, J. Chem. Soc., Chem. Commun., 291-301（2002）．

第6章

田中　治，野副重男，相見則朗，永井正博編：『天然物化学』第6版，南江堂（2002）．

大岳　望：『生合成の化学』，大日本図書（1997）．

貫名　学，石橋正己，上田敏久，田中　隆：『ライフサイエンス系の基礎有機化学』，三共出版（2000）．

林　七雄，内尾康人，岡野正義，貫名　学，平田ち敏文，深宮斉彦，本田計一，松尾昭彦：『天然物化学への招待―資源天然物の有効利用を目指して―』，三共出版（1998）．

K. G. B. Torssell：野副重男，三川　潮訳：『天然物化学―生合成反応の機構―』，講談社サイエンティフィク（1984）．

大橋　武編：『天然物化学』，朝倉書店（1994）．

礒井廣一郎：『植物成分の生合成』，廣川書店（1970）．

古前　恒監修：『化学生態学への招待』，三共出版（1996）．

山下恭平：『植物の生理活性物質』，南江堂（1975）．

P. M. Dewick：The biosynthesis of shikimate metabolites, Natural Product Reports, 17-58（1998）．

第 7 章

船山信次：『アルカロイド　毒と薬の宝庫』，共立出版（1998）.

P. M. Dewick : "Medicinal Natural Products-A Biosynthetic Approach"-2nd Ed., John Wiley & Sons（2002）.

K. B. G. Torssell：野副重男・三川潮訳『天然物化学―生合成反応の機構―』，講談社サイエンティフィク（1984）.

E. E. Corn, P. K. Stumpf, G. Bruening & R. H. Doi：田宮信雄・八木達彦訳『コーン・スタンプ　生化学』第 5 版，東京化学同人（1988）.

さくいん

■あ行

アキシアル　12
アクチノロジン　104
アグリコン　46
アジュマリシン　127, 131
アスタキサンチン　174, 175
アスピリン　51
アセチル CoA　63
アデニン　30
アトロプ異性　13
アナバシン　217
アネトール　182
アノマー　44
アノマー効果　45
アビエタン　151
アビエチン　154
アビエチン酸　146, 154
アブシジン酸　130, 133, 141
アフラトキシン　102
アマドリ転位　188
アミノ酸　34
アミノ転位　185, 208, 218
アミラーゼ　47
アミロース　47
アミロペクチン　47
アリザリン　56, 192
アリストロチェン　130, 141
アリル（allyl）位　9
アルカロイド　205
アルカン　3
アルキル化　188
アルキン　11
アルケン　8
アルコールデヒドロゲナーゼ　68
アルテミシニン　131, 134, 139, 140
アルドステロン　171
アルドール縮合　91, 94, 100
アロメラニン　58
アンチ型　5
アンチ近平面　164
アンチペリプラナー　70
アンチマルコフニコフ　138, 161
アンテリジオール　173, 174
アントシアニジン　200
アントシアニン　200
アントラキノン　190
アントラニル酸　187
アンドロゲン　170
アンドロステノール　85
アンドロステノン　85

イソカミグレン　141
イソカリオフィレン　133, 137
イソフラボン　201
イソプレノイド経路　99
イソペンテニル二リン酸　111
一次代謝　61
一重項　77
位置特異的　215, 218
イチョウ　151
イネ葉身屈曲　171
イノコステロン　173
イポメアマロン　130, 132
イリドイド　123, 132
イリドイド骨格　129
インジゴ　56
インターカレーション　32
インドールマイシン　73

ウルシオール　17
ウンベリフェロン　190

エクアトリアル　12
エクジステロイド　173
エスクレチン　190
エストラジオール　18, 170, 171
エストロゲン　170
エストロン　18
エタン　4
エチルマロニル CoA　96
エナンチオマー　6
エピマー　44
エポキシ化　11, 81, 202
エリスロマイシン　96, 105, 106
エルゴステロール　167, 170, 172
エルゴタミン　213
エルゴメトリン　213
エレマン型セスキテルペン　138
エレメン　137
塩基　19
塩基性　20
エンテロジオール　193

オイゲノール　182
オイフォール　161
オキシゲナーゼ　67, 75
オキシダーゼ　67
オーキシン　171, 188
オスラジン　174
オフィオボリン A　158, 159
オプシン　56
オリゴ糖　44
オリザレキシン A　147, 158
オルセリン酸　91, 93, 102
オルトエステル　17
オレアニルカチオン　164, 165, 166
オーロン　193

■か行

開始ユニット　96
回転障壁　5
解糖系　63
カウレン　147

さくいん

核酸　29
重なり型　4
カジネン　139, 140
加水分解　82
カスタステロン　170, 172
カスベン　145, 146, 150
硬い酸・塩基　23
活性酵素　79
カップリング反応　100, 209
カテキン類　200
カプサンチン　175, 177
カーボンナノチューブ　27
カマズレン　133, 138, 139
カミグレン　141
ガラクツロン酸　49
カリオフィレン　130, 133, 137, 138
カルタミン　56
カルノシン酸　146, 151
カルノソール　146, 151
カルボン　122, 125, 127
カロテノイド　55, 174
カロテン　174, 175
環越え閉環反応　138
官能基　14
カンファー　82, 121, 123, 126
カンペステロール　170, 172

幾何異性　8
キサントフィル　174, 175
キチン　49
キトサン　49
キナ酸　184, 186
キニーネ　134
キノン　190
逆アルドール反応　63
求核性　23
求核置換反応　96, 97
求電子性　90
鏡像異性体　6
共鳴構造　90
共役ジエン　8
キラル　6
キラル酢酸　69
キラルメチル　69
ギンコリド　151, 155

ギンコリドA　156
ギンコリドB　156

グアニン　30
クエルセチン　200
クプレネン　141
クマリン　190
クライゼン縮合　88, 92, 94, 100
クライゼン転位　187
クライゼン転位反応　184
クラウンエーテル　21
グラヤノトキシンⅢ　147, 153
グリコシド　47
グリセオフルビン　100
グリセロール　50
グルタミン　187
グルタミン酸　187
グリチルリチン　158, 161
グルコース　43
クロロゲン酸　186
クロロテトラサイクリン　97
クロロフィル　55
クロロフィルa　146
クロロフィルb　146

ケトース　44
ゲニステイン　202
ゲラニオール　109, 122, 124
ゲラニルゲラニオール　109, 146
ゲルマクレンA　137, 138
ケンフェロール　200

抗酸化作用　18
酵素　37, 62
コカイン　209
黒鉛　27
ゴシポール　14, 131, 139, 141
ゴーシュ型　5
コドン　37
コニイン　216
コパリル二リン酸　151
ゴミシンA　193
コリスミン酸　184

コリフェリルアルコール　193
コレステロール　166, 167, 169
コール酸　167
コルチゾール　171
コンメリニン　59
混成軌道　2
コンホメーション　4

■さ　行

サイクリック AMP　32
酢酸－マロン酸経路　91
サフロール　182
酸性度　88
酸素添加酵素　11, 73
三重項　79

ジアステレオマー　7
ジオキシゲナーゼ　75, 82
ジギトニン　167
シキミ酸経路　182
ジグリセリド　50
シクロアルテロール　158, 161, 163, 164
シクロオキシゲナーゼ　84
シクロヘキサン　12
シクロペンタノパーヒドロフェナントン　166
ジスルフィド結合　22
11－シス－レチナール　166
シッフ塩基　188, 209, 211, 213
シデロフォア　21
シート　37
自動酸化　9, 77
シトクロム P-450　79, 166, 201
シトシン　30
シトロネオール　122, 124
ジヒドロコニフェリルアルコール　185
ジプロプテロール　160
ジベレリン　74, 156, 157, 171
ジベレリン A_{14}　147

脂肪酸　50
脂肪酸合成酵素　102
ジメチルアリル二リン酸　111, 112
ジュグロン　192
女性ホルモン　18
伸長ユニット　96
シンナムアルデヒド　182

スカラリン　158, 159
スクアレン　109, 115, 161, 162
スコポラミン　210
ステビオシド　147, 156, 157
スピラマイシン　96
スルホキシド　22
スルホン　22
スルホン酸　22
スーパーオキシドアニオンラジカル　78
スーパーオキシドジムスターゼ　79

ゼアタンチン　174, 175
ゼアラレノン　18, 94
生合成　61
生合成遺伝子　104, 105
性ホルモン　168
セコイリドイド　123, 132
セコイリドイド骨格　129
セコロガニン　127, 128, 129
セサミン　193
セージ　151
セッケン　52
絶対（立体）配置　6
セルロース　48
セロトニン　188

■た　行
ダイゼイン　201
ダイヤモンド　27
タキサジエン　147, 153
タキソール　145, 147, 148, 153
脱炭酸　208
脱皮ホルモン　171

多糖　43
タプシガルギン　131, 133, 137, 138
タラクサステルルカチオン　165, 166
タラクサステロール　161, 165
単糖　43
タンパク質　34
ダンマレニルカチオン　164, 165
チアミン二リン酸　112, 114
チオエステル　90
チオール基　22
チミン　30

ツユクサ　59

10-デアセチルバッカチン　153
10-デアセチルバッカチンⅢ　148
ディールス-アルダー反応　99
1-デオキシ-D-キシルロース-5-リン酸　112, 114
デオキシニバレノール　131, 140, 142
テストステロン　170, 171
テトラヒマノール　160, 161
テトロドトキシン　219
デヒドロゲナーゼ　67
テルピネオール　122, 125
デンプン　47

糖脂質　52
トコフェロール　145
ドラッグデザイン　24
トリグリセリド　50
トリコジエン　131, 134, 139, 140, 142
トリプトファン　188
トレメロゲンA-10　180
トロポロン　28

■な　行
1,4-ナフトキノン　190
ナリンギン　200
ナリンゲニン　97
ニコチン　217
ニコチンアミドアデニンジヌクレオチドリン酸　213
ニコチン酸　217
二次代謝　61
二重らせん　30
ニューマン投影式　4
ニバレノール　134, 139
ヌクレオシド　30
ヌクレオチド　30
ネオキサンチン　143
ネオリグナン　193
ねじれ型　4
ネラール　122, 124
ネロール　122, 124

■は　行
配向性　209
配座　4
配糖体　47
バイヤー・ビリガー反応　171
パクリタキセル　153
麦角アルカロイド　213
バッカレニルカチオン　164, 165
パツリン　102
パルテニン　131, 133
パルテノライド　131, 133
ビオラキサンチン　143, 174, 175
非共有電子対　19
ビサボレン　140, 141
ビサボロール　130, 132, 139, 140
ビタミンA　177
ビタミンE　145
ビタミンK_1　145, 146, 192

非天然型天然物　141
ヒドリド　213
ヒドロキシメチルグリタリル CoA　99
ヒドロキシラジカル　78
ヒドロペルオキシラジカル　78
ピニジン　216
ピネン　121, 123
ピノシルビン　203
非メバロン酸経路　110
ヒュッケル則　13
ヒヨスチアミン　210
ピラノース　44
ピリドキサルリン酸　208, 215, 218

ファイトアレキシン　190
ファルネセン　132, 141
ファルネソール　109, 130
ファンデルワールス力　3
フィトエン　109, 115, 119
フィトール　145
フィーバーフュー（夏白菊）　133
フェニルプロパノイド　182, 193
フェニルプロパノイド経路　97
フェノール　17
フェルラ酸　185
フェンコール　121, 126
フェンコン　126
フォルボール　147, 153
副腎皮質ホルモン　168
複素環　205
不斉炭素原子　6
ブタキロシド　130
ブタキロン　133
フムレン　130, 132, 137
ブラシノライド　170, 171, 172
フラバン-3-オール　200
フラボノイド　97, 193
フラーレン　27
プルムバギン　192

ブレオマイシン　33
プレスクアレンPP　118
プレスクアレン二リン酸　117
プレフィトエンPP　119
プレフェン酸　184
プロキラリティー　7
プロキラル　7
プロスタグランジン　52
プロトステロールカチオン　164
プロピオニルCoA　96
フロロアセトフェノン　91

ペクチン　49
ペクチン酸　49
ヘテロ環化合物　20
ヘテロ原子　14
ヘテロネミン　158, 159
ペニシリン　42
ペニシリン酸　102
ペプチド　34
ペプチドグリカン　42
ヘミアセタール　44
ヘム　55
ヘリックス　37
ベルベリン　207
ペレチエリン　215, 218
変形モノテルペン　132
ベンズアルデヒド　77
変旋光　44
1,4-ベンゾキノン　190

芳香族求電子置換反応　99
芳香族親電子置換反応　207, 213
芳香族性　13
飽和炭化水素　3
補酵素CoA　61
ホスホエノールピルビン酸　184
ホスホジエステル結合　25
ポナステロンA　173
ホパノール　160, 162
ホペン　160, 161, 162
ポリアセチレン　12

ポリエーテル系化合物　102
ポリケチド　87, 216
ポリケチド生合成酵素　102, 104
ボルネオール　121, 126
ポルフィン　55
ホルムアルデヒド　43

■ま　行
マイコトキシン　18, 134
マイトマイシン　32
マクロライド　96, 106
マタタビラクトン　132
マトリシン　131, 133, 137, 138, 139
マルコフニコフ　138
マルコフニコフ則　163, 164
マロニルCoA　88, 89

ミコフェノール酸　98
ミセル　52

ムギネ酸　21
ムスク　85

メソ（$meso$）異性体　7
メタン　3
メタンモノオキシゲナーゼ　81
メチル　71
6-メチルサリチル酸　93, 102
7-メチルジュグロン　192
メチルマロニル酸CoA　96
メディカルピン　201
メバロン酸　99
メバロン酸経路　110
メラニン　56
面性キラリティー　11
メントール　122, 125, 127, 135

モグロシド　158, 161
モノオキシゲナーゼ　75, 80, 81
モノグリセリド　50
モネオシンA　102

モミラクトン　158
モミラクトンA　147
モルヒネ　206
モルフィン　206

■や行

柔らかい酸・塩基　23

ユウメラニン　58
ユビキノン　191

幼若ホルモン　130, 132

■ら行

ラクトン　17
ラジカル　17, 209
ラジカル消去作用　200
ラッカーゼ　17
ラノステロール　160, 161, 163, 164
ラブダジエニル二リン酸　153

リグナン　193
リグニン　17, 193
リコペン　117, 119, 174, 175
リシチン　130, 133
リゼルギン酸　213
リゼルグ酸　213
立体障害　213
立体選択的　91, 209, 211
リナロール　122, 124
リモネン　122, 125, 127
リン酸エステル　25
リン脂質　52

ルチン　200
ルテイン　174, 175
ルペオール　158, 161, 164, 165
ルペニカオチン　165

レスベラトロール　203
レチナール　55, 177
レチノール　177, 178
レピジモイド　50

ロテイン　202
ロドトルシンA　180
ロドプシン　177, 178
ロバスチタン　99, 106

α-アミリン　161, 166
α-エクジシン　171, 173
α-カロテン　175
α-サントニン　131, 133, 137
α-水素　88
5α-ステロイド　167
14α-デメラーゼ　166
α,β-アミリン　158
α,β-ビサボレン　139
α-chamigrene　143
β-アミリン　161, 164, 165, 166
β-エクジシン　173
β-カロテン　175
β-シトステロール　173
5β-ステロイド　167
β-ファルネセン　130
β-ミルセン　122, 124
β-ラクタム　43
π過剰系　20
π欠如系　20
ABA　133, 144
abscisic acid　144
aldol縮合　91, 95
anti-periplanar geometry　164
aristolochene　144
Baeyer・Villiger反応　171
bisabolene　143
C末端　37
C_6-C_1化合物　185
C_6-C_3化合物　185
2-C-メチル-D-エリスリトール-4-リン酸　112
CDP　149
cis-anti-trans　166
Claisen縮合　88, 95
cuprenene　143
Diels-Alder反応　99
DMAPP　114
DNA　29

DXP　112, 114
ent-CDP　149
ent-カウレン　156
ent-ラブダジエニル二リン酸　151
E-Z異性化　190
farnesene　143
head-to-tail　115, 116
HSAB原理　23
IAA　188
Isochamigrene　143
LSD　214
Mannich反応　211
MEP　112
mevaldic acid　110, 111
N-アセチルグリコサミン　42
N-アセチルムラミン酸　42
N末端　37
NADP　213, 218
p-アミノ安息香酸　187
p-クマル酸　185
p-ヒドロキシ安息香酸　185
PEP　184
(3R)-メバロン酸　111
re面　11
RNA　29
S-アデノシルメチオニン　73, 99, 170
si面　11
syn-CDP　149, 158
syn-ent-CDP　152
tail-to-tail　115, 119
TPP　114
transannular cyclization　138
trans-anti-trans　166
trichodiene　143
Wagner-Meerwein転位　121

著者略歴

貫名 学（ぬきな まなぶ）

1949年　3月生
1977年　名古屋大学大学院農学研究科
　　　　博士課程修了
現　在　山形大学名誉教授　農学博士
　　　　（担当　第1章，第2章，第3章）

木村靖夫（きむら やすお）

1941年　11月生
1970年　東京大学大学院農学研究科
　　　　博士課程修了
現　在　鳥取大学名誉教授　農学博士
　　　　（担当　第6章）

星野 力（ほしの つとむ）

1951年　2月生
1975年　名古屋大学大学院農学研究科
　　　　修士課程修了
現　在　新潟大学名誉教授　農学博士
　　　　（担当　第5章）

夏目雅裕（なつめ まさひろ）

1956年　10月生
1984年　名古屋大学大学院農学研究科
　　　　博士課程修了
現　在　東京農工大学名誉教授
　　　　農学博士
　　　　（担当　第4章，第7章）

生物有機化学（せいぶつゆうきかがく）

2003年10月20日　初版第1刷発行
2024年 9月20日　初版第8刷発行

Ⓒ著　者　貫　名　　　学
　　　　　星　野　　　力
　　　　　木　村　靖　夫
　　　　　夏　目　雅　裕
　発行者　秀　島　　　功
　印刷者　荒　木　浩　一

発行所　**三共出版株式会社**

郵便番号 101-0051
東京都千代田区
神田神保町3の2
東京00110-9-1065

電話 03(3264)5711　FAX 03(3265)5149　振替
https://www.sankyoshuppan.co.jp/

一般社団法人 **日本書籍出版協会**・一般社団法人 **自然科学書協会・工学書協会** 会員

Printed in Japan　　　組版・アイ・ピー・エス　印刷製本・倉敷

JCOPY ＜（一社）出版者著作権管理機構　委託出版物＞

本書の無断複写は著作権法上での例外を除き禁じられています。複写される場合は、そのつど事前に、（一社）出版者著作権管理機構（電話 03-5244-5088, FAX 03-5244-5089, e-mail: info@jcopy.or.jp）の許諾を得てください。

ISBN 4-7827-0467-4